海洋油气钻采装备安全评估

张士超　陈小伟　葛伟凤　徐彦荣◎编著

中国石化出版社

内 容 提 要

本书详细介绍了海洋油气钻采装备的安全评估方法及应用案例，论述了常用安全评估方法中涉及的概念及原理，包括检验检测方法、应力分析方法及安全评价方法。在应用实例部分详细介绍了钻修机结构、钻修井钢丝绳、井控装备及井口采油树等关键海洋油气钻采装备安全评估的应用。

本书突出注重实用性，既有技术原理，亦有工程实践，可供海洋油气装备检验检测、安全评估评价及设备维保等专业技术人员参考。

图书在版编目(CIP)数据

海洋油气钻采装备安全评估/张士超等编著.—北京：中国石化出版社，2023.3

ISBN 978-7-5114-7016-4

Ⅰ.①海… Ⅱ.①张… Ⅲ.①海上油气田-油气钻井-安全评价 Ⅳ.①TE52

中国国家版本馆CIP数据核字(2023)第050308号

中国石化出版社出版发行

地址:北京市东城区安定门外大街58号

邮编:100011 电话:(010)57512500

发行部电话:(010)57512575

http://www.sinopec-press.com

E-mail:press@sinopec.com

北京柏力行彩印有限公司印刷

全国各地新华书店经销

*

787×1092毫米 16开本 14印张 348千字

2023年4月第1版 2023年4月第1次印刷

定价:78.00元

《海洋油气钻采装备安全评估》
编委会

前　言

我国海洋石油经过40余年的勘探开发，部分长期服役的油气钻采装备不可避免地出现损伤及老化现象，这在不同程度上增大了设备失效的可能性，给海洋石油作业安全带来了挑战。海洋油气勘探开发力度不断加强，对油气钻采装备服役安全性能提出了更高的要求。

目前，针对海洋油气工艺安全及人员安全的书籍较多，而偏重设备安全的书籍较少，除了部分针对性的标准及同行单位的评估报告，并没有太多专业性的书籍供专业技术人员参考。编者在工作中一直思考如何将力学知识和安全评价相结合，建立一个全面的油气装备安全评估体系。鉴于此，编者整理多年工作中形成的技术研究成果及现场实践成果，结合行业现状编写了《海洋油气钻采装备安全评估》。

本书包括两篇，共计7章。上篇为安全评估方法介绍，先从理论方法入手，介绍了安全评估中涉及的常见概念及原理。第1章介绍了检验检测方法；第2章介绍了应力分析方法；第3章介绍了安全评价方法。下篇为海洋油气关键钻采装备安全评估的应用实例。第4章为钻修机结构安全评估；第5章为钻修井钢丝绳安全评估；第6章为井控装备安全评估；第7章为井口采油树安全评估。

张士超担任本书主编并统稿。2.1节、2.2节由徐彦荣编著；3.1节由何宝林编著；3.3节由黄儒康编著；3.5节由张欣编著；5.1节、5.2节由陈小伟编著；5.5节由曹义威编著；6.1节由王鹏编著；7.1节、7.2节由葛伟凤编著；全书其他内容由张士超编著。在本书的编写过程中，作者参考了大量标准及同行的技术成果，在此一并致以衷心的感谢！限于标准的时效性，本书中参考的标准规范以2022年12月31日前发布为准。

本书突出注重实用性，可供海洋油气装备检验检测、安全评估评价及设备维保等专业技术人员参考。希望本书的出版能对读者在海洋油气装备安全评估工作方面有所帮助。但对于安全评估这样一个庞大的主题，编者深感无法在一本书中将其全部论述完善。因此，在本书中只选取了部分关键的钻采装备进行了介绍，尽量把安全评估的一些常用方法和常见的案例展现给读者，起到抛砖引玉的作用。

限于编者技术水平，书中难免会有诸多不妥之处，欢迎专家和广大读者批评指正。

目　　录

上篇　安全评估方法

1　检验检测方法 ………………………………………………………………（3）
　1.1　检验 ……………………………………………………………………（3）
　1.2　无损检测 ………………………………………………………………（3）
　1.3　本章小结 ………………………………………………………………（30）
2　应力分析方法 ………………………………………………………………（31）
　2.1　应力分析法概述 ………………………………………………………（31）
　2.2　应力应变 ………………………………………………………………（32）
　2.3　有限元分析 ……………………………………………………………（36）
　2.4　应变测试 ………………………………………………………………（47）
　2.5　本章小结 ………………………………………………………………（50）
3　安全评价方法 ………………………………………………………………（51）
　3.1　安全检查表法 …………………………………………………………（52）
　3.2　事故树分析法 …………………………………………………………（56）
　3.3　故障类型及影响分析法 ………………………………………………（63）
　3.4　层次分析法 ……………………………………………………………（70）
　3.5　模糊综合评价法 ………………………………………………………（75）
　3.6　本章小结 ………………………………………………………………（78）

下篇　安全评估案例

4　钻修机结构安全评估 ………………………………………………………（81）
　4.1　钻修机结构简介 ………………………………………………………（81）
　4.2　井架及底座安全检查 …………………………………………………（83）
　4.3　井架及底座无损检测 …………………………………………………（87）
　4.4　井架承载能力测试 ……………………………………………………（88）
　4.5　结构仿真分析 …………………………………………………………（95）

4.6 故障类型及影响分析 …… (104)
4.7 事故树分析 …… (108)
4.8 模糊综合评价 …… (110)
4.9 本章小结 …… (116)
5 钻修井钢丝绳安全评估 …… (117)
5.1 钻修井钢丝绳简介 …… (117)
5.2 钻修井钢丝绳安全检查 …… (119)
5.3 钻修井钢丝绳滑移切割 …… (126)
5.4 钻修井钢丝绳无损检测 …… (130)
5.5 钻修井钢丝绳在线监测 …… (135)
5.6 本章小结 …… (139)
6 井控装备安全评估 …… (140)
6.1 井控装备简介 …… (140)
6.2 防喷器组安全评估 …… (147)
6.3 蓄能器氮气瓶强度评估 …… (163)
6.4 节流压井管汇安全评估 …… (166)
6.5 井控系统安全评估 …… (168)
6.6 井控装备数据库 …… (179)
6.7 本章小结 …… (184)
7 井口采油树安全评估 …… (185)
7.1 采油树简介 …… (185)
7.2 采油树安全检查 …… (190)
7.3 故障率数据分析 …… (191)
7.4 采油树无损检测 …… (194)
7.5 采油树仿真分析 …… (204)
7.6 事故树分析 …… (208)
7.7 层次分析 …… (210)
7.8 模糊综合评价 …… (211)
7.9 本章小结 …… (214)
参考文献…… (215)

上篇

安全评估方法

1 检验检测方法

1.1 检验

检验是通过诸如检查、测量、试验等方式来获取实体的一个或多个特性，并将其结果与规定的要求进行比较，作出合格与否的判定。目前，针对海洋油气钻采装备可采用多种手段对设备相关属性进行检验，并依据标准规范判断设备合规性。

海洋油气钻采装备主要检验方式及内容如下：

(1)证书、资料查验

查验钻采装备及其主要属具原始记录资料、管理制度及运行情况等。

(2)直观检查

宜采用目测、触摸、听声等方式进行。主要检查设备的完好性及明显的内部异常。

(3)功能测试

在空载或轻载工况下操控设备，观察所有活动部件的工作状况及各种仪表的参数范围。

(4)压力测试

用试验介质憋压，以检验系统的密封能力和承压能力。

(5)联合运转试验

通过施加一定的荷载对动力、旋转、提升、循环等系统的设备进行联合运转状况测试，试验中应记录各仪表、电流表等有关仪表的显示数据。试验方案应能反映出单套设备及整个系统的运转、功率匹配状况。

1.2 无损检测

检测是用指定的方法检验测试某种实体指定的技术性能指标。检测是一项技术操作，需要按规定程序操作，提供所测结果，在没有明确要求时，不需要给出检测数据合格与否的判定。

海洋油气钻采装备多为承载或承压的金属结构件，其服役期间可能会出现内部腐蚀及裂纹等缺陷。在现行海洋油气钻采装备检测中，主要采用的检测手段是无损检测(Non-Destructive Testing，NDT)。

无损检测是用非破坏性的方法，即在检测中不会对被检测实体造成损坏，同时能发现材料或工件内部及表面所存在缺陷的一种检测技术。该技术有以下特点：

(1)非破坏性。在无损检测时，在最大限度保证其运行安全性和稳定性的同时，不会对其内部结构产生任何破坏或不利影响，确保了材料或工件的完整性。

(2)全面性。由于无损检测过程中不会对待检物正常运行产生影响，故可以具体需求为依据和参考，对设备实施全面检测，所获取的检测信息更加完整。这样一方面可以使检测结果更具精准性，另一方面可提升检测效率。

(3)全程性。在无损检测中，检测工作不会因为外部因素影响而中断，可以直接完成整个检测流程。

(4)可靠性。从无损检测技术实际应用情况来看，该项技术获取检测数据更加便捷，可以保证检测数据的精准性。有了精准的数据作为支撑，其可靠性自然会有所提升。

(5)直观性。检测技术在应用中所得到的数据信息会通过影像、色谱图及数字建模等形式呈现，这样也在很大程度上提高了信息内容的直观性。在对其进行评估时，可以更快地判断出信息中异常数据的具体原因，加快了问题的识别速度。

无损检测的技术原理几乎涉及现代物理学的各个分支。按照不同的原理和不同的探测及信息处理方式，目前已经应用和正在研究的无损检测方法多达几十种，主要包括声和超声波检测、电学和电磁检测、射线检测、渗透检测、力学和光学检测及热力学检测等。在本部分，主要介绍在海洋油气在役钻采装备无损检测中应用较多的 10 种无损检测方法。

1.2.1 目视检测

1.2.1.1 基本原理

用视觉所进行的检测称为目视检测(Visual Testing，VT)，又称外观检测，是一种操作简单而又应用广泛的检测方法，主要是发现实体表面的缺陷。相比于其他利用先进设备的无损检测技术，目视检测技术的出现时间较长，而且在长时间的应用中，已经形成了非常完善的应用体系。在具体的应用中，其工作原理在于借助目视、光、电、机等技术对材料、零件、部件、设备和焊接接头等的基础情况进行检查，如表面的凹陷、细微裂纹、油污、颜色变化等内容，从而评估待检实体目前的应用状态。

1.2.1.2 技术特点

(1)优势

①该检测技术在应用中，最大的优势便是利用目视来检查所需要的成本非常低，而且整个应用过程的工作效率较高，不需要借助额外的设备，可以在日常养护工作开展的同时来完成。

②目视检测原理简单，易理解和掌握，不受或很少受被检实体的材质、结构、形状、尺寸等因素的影响，具有检测结果直观、真实、可靠、重复性好等优点。

③目视检测是一种表面检测方法，其应用范围相当广泛，不仅能检测工件的几何尺寸、结构完整性、形状缺陷等，还能检测工件表面上的缺陷和其他细节。此外，目视检测不受检测空间的限制，可用于狭小空间的检测。

(2)不足

①该检测技术在应用时，受到人眼分辨能力和仪器分辨率的限制，只能准确识别表面具有明显缺陷的情况，对于结构内部缺陷或隐蔽缺陷很难识别。

②长时间利用眼睛进行查看时，很容易造成人眼疲劳，进而影响最终分析结果的准确性。

③在观察过程中由于受到表面照度、颜色的影响容易发生遗漏现象。

1.2.1.3 检测工艺

目视检测通常分为直接目视检测、间接目视检测和透光目视检测。

(1)直接目视检测

直接目视检测是指不借助于目视辅助器材(照明光源、反光镜、放大镜除外)，用眼睛进行检测的一种目视检测技术。进行直接目视检测时，应使眼睛能够与被检件表面达到最佳的距离和角度。眼睛与被检件表面的距离不超过600mm，且眼睛与被检件表面所成的夹角不小于30°。目视检测可检测范围如图1－1所示。

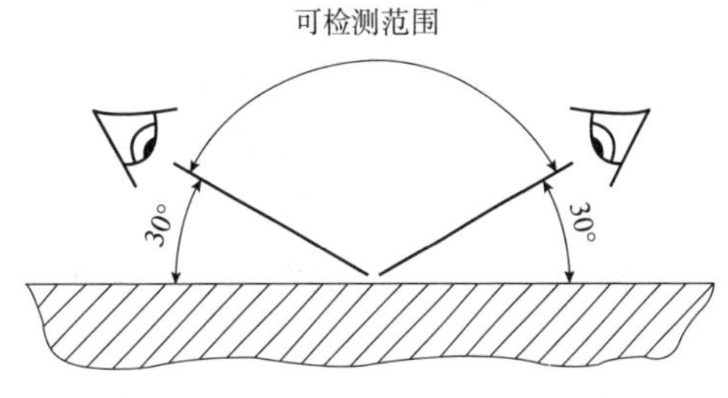

图1－1 目视检测可检测范围

直接目视检测可采用反光镜改善观察的角度，并可以借助低倍放大镜来分辨细小缺陷。为达到最佳检测效果，照明条件应满足以下要求：使照明光线方向相对于观察点达到最佳角度；避免表面炫光；优化光源的色温度；使用与表面反射光相适应的照度级(即被检件表面至少要达到500lx的照度，对于必须仔细观察或发现异常情况并需要做进一步观察和检测的区域则至少要达到1000lx的照度)。

(2)间接目视检测

间接目视检测是指借助于反光镜、望远镜、内窥镜、光导纤维、照明相机、视频系统、自动系统、机器人以及其他合适的目视辅助器材，对难以进行直接目视检测的被检部位或区域进行检测的一种目视检测技术。间接目视检测应至少具有与直接目视检测相当的分辨力，必要时应验证间接目视检测系统能否满足检测工作的要求。

(3)透光目视检测

透光目视检测需要借助于人工照明，其中包括一个能产生定向光照的光源，该光源应能提供足够的强度，照亮并均匀地透过被检部位和区域，使能检查半透明层压板中任何的厚度变化。周边光线必须事先识别，来自被检表面的反射光或表面炫光，应小于所施加的透过被检部位和区域的透照光。

1.2.2 磁粉检测

1.2.2.1 基本原理

磁粉检测(Magnetic Particle Testing，MT)是通过磁粉在缺陷附近漏磁场中的堆积以检测铁磁性材料表面或近表面处缺陷的一种无损检测方法。磁粉检测的原理是铁磁性材料被磁化后，由于不连续性的存在，使工件表面和近表面的磁感应线发生局部变形而产生漏磁场，吸附工件表面的磁粉。根据工件表面存在的磁粉，并在合适的光照情况下，一些存在缺陷的部位会看到内眼可见的磁粉痕迹，根据相应的痕迹形状与位置，可评价缺陷的严重程度。

1.2.2.2 技术特点

(1)优势

①显示直观。磁粉检测最突出的特征就是能够直观地显示出缺陷的位置、大小、形状及严重程度，并可大致确定其性质，适合检测工件表面及近表面的裂纹、白点、疏松、冷隔、气孔和夹渣等缺陷。

②检测灵敏度高。可以检测出长为0.1mm、宽为微米级的裂纹。

③适用面广。采用合适的磁化方法，几乎可以检测到工件的各个部位，基本不受试件大小和形状的限制。

④磁粉检测还具有操作简便、检测速度快、重复性好及成本低廉等优势。

(2)不足

①磁粉检测仅适用于铁磁性材料，不适用于非磁性材料。

②磁粉检测只适用于检测表面及近表面缺陷，远表面的内部缺陷则很难被检测到。此外，该方法仅能显出缺陷的长度和形状，而难以确定其深度，也不能确定裂纹开口的大小与高度。

③对被检试件的表面光洁度要求高。试件表面不得有油脂或其他能黏附磁粉的物质；如果工件表面有覆盖层，可能会影响磁粉的检测结果，需要打磨后才能进行。

④检测灵敏度与磁化方向有很大关系，不适用于检测延伸方向与磁力线方向夹角小于20°的缺陷。检测可能会受到几何形状的制约，容易产生非相关显示。

⑤必要时需要退磁处理。有些工件在检测完毕后还需要对表面进行退磁和清洗处理，工序相对比较复杂。

⑥观察评定依赖于人工视觉，自动化程度不高。

1.2.2.3 检测工艺

(1)检测方法分类

①按照磁化方向可分为纵向磁化、周向磁化和复合磁化。

a. 纵向磁化

检测与工件轴线或母线方向垂直或夹角大于等于45°的线性缺陷时，应使用纵向磁化方法。纵向磁化可通过线圈法(图1-2)及磁轭法(图1-3)获得。

b. 周向磁化

检测与工件轴线或母线方向平行或夹角小于45°的线性缺陷时，应使用周向磁化方法。周向磁化可通过轴向通电法(图1-4)、触头法(图1-5)、中心导体法(图1-6)和偏心导体法获得。

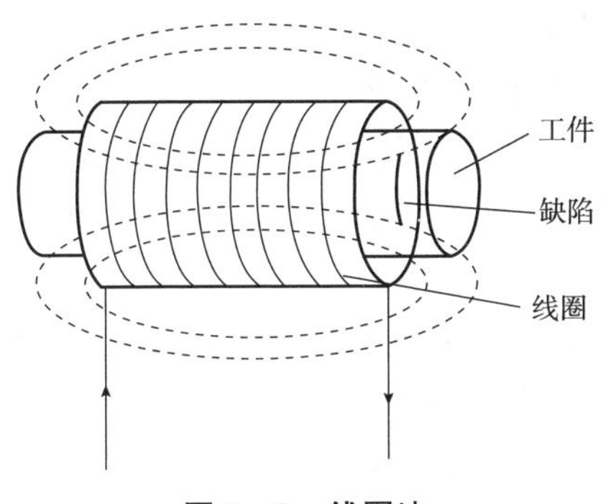

图1－2 线圈法

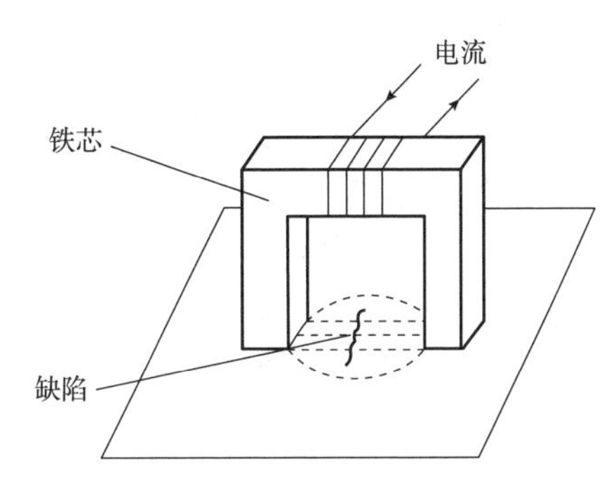

图1－3 磁轭法

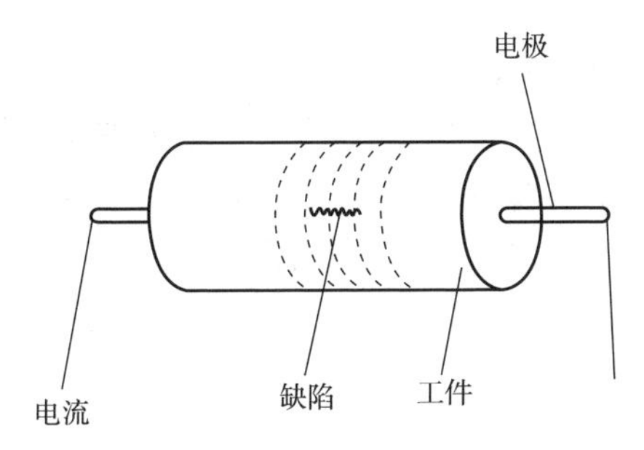

图1－4 轴向通电法

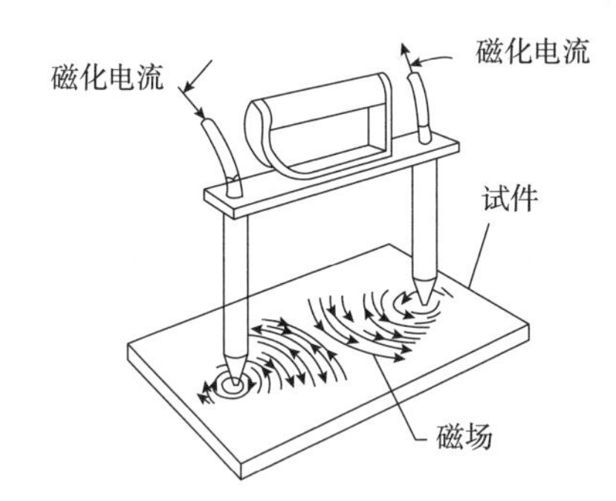

(a)间距固定式触头磁化

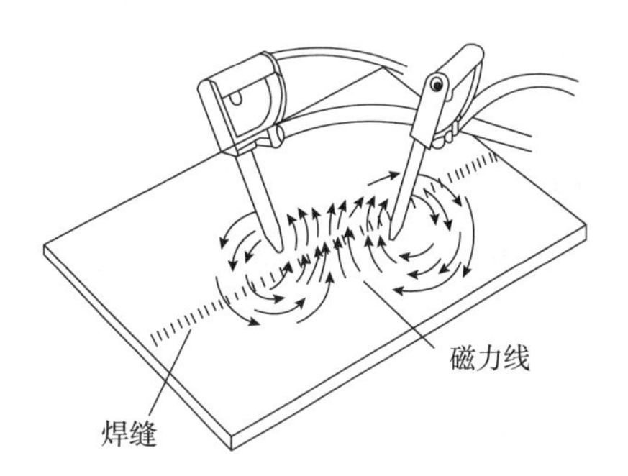

(b)间距非固定式触头磁化

图1－5 触头法

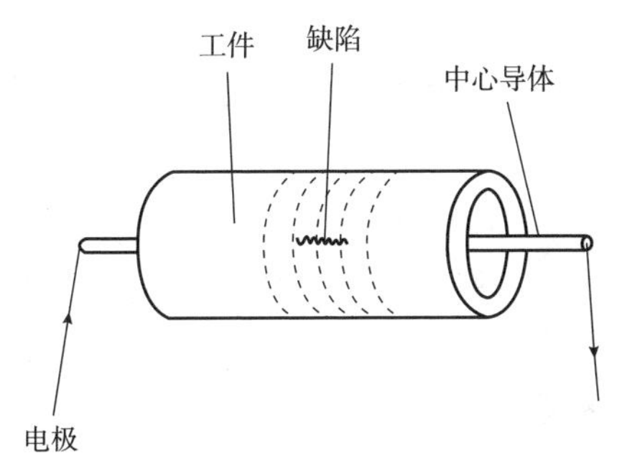

图1－6 中心导体法

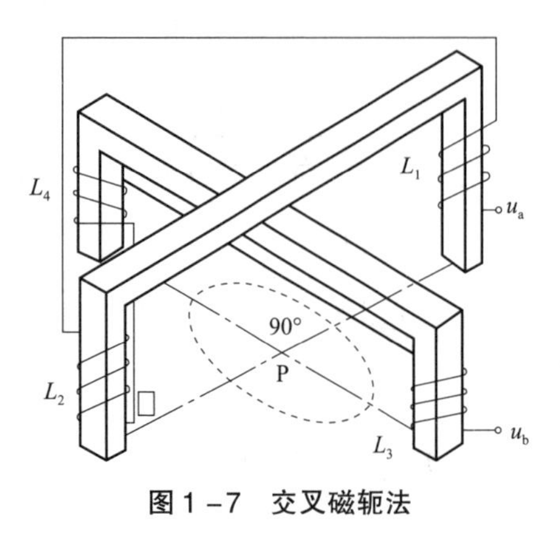

图 1-7　交叉磁轭法

c. 复合磁化

复合磁化包括交叉磁轭法(图 1-7)、交叉线圈法和直流线圈与交流磁轭组合等多种方法。

②按照磁化的电流类型可以分为直流磁化、交流磁化和半波整流磁化。

③依据喷洒磁粉和观察评定的时间，可以分为连续法(外加法)与剩磁法。

④依据磁化过程中加入的磁粉介质种类，可分为干法和湿法。

(2)检测设备

尽管磁粉检测的方法多种多样，但由于现场应用时磁粉检测主要是针对焊缝(包括对接焊缝、角焊缝等)，一般无法使用固定式设备，只能用便携式设备分段探伤。携带式探伤机属于分立型探伤装置，具有体积小、重量轻和携带方便等优点，其磁化电流一般为500~2000A，此类探伤机适用于现场、高空和野外检测，多用于特种设备的焊缝检测，以及大型工件的局部检测。

(3)检测流程

①被检工件预处理

所有材料和试件的表面应无油脂及其他可能影响磁粉正常分布，影响磁粉堆积物的密集度、特性以及清晰度的杂质。因此，需要在检测前除去被检测工件表面的铁锈、油污、氧化层等，保证表面的光滑。

②被检工件的磁化

被检工件的磁化包括确定磁化方法、磁化方向、磁化电流及磁化的通电时间等。

③施加磁性介质

采用干法检测时，应使干磁粉喷成雾状；采用湿法检测时，磁悬液需经过充分的搅拌，然后进行喷洒。

④观察评定

磁痕的观察和记录应在磁痕形成后立即进行。使用非荧光磁粉检测时，可见光照度不得低于500lx；使用荧光磁粉检测时，黑光辐照度不得低于1000μW/cm^2。

⑤缺陷评级

磁粉检测显示的磁痕，要先鉴别是否是由缺陷引起的，再根据标准对缺陷引起的磁痕进行评级。

⑥退磁

如果工件上存在的剩磁影响工件的进一步加工和使用，此时应对工件进行退磁处理。把零件放于直流电磁场中，不断改变电流方向，然后逐渐将电流降至零。大型零件可使用移动式电磁铁或电磁线圈分区退磁。

⑦后处理

为防止工件生锈，在检测并退磁后，应把试件上所有的磁粉、磁悬液或反差增强剂清洗干净，且应该注意彻底清除孔和空腔内的所有堵塞物。

1.2.3　渗透检测

1.2.3.1　基本原理

渗透检测(Penetrant Testing，PT)是一种检查表面开口缺陷的无损检测方法。渗透检测基于毛细现象，首先，通过在被检工件上浸涂荧光材料、染色材料等具有渗透性的液体(渗透剂)，在毛细现象作用下，渗透剂会逐渐深入表面开口的缺陷中；其次，将表面的渗透液洗去，再涂上对比度较大的显示液(常为白色)；最后，放置片刻后，由于缺陷很窄，毛细现象作用显著，原渗透到缺陷内的渗透液将上升到表面并扩散，在白色的衬底上显出较粗的渗透剂颜色的线条，从而显示出缺陷露于表面的形状，如图1－8所示。

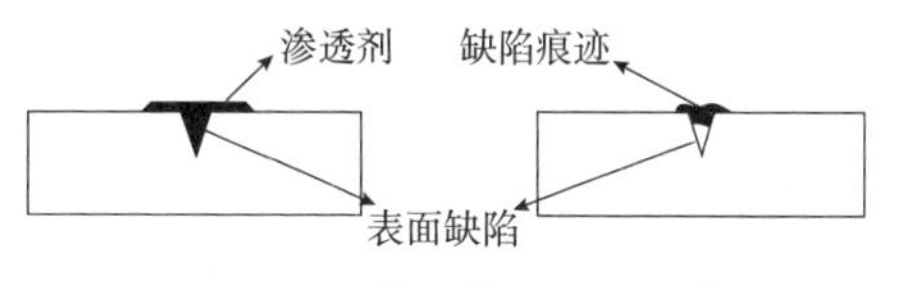

图1－8　渗透检测原理示意

1.2.3.2　技术特点

(1)优势

①适用范围广。渗透检测不受被检工件的组织结构、化学成分、几何形状和大小等限制，也不受缺陷形状、尺寸和方向限制。不仅可检测金属材料零件，还能对非金属零件和材料进行检测。

②渗透检测操作简单，且成本低廉。操作上不需要复杂的设备与工具，就能够全面完成工件的检测与认定。只需一次渗透检测，就可同时检查开口于表面的不同方向的所有缺陷。

③渗透检测的缺陷显示直观，能大致确定缺陷的性质。

④检测灵敏度较高，其灵敏度已经达到可以检查出开口宽度仅有微米级的缺陷。

⑤渗透检测是对磁粉探测的最佳补充。

(2)不足

①渗透剂、清洗剂和显像剂等相关材料都属于化学药剂，有较大气味，并伴有一定毒性，对人体健康和环境有较大的影响。

②渗透检测技术只适用于表面存在开口缺陷的检测，无法对工件内部存在的闭合型缺陷进行检测；且只能作缺陷的定量分析，难以正确判定缺陷性质和埋藏深度；对于缺陷较小的部位，难以进行检测。

③另外，渗透检测对受检表面洁净度有要求，不适用于疏松、多孔性材料的制品和表面粗糙的工件。操作工艺程序要求严格、烦琐，检测速度慢，且工序较多。检测灵敏度易受人为因素影响。

1.2.3.3　检测工艺

(1)检测方法

渗透检测分为着色渗透检测和荧光渗透检测两大类。其原理相同，都是基于液体的某些物理特性，只是观察缺陷的形式不同。着色法是在可见光下观察缺陷，而荧光法是在紫外线灯的照射下观察缺陷。

着色渗透检测是在渗透液中掺入少量染料(一般为红色)，形成带有颜色的渗透剂，经显像后，最终在工件表面形成以白色显像剂为背衬、由缺陷的颜色条纹所组成的彩色图案，在自然光线(白色光线)下观察红色的缺陷显示痕迹。所以，在观察时不必使用任何辅助光源，只要在明亮的光线照射下便可进行观察。着色渗透检测法较荧光渗透检测法使用方便，适用范围广，尤其适用于远离电源和水源的场合。着色渗透检测法的缺点是检测灵敏度低于荧光渗透检测法。着色渗透检测法按使用的渗透液不同可分成水洗刷、后乳化和溶剂清洗型着色渗透检测法。若按显像方法的不同，每种方法又可分成干法显像和湿法显像。

荧光渗透检测法使用的渗透检测液是用黄绿色荧光颜料配制而成的黄绿色液体。荧光渗透检测法的渗透、清洗和显像与着色渗透检测法相似，使用含有荧光物质的渗透液，通过紫外线的照射，在工件上有缺陷的位置发出黄绿色的荧光，显示出缺陷的位置形状。荧光渗透检测法的检测灵敏度较高，缺陷容易分辨，常用于重要工业部门的零件表面质量检验。它的适应性不如着色渗透检测法，缺点是：在观察时要求工作场所光线暗淡；在紫外线照射下观察，检测人员的眼睛容易疲劳；紫外线对人体皮肤长期照射有一定的危害。荧光渗透检测法分类与着色渗透检测法类似。荧光渗透检测法比着色渗透检测法对于缺陷具有更高的色彩对比度，使得人的视觉对于缺陷的显示痕迹更为敏感，所以，一般可以认为荧光渗透检测法比着色渗透检测法对细微缺陷检测灵敏度高。

(2)检测流程

渗透检测方法可分为以下几个步骤：预处理、渗透、去除表面多余的渗透液、清洗、干燥、显像及观察。

①预处理

与磁粉检测流程一样，渗透检测也要做好被检测面的清理工作，确保检测面整体的光洁度。为确保渗透液最大限度地渗入缺陷内，必须把覆盖在工件表面的污物(如油污、油漆及缺陷内部的油或水等)清除干净，以保证缺陷的检测效果。

②渗透

将渗透液涂敷在试件上，可以喷洒、涂刷等，也可以将整个试件浸入渗透液中。要保证检测面完全湿润，应使被检部位始终被渗透液覆盖并处于湿润状态。要根据渗透液的性能、检测温度、试件的材质和检测的缺陷种类的不同来设定恰当的渗透时间，一般要大于10min。

③去除表面多余的渗透液

完成渗透过程后，需去除试件表面所剩下的渗透液，并要使已渗入缺陷的渗透液保存下来。为便于在渗透结束后进行清洗，应使工件表面过多的渗透液自由滴下。排液所需的时间应视工件表面光洁程度、几何形状和尺寸决定。在排液过程中不能使工件表面渗透液干燥，否则会造成清洗困难。一般情况下，排液时间与渗透时间相同，但一般最长不得超过30min。

④清洗

清洗是渗透检测中最重要的操作步骤。使用机械的方式(如打磨)或使用清洗剂以及酸

洗、碱洗等方式将被检工件表面的氧化皮、油污等除掉。清洗的程度对检验结果影响很大。为了不把缺陷内的渗透液也清洗掉，千万不可清洗过度，以免降低缺陷检测灵敏度。但也不可以清洗不足，增加工件背景色泽，影响缺陷的辨认。除了用溶剂性清洗的渗透液外，所有渗透液都可以用水进行清洗。

⑤干燥

清洗后的工件应适当进行干燥，有自然干燥法、擦抹干燥法和热风干燥法。热风干燥温度一般为70℃左右，如果温度过高会使渗透液挥发后干在工件表面和变质，并会降低检测灵敏度。将工件烘干，使缺陷内的清洗剂残留物挥发干净，这是非常重要的检测前提。

⑥显像

显像是用显像剂通过毛细作用将缺陷中的渗透液吸附到工件表面，形成缺陷显示的过程。工件干燥以后，对完成上一工序的试件表面马上涂敷一层薄而均匀的显像剂(或干粉显像材料)进行显像处理，显像的时间一般与渗透时间相同。显像的时间应严格控制，显像时间过长，会造成缺陷的显示被过度放大，使图像失真，降低分辨力；时间过短，缺陷内的渗透液还没有被吸附出来形成缺陷显示，造成漏检。显像时间控制在15min左右为最佳。

⑦观察

工件经显像后，如采用着色检测，用眼目视即可。如采用荧光检测，在暗室中用紫外线照射进行观察，观察时人眼以45°的方向对工件仔细观察，观察时应防止紫外线对人眼造成伤害。工件在波长为365nm的紫外线照射下，缺陷处将发出黄绿色荧光。

(3)检测试剂

对应用于现场检测来说，常使用便携式的罐装渗透检测剂，包括渗透剂、清洗剂和显像剂三类。

1.2.4 超声波测厚

1.2.4.1 基本原理

超声波在传播介质中遵循着反射、折射及衍射等准则，超声检测就是利用超声波这些特性的一种常规的无损检测技术。它利用超声波在材料中传播时，遇到界面(如裂纹、气孔缺陷、不同介质等)反射回来的声信号特征，或声能在不同介质中的衰减特征不相同等特性，来检测被测物内部情况。超声波测厚同样是基于超声波原理，通过观察显示在超声波测厚仪上的有关超声波在被检工件中发生的传播变化，从而来判定被检材料或工件的厚度。目前超声波测厚有脉冲反射法、共振法及兰姆波法三种，应用最为广泛的是脉冲反射法。

脉冲反射法超声波测厚技术原理如下：超声波在同一均匀介质中传播时，其波速为一常数，故超声波脉冲自被测工件表面发出到接收底面反射脉冲的间隔时间与工件厚度成正比。当探头发射的超声波脉冲通过被测物体到达材料的分界面时，脉冲被反射回探头，通过精确测量超声波在材料中传播的时间来确定被测物体的厚度，将这个时间转化为厚度值

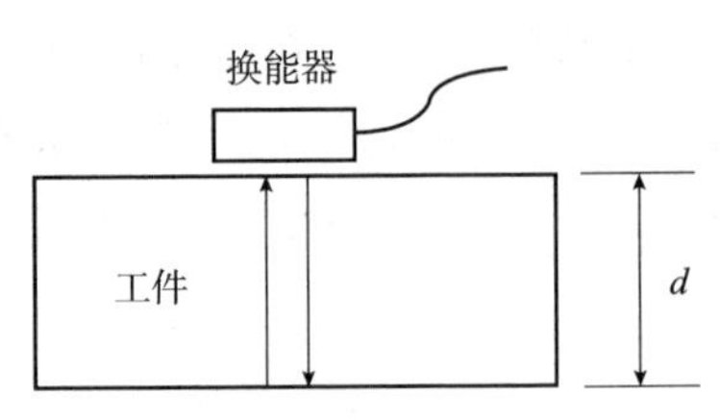

图1－9　脉冲反射法超声波测厚示意

表示，即被测工件的厚度。脉冲反射法超声波测厚示意如图1－9所示。

采用脉冲反射法超声波测量厚度时，厚度值(T)是声速与超声在材料中传播往返时间一半的乘积。公式表示如式(1－1)：

$$T = Vt/2 \tag{1-1}$$

式中　T——厚度，m；

V——声速，m/s；

t——材料中超声波传播的往返时间，s。

几种主要材料的声速如表1－1所示。使用时，如有必要应对材料进行实际声速测定。

表1－1　几种主要材料的纵波声速　m/s

材料名称	铝	钢	不锈钢	铜	锆	钛	镍
纵波声速	6260	5900	5790	4700	4310	6240	5630

在实际应用中，采用脉冲反射法超声波测厚仪测量超声脉冲通过被检工件的传播时间。图1－10为常用的脉冲反射法超声波测厚仪。

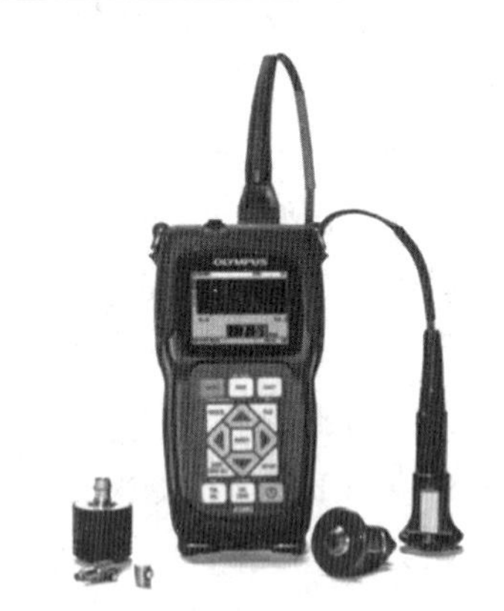

图1－10　某品牌脉冲反射法超声波测厚仪

1.2.4.2　技术特点

(1)优势

①脉冲反射法超声波测厚测量范围宽，检测范围广，对声衰减不太大的各种材料均能测量。该方法适用性强，对工件的表面光洁度要求不高，即便工件表面带有漆皮、锈层和腐蚀坑，通常无须打磨也可直接测厚。

②脉冲反射法超声波测厚仪结构灵巧、操作简单、携带方便。使用该设备进行测厚具有成本低、测量迅速等优点，且整个检测过程不会对检测人员身体造成损害。

(2)不足

①脉冲反射法超声波测厚一般只能测量厚度为1mm以上的材料。

②它的检测方式需要耗费大量人力，高空、高温位置测量困难，存在较大的危险性。

③检测精度不高，精确度也受耦合剂及操作人员技能水平等多方面因素的影响。

1.2.4.3　检测工艺

(1)测厚配套设备及材料选用原则

①测厚仪

厚度测量仪器包括超声检测仪、带A扫描显示数字式测厚仪和数字式测厚仪。依据被测工件厚度范围、表面状况、材质及测量精度要求等选用。对于均匀腐蚀，一般可使用数字式测厚仪进行测量；当表面腐蚀严重或表面涂层较厚时，应使用超声检测仪进行厚度测量；当需要在给定区域内测出最小壁厚时，一般应使用超声检测仪进行扫查；对于非均匀腐蚀如点蚀等，一般应使用超声检测仪进行厚度测量。

②探头

应根据仪器类型、工件厚度、表面状况等选择探头。数字式测厚仪的探头一般和仪器配套固定使用。超声测厚通常采用直接接触式单晶直探头，也可采用带延迟块的单晶直探头和双晶直探头。高温(大于等于60℃)或低温(低于－20℃)试件的壁厚测定需用特殊探头。

③耦合剂

耦合剂透声性应较好且不损伤检测表面，如机油、化学糨糊、甘油和水等。用于高温场合时，应选用适当的高温耦合剂。耦合剂的使用要适量，涂抹均匀，一般应将耦合剂涂在被测材料表面，但当被测物体温度较高时，耦合剂应涂在探头上。

(2)仪器标定与调整方法

在此只介绍常用的数字直读式超声测厚仪的标定与调整方法。

①仪器应具有“声速设定”(有的仪器为“材料选择”或“声速校正”)和“零位校正”功能。

②通常采用和被检件材料相同的试块，一块厚度接近待测厚度最大值，另一块接近待测厚度的最小值。

③将探头置于较厚试块上，加入适量的耦合剂，调整仪器的“声速设定”，使测厚仪显示读数接近已知值。

④将探头置于较薄试块上，加入适量的耦合剂，调整仪器的“零位校正”，使测厚仪显示读数接近已知值。

⑤反复进行③与④操作，直到厚度量程的高、低两端都得到正确读数为止。

⑥若已知材料声速，则可预先设定声速值，然后测量仪器附带的薄钢试块，调节“零位校正”，使仪器显示出不同材料换算后的显示值。

(3)影响测厚精度的因素

①根据工件的表面状态及声阻抗，选择无气泡、黏度适宜的耦合剂。对于表面粗糙的工件，应选择较稠的耦合剂，并适当增加耦合剂的用量。

②探头与工件的接触面：表面上存在的浮锈、鳞皮或部分脱离的涂膜应进行清除，必要时进行适当的修磨；探头与工件接触时，应在探头上施加一定的压力(20～30N)，保证探头与工件之间有良好的耦合。

③工件存在缺陷：当测量区域存在微小夹杂物或分层类缺陷时，测厚数据会出现异常，此时如认为有必要，应使用超声检测仪对异常部位进行检测和厚度测量。

1.2.5 相控阵超声检测

1.2.5.1 基本原理

相控阵超声检测(Phased Array Ultrasonic Test，PAUT)源于雷达电磁波技术，早期应用于医学检测。近年来，随着计算机技术的不断发展，相控阵在工业领域内广泛应用。相控阵超声虽然仍属于脉冲反射法的范畴，但在声场特性、信号处理、生成图像、设备功能等方面，却与常规超声有很大不同。

相控阵超声使用的探头是将若干个独立的压电晶片(阵元)按照一定规律分布排列，组成晶片阵列组合。通过控制换能器阵列中各阵元发射(或接收)脉冲的延迟时间，改变声波到达(或来自)物体内某点的相位关系。根据惠更斯原理，每个晶片发射超声波形成的波前，经过相互干涉，形成了新的波阵面，从而实现超声波的波束扫描、偏转和聚焦。然后采用机械扫描和电子扫描相结合的方法进行检测，并通过扫查装置将检测坐标信息和声耦合状态显示在图像上，再根据仪器软件呈现的多种数据视图对检测结果进行综合分析、评定。相控阵超声波束发射原理如图 1 - 11 所示。

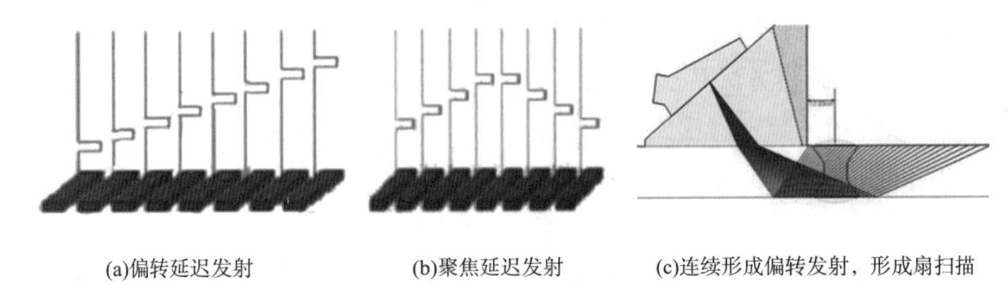

(a)偏转延迟发射　　(b)聚焦延迟发射　　(c)连续形成偏转发射，形成扇扫描

图 1 - 11　相控阵超声波束发射原理

相控阵超声检测仪器基本上由两部分组成：一部分是普通的超声波检测部分，它的主要功能是发射压电脉冲信号，并显示处理相控阵反射回来的信号；另一部分是相控阵部分，该部分以压电脉冲信号根据预设的值，按照聚焦法则，来激励阵元晶片，然后产生出不一样的超声波声束。

基于计算机硬件和软件技术的进步，相控阵超声检测设备是一套性能先进的数字化仪器组合，包括设备主机、显示设备、相控阵超声探头等，能够记录检测过程的全部信号，并对信号进行处理，生成并显示运行得出的不同方向投影的图像。市面上常见的相控阵超声检测仪器如图 1 - 12 所示。

图 1 - 12　相控阵超声检测仪器

探头的选用对于检测效果至关重要。相控阵探头一般有 16 ~ 128 个晶片，随着晶片数量的增多，声波聚焦能力会增强，同时线扫检测所覆盖的区域也会扩大。相控阵探头结构及常见相控阵探头如图 1 - 13、图 1 - 14 所示。

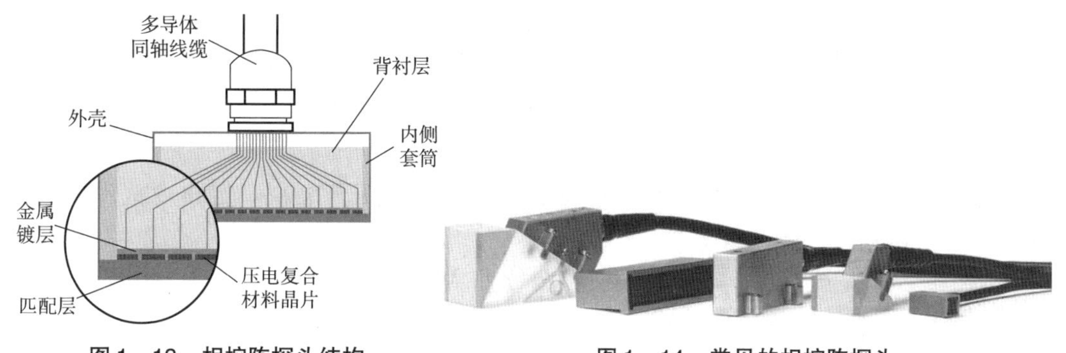

图1-13 相控阵探头结构　　　图1-14 常见的相控阵探头

1.2.5.2 技术特点

(1)优势

①检测效率高。相控阵超声检测可以通过软件来控制波束的特性、扫查角度范围、聚焦深度和焦点尺寸等，在不移动相控阵探头或少移动的情况下，可明显提高检测速度及声束的覆盖范围。

②适用范围广。相控阵超声检测的最大优势就是可灵活控制声束的偏转，实现不同角度的声束在不同空间区域的扫查，对形状复杂或难以接近的工件有较好的效果。

③缺陷检出率高。与常规超声波检测技术相比，具有更高的分辨力和检测灵敏度。相控阵超声探头聚焦点的位置和深度都是灵活可变的，使区域内的各个点都能实现聚焦，得到高分辨率的检测图像。利用声束变角等技术，可以显著提高缺陷检出率和信噪比。

④检测结果可视化。相控阵超声检测可以用图像的方式直观地显示内部缺陷，且能够记录和保存检测过程的所有信息数据，缺陷显示较为直观，增强了检测的实时性和直观性。此外，可以引入建模技术，通过对缺陷位置、形状和尺寸的分析，能够更容易和准确地判断缺陷性质和形成原因。

(2)不足

①相控阵超声检测仍然属于一种超声检测技术，因此，它同样也受工件表面粗糙度、耦合质量、被检材料冶金状态、探测面选择及温度等因素的影响，仍然需要有对比试块来校准。

②相控阵超声的检测对象、检测范围及检测能力除了受其他应用软件的限制外，还受相控阵阵列的频率、压电元件的尺寸和间距及加工精度等的限制。

③就目前的相控阵超声检测来说，仪器的调节过程较复杂，调节的准确性对检测结果影响大，并且受到软硬件的技术限制。

④相比常规超声检测，相控阵超声检测仪器及探头的价格要更昂贵。

1.2.5.3 检测工艺

(1)扫描方式

相控阵超声检测有多种扫描方式，相控阵探头中的压电晶片按选定的时序交替激发，可分为线扫描及扇扫描等。

①线扫描

对同一阵列探头不同的阵元组逐次采用相同的延迟法则，以实现声束沿相控阵探头长度方向移动，类似A型脉冲反射法超声检测探头扫查移动的效果。

②扇扫描

对同一阵元组逐次采用不同的偏转延迟法则，以实现声束在一定角度范围内偏转移动。

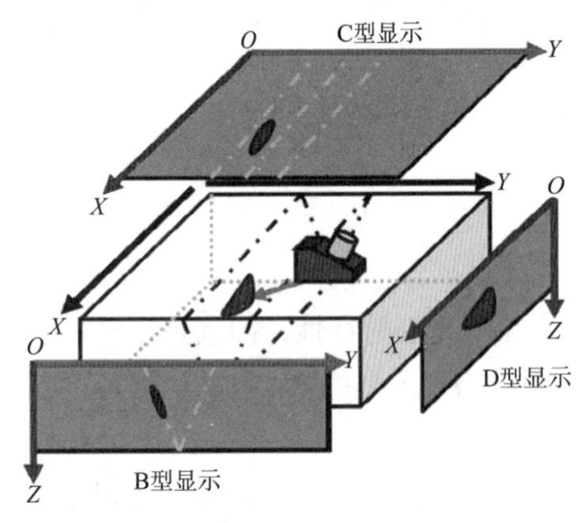

图1－15　显示类型示意

(2)成像方式

①B型显示

在与声束纵截面平行且与工件扫查面垂直的剖面所形成的声场图像为B型显示。对于焊接接头，为$Y-O-Z$平面投影图像，如图1－15所示，横坐标表示焊缝宽度，纵坐标表示深度或声程，以不同颜色显示信号波幅。

②C型显示

在与工件扫查面平行的剖面所形成的声场图像为C型显示。对于焊接接头，为$X-O-Y$平面投影图像，如图1－15所示，横坐标表示焊缝长度或扫查距离，纵坐标表示声束覆盖区域的尺寸，以不同颜色显示信号波幅。

③D型显示

在与声束纵截面及工件扫查面均垂直的剖面所形成的声场图像为D型显示。对于焊接接头，为$X-O-Z$平面投影图像，如图1－15所示，横坐标表示焊缝长度或扫查距离，纵坐标表示深度或声程，以不同颜色显示信号波幅。

④S型显示

由扇扫描形成的扇形图像为S型显示，如图1－16所示，图中横坐标表示离开探头出射点的位置，纵坐标表示深度，沿扇面弧线方向的坐标表示角度，并以不同颜色显示信号波幅。检测焊接接头时，S型显示为探头前方区域的纵截面内部状态。

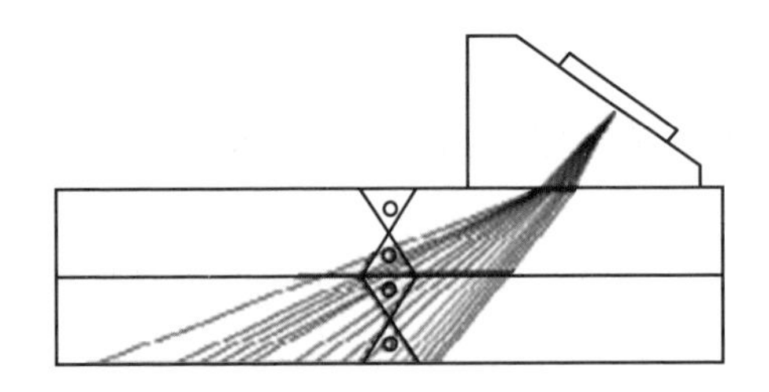 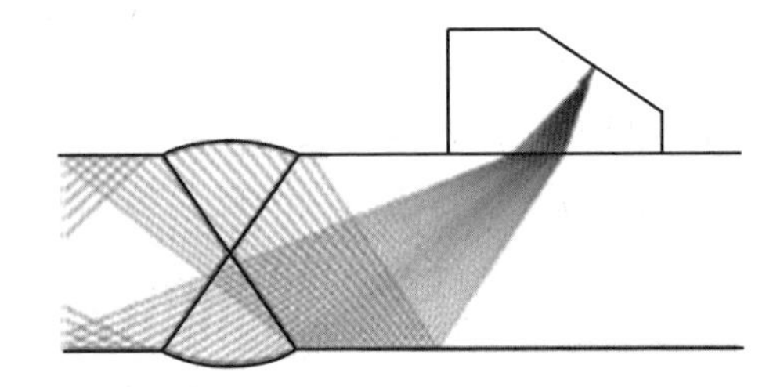

图1－16　S型显示示意

(3)检测流程

①被检工件声学特点和结构分析；

②工件建模和仿真分析(必要时)；

③试块选择或制作；

④检测设备选择；

⑤工艺试验与验证；

⑥检测工艺文件；

⑦检测实施；

⑧检测数据评价、图像分析与缺陷评定；

⑨记录和报告。

1.2.6 声发射检测

1.2.6.1 基本原理

受力构件的材料内部在裂缝扩展、塑性变形等过程中会释放塑性应变能，应变能以应力波形式向外传播扩展，这种现象即称声发射现象。声发射检测技术就是基于声发射现象，材料在外部因素作用下产生的声发射，被声传感器接收转换成电信号，再经放大后送至信号处理器，从而测量出声发射信号的各种特征参数。通过对这些声发射信号的识别、判断和分析以对材料损伤缺陷进行检测研究，进而对构件的完整性进行评定。声发射检测原理示意如图 1－17 所示。

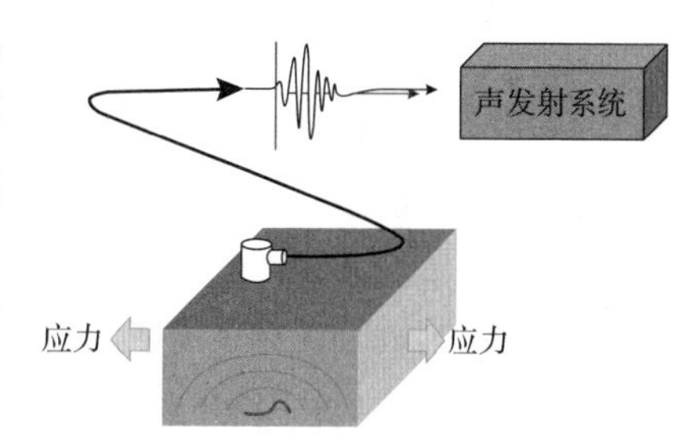

图 1－17 声发射检测原理示意

1.2.6.2 技术特点

(1)优势

①声发射检测技术的适用范围很广。由于对构件的几何形状不敏感，而适于检测形状复杂的构件。

②声发射是一种动态检测方法，能检测出金属材料承压设备加压试验过程的裂纹等活性缺陷的部位、活性和强度。声发射检测方法对线性缺陷较为敏感，能探测到在外加结构应力下这些缺陷的活动情况，稳定的缺陷不产生声发射信号。声发射探测到的能量来自被测试物体本身，而不是像其他无损检测方法一样由无损检测仪器提供。

③对于在役设备的定期检验，声发射检测方法可以缩短检测的停产时间或者不需要停产，且能够在一次加压试验过程中，整体检测和评价整个结构中缺陷的分布和状态，提高了检测效率。

④声发射检测技术能够检测出活性缺陷随荷载等外变量变化而变化的实时和连续信息，因而适用于工业过程在线监控及早期或临近破坏预警。

(2)不足

①声发射检测技术难以检测出非活性缺陷，且难以对检测到的活性缺陷进行定性和定量，仍需要其他无损检测方法复验。

②对材料敏感，易受到机电噪声的干扰，对数据的正确解释需有较为丰富的数据库和现场检测经验。

③声发射检测一般需要适当的加载程序。多数情况下，可利用现成的加载条件，但有时还需要特殊准备。

1.2.6.3 检测工艺

(1)检测前准备

①资料审查

资料审查应包括下列内容：a)设备制造文件资料，包括产品合格证、质量证明文件、竣工图等；b)设备运行记录资料，包括开停车情况、运行参数、工作介质、荷载变化情况以及运行中出现的异常情况等；c)检验资料，包括历次检验报告等；d)其他资料，包括修理和改造的文件资料等。

②现场勘查

在勘查现场时，应找出所有可能出现的噪声源，如脚手架的摩擦、内部或外部附件的移动、电磁干扰、机械振动和流体流动等。应设法尽可能排除这些噪声源。

③检测条件确定

根据现场情况确定检测条件，建立声发射检测人员和加压控制人员的联络方式。

④传感器阵列的确定

根据被检件几何尺寸的大小以及检测的目的，确定传感器布置的阵列。如无特殊要求，相邻传感器之间的间距应尽量接近。

⑤确定加压程序

根据声发射检测的目的和承压设备的实际条件，确定加压程序。

(2)传感器安装

传感器的安装应满足以下要求：

①按照确定的传感器阵列在被检件上确定传感器安装的具体位置，整体检测时，传感器的安装部位尽量远离人孔、接管、法兰、支座、垫板和焊缝部位，局部检测时，被检测部位应尽量位于传感器阵列中间；

②对传感器的安装部位进行表面处理，使其表面平整并露出金属光泽，如表面有光滑致密的保护层，也可予以保留，但应测量保护层对声发射信号的衰减；

③在传感器的安装部位涂上耦合剂，耦合剂处应采用声耦合性能良好的材料，推荐采用真空脂、凡士林、黄油等材料，选用耦合剂的使用温度等级应与被检件表面温度相匹配；

④将传感器压在被检件的表面，使传感器与被检件表面达到良好的声耦合状态；

⑤采用磁夹具、胶带纸或其他方式将传感器牢牢固定在被检件上，并保持传感器与被检件和固定装置的绝缘；

⑥对于低温或高温承压设备的声发射检测，可以采用声发射波导(杆)来改善传感器的耦合温度，但应测量波导杆对声发射信号衰减和定位特性的影响。

(3)声发射系统的调试

①概述

将已安装的传感器与前置放大器和系统主机用电缆线连接，开机预热至系统稳定工

作状态，对声发射检测系统进行初步工作参数设置，然后按标准要求依次对系统进行调试。

②模拟源

用模拟源来测试检测灵敏度和校准定位。模拟源应能重复发出弹性波。可以采用声发射信号发生器作为模拟源，也可以采用 ϕ0.3mm、硬度为 2H 的铅笔芯折断信号作为模拟源。铅芯伸出长度约为 2.5mm，与被检件表面的夹角为 30°左右，离传感器中心(100 ±5)mm 处折断。其响应幅度值应取三次以上响应的平均值。

③通道灵敏度测试

在检测开始之前和结束之后应进行通道灵敏度的测试。要求对每一个通道进行模拟源声发射幅度值响应测试。每个通道响应的幅度值与所有通道的平均幅度值之差应不大于 ±4dB。如系统主机有自动传感器测试功能，检测结束后可采用该功能进行通道灵敏度测试。

④衰减测量

应进行与声发射检测条件相同的衰减测量。衰减测量应选择远离人孔和接管等结构不连续的部位，使用模拟源进行测量。如果已有检测条件相同的衰减特性数据，可不再进行衰减特性测量，但应把衰减特性数据在本次检验记录和报告中注明。

⑤定位校准

采用计算定位时，在被检件上传感器阵列的任何部位，声发射模拟源产生的弹性波至少能被该定位阵列中的传感器收到，并得到唯一定位结果，定位部位与理论位置的偏差不超过该传感器阵列中最大传感器间距的 5%。采用区域定位时，声发射模拟源产生的弹性波应至少能被该区域内的一个传感器接收到。

⑥背景噪声测量

通过降低门槛电压来测量每个通道的背景噪声，设定每个通道的门槛电压至少大于背景噪声 6dB，然后对整个检测系统进行背景噪声测量，在制的承压设备和停产进行声发射检测的承压设备背景噪声测量应不小于 5min，进行在线检测的承压设备背景噪声测量应不小于 15min。如果背景噪声接近或大于被检件材料活性缺陷产生的声发射信号强度，应设法消除背景噪声的干扰，否则不宜进行声发射检测。

(4)检测流程

①加压程序

应根据被检件相关法规、标准和(或)合同的要求来确定声发射检测最高试验压力和加压程序。升压速度一般不应大于 0.5MPa/min。保压时间一般不应小于 10min。如果在保压期间出现持续的声发射信号且数量较多时，可适当延长保压时间直到声发射信号收敛为止；如果保压的 5min 内无声发射信号出现，也可提前终止保压。

对于在用承压设备的检测，一般试验压力不小于最高工作压力的 1.1 倍。对于承压设备的在线检测和监测，当工艺条件限制声发射检测所要求的试验压力时，其试验压力也应不低于最高工作压力，并在检测前一个月将操作压力至少降低 15%，以满足检测时的加压循环需要。

图 1 -18 给出了在用承压设备的加压程序。声发射检测在达到承压设备最高工作压力

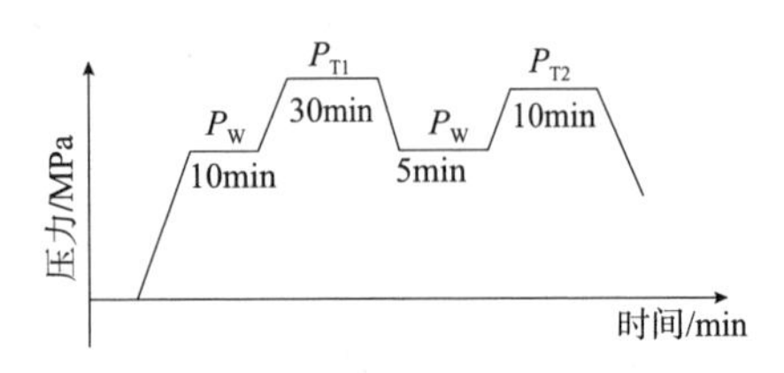

图 1-18　在用承压设备的加压程序

的50%前开始进行，并至少在压力分别达到最高工作压力 P_W 和最高试验压力 P_{T1} 时进行保压。如果声发射数据指示可能有活性缺陷存在或不确定，应从最高工作压力开始进行第二次加压检测，第二次加压检测的最高试验压力 P_{T2} 应不超过第一次加压的最高试验压力，建议 P_{T2} 为97% P_{T1}。

②检测过程中的噪声

加压过程中，应注意下列因素可能产生影响检测结果的噪声：介质的注入；加压速率过高；外部机械振动；内部构件、工装、脚手架等的移动或受压爆裂；电磁干扰；风、雨、冰雹等的干扰；泄漏。

③检测数据采集与过程观察

a. 检测数据的采集应至少包含采集时间、门槛、幅度、振铃计数、能量、上升时间、持续时间及撞击数等参数。采用时差定位时，应采集有声发射信号到达时间数据；采用区域定位时，应有声发射信号到达各传感器的次序。

b. 检测时应观察声发射撞击数和(或)定位源随压力或时间的变化趋势，对于声发射定位源集中出现的部位，应查看是否有外部干扰因素，如存在，应停止加压并尽量排除干扰因素。

c. 声发射撞击数随压力或时间的增加呈快速增加时，应及时停止加压，在未查出声发射撞击数增加的原因时，禁止继续加压。

(5)检测数据分析

①从检测数据中标识出检测过程中出现的噪声数据，并在检测记录中标明。

②利用软件滤波或数据图形显示分析的方法，从检测数据中分离出非相关声发射信号，并在检测记录中注明。

③根据检查数据确定相关声发射定位源的位置。对结构复杂区域的声发射定位源还应通过定位校准的方法确定其位置。定位校准采用模拟源方法，若得到的定位显示与检测数据中的声发射定位源部位显示不一致，则该模拟源的位置为检测到的声发射定位源部位。

(6)结果评价与分级

声发射定位源的等级根据声发射定位源的活性和强度来综合评价，评价方法是先确定声发射定位源的活性等级和强度等级，然后再确定声发射定位源的综合等级。

1.2.7　红外热成像检测

1.2.7.1　基本原理

自然界中，任何温度高于绝对零度(-273.15℃)的物体都在不断自发地向外界辐射出红外线。红外热成像技术正是利用这个原理：物体有温度，有红外线释放出现，且温度和红外线强度为正比关系，温度越高则红外线强度越大。通过热成像设备接收这些辐射出的红外线并进行转换成像，从而形成人眼所能识别的热图像，如图1-19所示。基于这种原

理，缺陷物体在人工环境或外界自然环境作用下，物体表面产生了温差，由于热图与物体表面的温度场相对应，因此，根据物体温度的微小差异，通过比较来找出异常点。

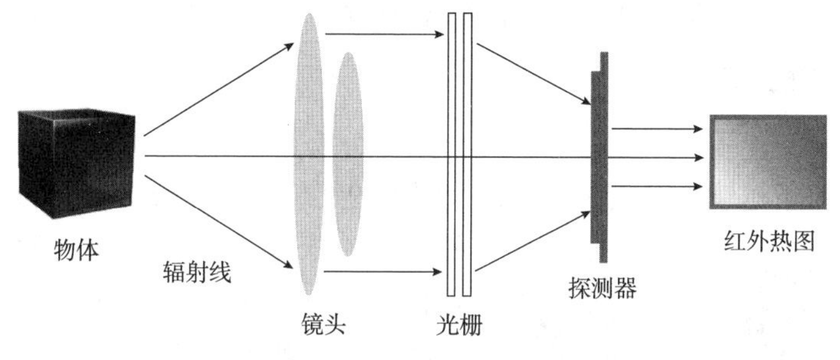

图 1-19 红外热成像原理

1.2.7.2 技术特点

(1)优势

①检测无须物理性接触，安全性好。红外热成像检测是一种遥感诊断方法，检测时不接触目标、不需取样、不需要碰触高压高热设备，探测的是红外辐射，没有任何危害。

②应用面广，适用性强。因为几乎所有物体都要向外辐射红外线，所以，红外热成像技术的应用极其广泛。目前，红外热成像技术已经涉及石油化工、核工业、航空工业、电力等诸多工业领域，并且在压力容器、压力管道、电机、轴承、电气柜等检验检测及预防性维护等方面发挥了一定作用。

③显示直观，实时性。红外热成像技术使人眼不能直接看到目标的表面温度分布，变成人眼可以看到的代表目标表面温度分布的热图像，直观地显示运行设备的技术状态和故障位置。

④方便快捷，成本低。红外热成像仪具有体积小、方便移动的特点，而且操作简单，检测人员只需进行简单培训之后就可以实际操作。

⑤节能环保。红外热成像技术通过接收物体自发辐射的红外线进行成像，不应用也不产生任何的废料废气，其本身就是一种节能环保的技术。此外，红外热成像技术可以有效地监测管线气体泄漏、溢油等现象，防止由此造成的环境污染，达到了节能环保的效果。

⑥灵敏性好，准确性高。红外热成像无损检测技术的灵敏度较高，该技术根据设备在运行时散发热量的差异来达到检测目的，它能够将这种热量差异利用数值与图像进行显示，避免很多误差。此外，红外热成像技术的温度分辨率和空间分辨率都可以达到较高的水平，检测结果准确。

(2)不足

①红外图像只是显示目标物体的温度信息，无法为故障的准确判断提供依据，必要时还需借助其他仪器和经验判断。

②检测过程会受到外界环境因素及温度的影响。要确保红外热成像检测技术可靠进行，必须做好检测前的环境处理工作，检测过程中解决好自然环境、大气传输和目标辐射率对红外热成像仪测温精度的干扰。

③温度标定较困难。红外热成像仪的测温灵敏度很高，但是因辐射测温准确度受被测体表面发射率及环境条件、环境湿度、风速等因素的影响较大，所以，当对设备温度状态做绝对测量时，必须认真解决测温结果的标定问题。

1.2.7.3 检测工艺

(1)检测设备

红外热成像仪通过镜头接收一定波长范围内的红外线，并按红外线辐射能的大小转换外信号输入处理器中，通过软件的分析成像，在显示器上呈现物体表面温度的分布图。软件还能对收集的信号进行分析，呈现温度点、柱状图、等温线等特征。同时，可在图像上任意地方进行框选，被选区域即时显示该区域的极值温度(最大值、最小值)和平均值，亦可存储和分析热图像并生成专业报告，也可将图像上热像图等参数下载到计算机中进行操作和分析。图1－20是目前工程中常用的便携式红外热成像仪。

图1－20 红外热成像仪

(2)检测技术方法

红外热成像检测可分为主动式(热激励)和被动式(自然温度或试件自身热源)检测技术。就一些温度较低的工件来讲，则可以借助人工加热的方式，以工件内部为范围实现热量的有效传输。就具有自发热性质的工件来讲，可以借助其自身温度实现检测，这也属于被动式检测。主动式检测又可以分为单面法和双面法。单面法是指加热和检测是在工件的同一面进行的，用辐射计或热成像仪扫描记录加热后的工件表面温度分布，当工件必须单面检测时，最好从导热性较差的一面进行。双面法是指在工件的一个表面进行加热，而在其背面记录温度分布。

1.2.8 硬度(里氏)检测

1.2.8.1 基本原理

金属材料抵抗硬的物体压入表面的能力称为硬度，其实质是反映了材料局部抵抗塑性变形的能力，是衡量评定金属材料力学性能常用指标之一。一般情况下，材料硬度越高，物体压入其表面的难度越大。对经过多年使用后的在役海洋油气钻采装备，可以通过硬度测定判断其是否由于超温、腐蚀等因素致使材质劣化。因此，硬度检测在海洋石油装备中有比较高的实用价值并得到广泛应用。

常用的硬度测量方法主要有压入法及回跳法等。根据荷载的性质及测量方法的不同，常见的硬度表示方法可分为布氏硬度(HB)、洛氏硬度(HR)、维氏硬度(HV)、肖氏硬度(HS)及里氏硬度(HL)等。其中，布氏、洛氏、维氏硬度测试属于压入法，其硬度值表示材料表面抵抗另一物体压入时所引起的塑性变形的能力；肖氏、里氏硬度测试属于回跳法，其硬度值代表金属弹性变形功能的大小。

目前，在海洋油气钻采装备检验检测中，主要采用里氏硬度检测。因此，在本部分重点介绍里氏硬度的相关内容。

里氏硬度试验方法是一种动态硬度试验法，用规定质量的冲击在弹簧力作用下以一定速度垂直冲击试样表面，以冲击体在距离试样表面1mm处的回弹速度(v_R)与冲击速度(v_A)的比值来表示材料的里氏硬度。

里氏硬度HL按式(1-2)计算：

$$HL = 1000 v_R / v_A \tag{1-2}$$

式中 v_R——回弹速度，m/s；

v_A——冲击速度，m/s。

在现场硬度测试中，经常要将里氏硬度值换算成其他常用硬度值，主要采用两种方法。第一种方法是将测定的里氏硬度平均值代入通用的按材料大致分类的换算表中，查出相应的硬度值，用里氏硬度计的换算功能得到的非里氏硬度值实质上就是采用的这种方法。这些换算关系是用大量具有代表性材料进行对比试验而得出的，经数据处理后制成换算表(表1-2)。目前，市场上大部分里氏硬度计都内置了换算表，用户只需要设好硬度制和材料，就可以直接测出需要的硬度值。这种方法比较简单、快捷，应用的材料及硬度范围较广，但这种换算不可避免地带来不同程度的误差。

表1-2 里氏硬度与布氏、洛氏、维氏硬度的换算及误差(E=210GPa)

里氏硬度	布氏、洛氏、维氏硬度	换算误差
414~531HL	150~250HB	±13HB
540~605HL	25~35HRC	±2HRC
642~721HL	40~50HRC	±2HRC
767~860HL	55~65HRC	±2HRC
647~712HL	400~500HV	±20HV

第二种方法是用代表现场特定材料做试样，进行里氏硬度与其他硬度的对比试验，将试验结果经过数据处理后做出对比数据或对比曲线，用这些结果将现场特定材料上测定的里氏硬度值换算成其他各种硬度制的硬度值。由于是针对具体材料，并限定在某种硬度及范围，因此针对性很强，换算误差较小。

1.2.8.2 技术特点

(1)优势

①里氏硬度计设备轻巧，便于携带；结构简单，操作便捷，测量准确率高(主观因素造成的误差小)，检验效率高；此外，测量硬度范围广，不受测试方向限制，对被检工件的损伤较小，适合测量形状复杂及需要多点测量的在役设备。

②由于里氏硬度测量仪采用了微处理器，测量的时间很短，易与上位机构成检测系

统，通过适当改装可实现全自动在线的硬度测量。此外，有的高档里氏硬度仪还具有存储、平均值计算和打印等功能。

里氏硬度计冲击装置结构如图 1－21、图 1－22 所示。

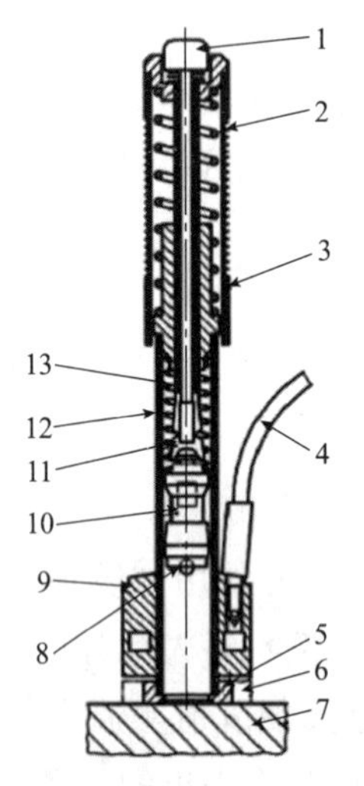

图 1－21　冲击触发前的冲击装置示意

（冲击弹簧处于张力情况下）

1—释放按钮；2—加载弹簧；3—加载套；4—导线；
5—小型支撑环；6—大型支撑环；7—试件；
8—冲击体顶端球面冲头；9—线圈部件；10—冲击体；
11—安全卡盘；12—导管；13—冲击弹簧

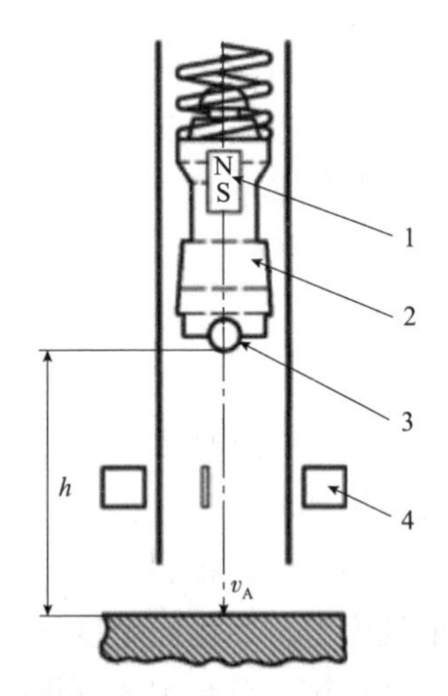

图 1－22　典型冲击体的示意

1—永磁体（N：北极，S：南极）；2—冲击体；
3—冲击体顶端球面冲头；4—感应线圈

目前市面上常用的里氏硬度计如图 1－23 所示。

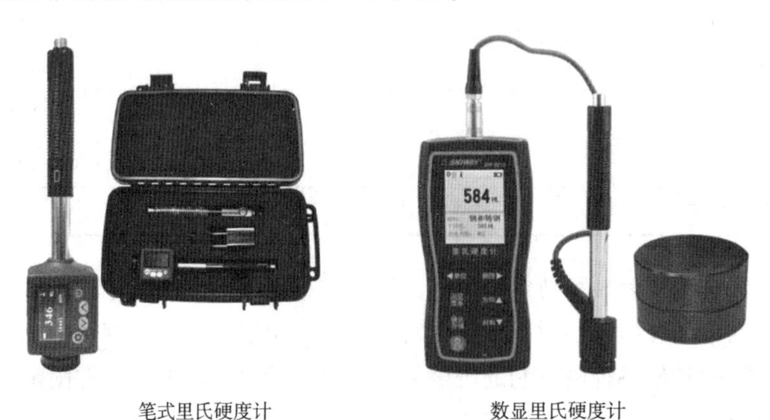

笔式里氏硬度计　　　　数显里氏硬度计

图 1－23　常见里氏硬度计

（2）不足

由于里氏硬度是在动态力作用下测定硬度的，所以，对试验结果准确性的影响因素较多，这些因素主要包括试验条件、试验对象、操作技术及数据处理等。因此，必须对影响试验结果准确性的因素加以限定，并严格遵守规定，才能获得可靠的检测数据。

1.2.8.3 检测工艺

(1)使用者应在每天使用硬度计之前，对所使用的硬度计进行检查。应使用符合 GB/T 17394.3《金属材料 里氏硬度试验 第 3 部分：标准硬度块的标定》规定的标准硬度块进行日常检查，检查时应在标准块上至少打出 3 个压痕。如果测量的 3 个压痕硬度值的算数平均值与标准值之差在 GB/T 17394.2《金属材料 里氏硬度试验 第 2 部分：硬度计的检验与校准》中给出的允许误差之内，则该硬度计检查合格。如果误差超出规定的允许值，应立即对其进行间接检验。所测数据应当保存一段时间，以便检测硬度计的复现性和稳定性。

(2)实验室的环境温度宜为 10～35℃，不在此范围内的应在测试报告中注明。由于被试材料和硬度计二者的温度相差太大可能会影响到试验结果，因此，宜保证二者的温差不会对硬度试验结果产生不利影响。

(3)试验位置出现的磁场或电磁场会影响里氏硬度试验结果，应避免试验位置出现磁场或电磁场。

(4)试验过程中试件和冲击装置之间不能产生相对运动。必要时应使用设计合理的固定夹具。试件的试验面和支承表面应清洁、无污物(氧化皮、润滑剂、尘土等)。

(5)两压痕中心和试件边缘之间的距离应允许在试件上安放整个支撑环。对于 G 型冲击装置的硬度计，任何情况下，冲头冲击点与试件边缘的距离都不应小于 10mm；对于 D、DC、DL、D+15、C、S 和 E 型冲击装置，该距离不应小于 5mm。

(6)两个相邻压痕中心之间的距离至少应为压痕直径的 3 倍。

(7)试验前应对硬度计进行正确设置。试验时，先向下推动加载套锁住冲击体，一只手握住线圈部件将冲击装置支撑环紧压在试件表面上，用另一只手的食指按动冲击装置上部的释放按钮进行硬度测量，并通过指示装置读取所设定的相应硬度值。与重力方向的偏差超过 5°时会造成测量误差。

(8)为测试里氏硬度，试验应至少进行 3 次，并计算算数平均值。如果硬度值相互之差超过 20HL，应增加试验次数，并计算算术平均值。

对试样要求及测量不确定度评定等内容可参见标准 GB/T 17394.1《金属材料 里氏硬度试验 第 1 部分：试验方法》。

1.2.9 金属磁记忆检测

1.2.9.1 基本原理

金属磁记忆检测(Metal Magnetic Memory Testing，MMT)是基于铁磁工件的磁记忆效应。金属工件损伤出现的过程是应力集中变形区金属性质(腐蚀、疲劳、蠕变)变化的过程。铁磁构件在外加荷载和地磁场的共同作用下，构件应力的改变会引起构件内部的磁畴结构和分布的变化，使得铁磁构件发生自磁化现象，从而在构件表面形成漏磁场，相应地，反映了设备实际状态下金属磁化强度的变化。金属磁记忆的主要任务是通过记录在工作荷载作用下设备局部应力集中区产生的漏磁场，进而确定受检对象的应力集中区，然后用其他常规无损检测方法来确定其是否存在实际缺陷。该技术能够对工件的微观缺陷、早期失效和损伤等进行诊断，可用于检测评估铁磁性材料应力集中和疲劳损伤。

1.2.9.2 技术特点

(1)优势

①金属磁记忆检测不需要对被检工件表面进行预处理，无须人工磁化，无须专门的磁化设备，检测效率高。

②金属磁记忆检测设备便携，易于操作，灵敏度好，重复性和可靠性高，适合现场作业。

③金属磁记忆检测方法不仅能检测正在运行的设备，也能检测修理的设备。

④金属磁记忆检测方法可准确、可靠地探测出被检对象上以应力集中区为特征的危险部件和部位，特别适用于设备疲劳损坏的早期诊断、寿命评估和设备可靠性的预测。

(2)不足

①金属磁记忆检测在弹塑性及塑性阶段的理论机理有待进一步研究。金属磁记忆检测试验研究目前主要集中在不同材料的静载拉伸和疲劳荷载，受载形式比较单一。金属磁记忆检测的力磁耦合模型基本上仅适用于单轴拉伸应力状态下弹性变形阶段，很难解释复杂应力状态下弹塑性或塑性变形对材料磁特性的影响。而结构发生失效往往处于弹塑性或塑性变形阶段，因此，弹塑性和塑性变形阶段力磁耦合理论模型的构建是磁记忆检测技术的关键问题。

②金属磁记忆检测信号的准确性和影响因素有待完善。磁信号又是一种弱磁信号，受外界环境因素和人为因素干预影响较大，因此，需要逐一明确磁信号的干扰因素以及影响程度，以确保提取检测信号的准确性。

1.2.9.3 检测工艺

(1)检测对象及环境

①对妨碍检测的异物应进行清理，但检测表面不应进行机械打磨处理。

②检测对象不应有下述影响检测结果的情况存在：存在金属的人工磁化；检测对象上存在外来铁磁性异物；检测对象附近(1m 以内)存在外部磁场源。

③被检对象本身不应持续振动。

(2)检测仪器

①每一测量通道对同一被测磁场测量值相对误差为 ±5%。

②仪器测量范围为 ±1000A/m。

③最小扫描步长为 1mm。

④电路正常工作造成的电噪声水平应为 ±5A/m。

(3)传感器

①可采用铁磁测量仪或场强计、梯度计等作为测量漏磁场强度的传感器。

②传感器的形式依据方法和检测对象确定。每一传感器应具备两个及两个以上测量通道，一个通道用于消除外部磁场的影响，其余通道用于测量。

(4)检测准备

①检测准备的主要内容为：分析了解被检测对象技术资料和运行情况；填写检测工艺卡；选择检测仪器和传感器；调整、标定仪器和传感器；把检测范围划分成若干个小区域并记录在原始记录表中。

②对被检测对象技术资料应进行下列几方面的分析：被检测对象的材料牌号和部件的形式尺寸；被检测对象部件的结构特征、焊接接头的形式等；被检测对象工作状况和故障(损伤)可能产生的原因。

1.2.10 电磁检测

本节主要介绍适用于钢丝绳无损检测的电磁检测技术。

1.2.10.1 基本原理

GB/T 21837—2008《铁磁性钢丝绳电磁检测方法》规定了可使用电磁、磁通、漏磁、剩磁等方法对钢丝绳的局部损伤(Local Flaw，LF)和金属横截面积损失(Loss of Metallic Cross－sectional Area，LMA)进行缺陷检测。

(1)交流电磁类仪器工作原理

交流电磁类检测仪器的工作原理同于变压器原理，初级和次级线圈环绕在钢丝绳上，钢丝绳犹如变压器的铁芯(图1－24)。初级(激励)线圈的电源为10～30Hz的低频交流电。次级(探测)线圈测定钢丝绳的磁特性。钢丝绳磁特性的任何关键变化会通过次级线圈的电压变化(幅度和相位)反映出来。电磁类仪器通常是在较低磁场强度的条件下工作，因此，在开始检测前，有必要将钢丝绳彻底退磁。此类仪器主要用于检测金属横截面积变化。

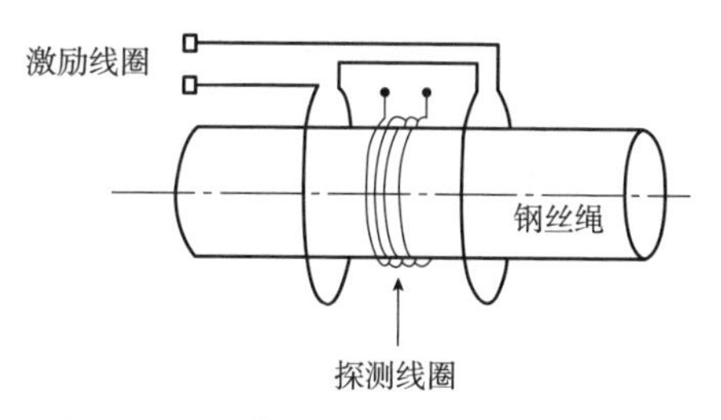

图1－24 电磁类仪器传感器头示意

(2)直流和永磁(磁通)类仪器工作原理

直流和永磁类仪器提供恒定磁通，通过传感器头(磁回路)磁化一段钢丝绳(图1－25)。钢丝绳中的轴向总磁通，能通过霍尔效应传感器、环绕(感应)线圈，或其他能有效测定磁场或稳恒磁场变化的适当装置来测定。传感器输出的是电信号，在磁回路可感应范围内，其输出电压与钢含量或金属横截面积变化成正比。此类仪器用于测定金属横截面积变化。

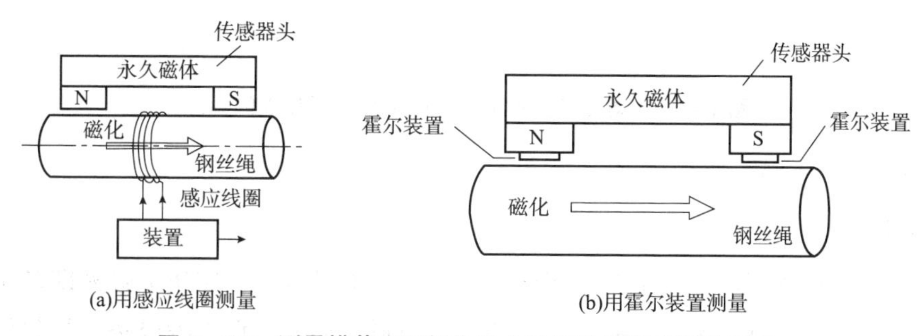

(a)用感应线圈测量　(b)用霍尔装置测量

图1－25 测量横截面积损失的永磁类设备传感器头示意

(3)漏磁类仪器工作原理

直流或永磁类仪器提供恒定磁通，通过传感器头(磁回路)来磁化一段钢丝绳(图1－26)。钢丝绳中不连续(例如断丝)所引起的漏磁，能用不同传感器(例如霍尔效应传感器、感应线圈或其他适当装置)来检测。传感器输出的是电信号，并被记录。此类仪器用于测定局部缺陷(Localized Fault，LF)。但它不能明确给出有关损伤的确切数量方面的信息，只能给出钢丝绳中断丝、内腐蚀和磨损等是否存在的提示性信息。现在行业上采用的强磁检测技术本质上就是基于漏磁特性。

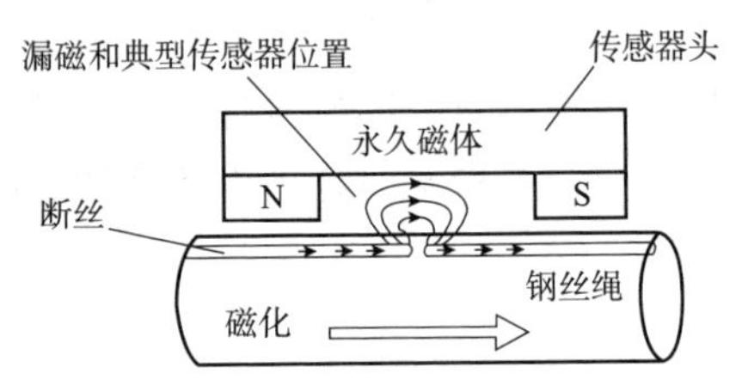

图1－26　断丝导致漏磁的示意

(4)剩磁类仪器工作原理

直流或永磁类磁化装置对钢丝绳磁化后，在确保外加磁场已移去或无外磁场影响的情况下，利用铁磁性钢丝绳的剩磁特性，采用能有效测定剩余磁场变化的适当检测装置，来测定钢丝绳内剩磁场的变化。此类仪器能用于测定金属横截面积的变化和局部损伤的存在。现在行业上采用的弱磁检测技术本质上就是基于剩磁特性。剩磁类仪器测量金属横截面积损失的示意如图1－27所示。

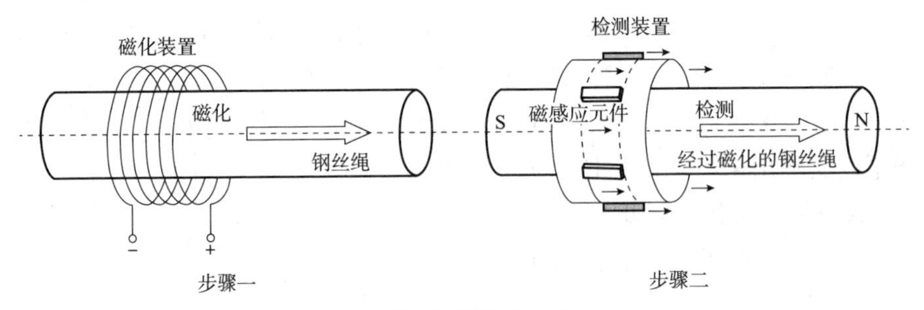

(a)磁化和检测分步方式

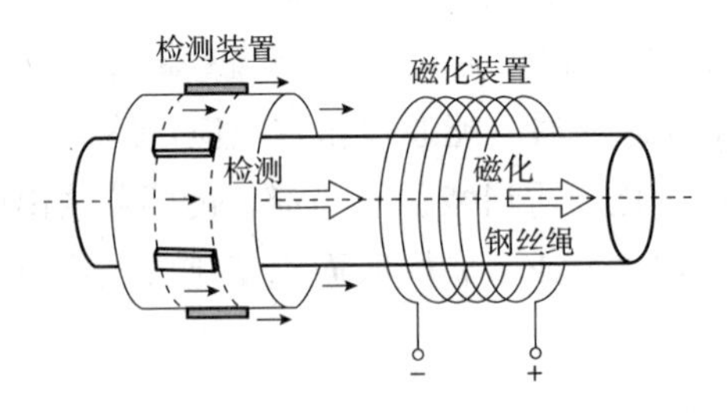

(b)磁化和检测同步方式

图1－27　剩磁类仪器测量金属横截面积损失的示意

1.2.10.2　技术特点

(1)优势

前面讲到，目前国内行业上常常提到强磁或弱磁检测技术，实质上强磁即基于漏磁原理，弱磁基于剩磁原理。无论强磁还是弱磁技术，目前都能实现检测设备小型化设计及应用，现场使用起来高效且便捷。

(2)不足

①漏磁方法的固有局限性

a. 几乎不可能辨别出较细的断丝、小断口断丝或接近多断丝处的单根断丝。几乎不可能辨别出带有蚀坑的断丝。

b. 由于纯金属学性质引起的退化不易辨别，当钢丝绳是否报废是基于断丝增加的百分率时，在检测发现有断丝后，有必要增加检测的频率。

②剩磁方法的固有局限性

a. 仪器所测得的金属横截面积变化，只能表示这是相对于仪器校准基准点处的变化。

b. 对于引起金属横截面积变化程度较小的磨损和锈蚀，剩磁类仪器可能不易辨别。

c. 由于剩磁通常比较微弱，在有外磁场干扰下进行检测可能失效。

d. 剩磁的大小通常随时间而有所变化，不同时间段的检测结果可能会不同。

e. 剩磁方法不适用于相对磁导率很低的铁磁性材料。

1.2.10.3 检测工艺

(1)设备应在检测前进行校准。

(2)传感器头必须与钢丝绳大致处在同一轴心线上。

(3)仪器必须按检测工艺规程进行调节。开始检测前，宜通过对插入的已知横截面积的铁磁性钢条或钢丝的验证来设定灵敏度，此校准信号宜记录保存，以便以后对比用。

(4)钢丝绳检测宜采用相对一致的速度：或移动传感器探头，或移动钢丝绳。相关的信号必须用适当介质予以记录，以便于以后对比。

(5)下列信息作为检测数据应记录，以便于分析：检测日期、检测编号、客户标识、钢丝绳标识(用途、位置、卷盘和绳号)、钢丝绳直径和结构、仪器序列号、仪器校准状态、记录仪状态、记录速度、传感器头在钢丝绳上的评定基准点位置、钢丝绳或传感器头的移动方向、被检钢丝绳总长度、检测速度。

(6)为确保检测结果的可重复性，应至少进行2次重复操作。

(7)当钢丝绳全部工作长度需要多次检测时，每次调整的传感器头磁极方向相对于钢丝绳宜前后一致。为了与记录仪联用，宜在钢丝绳上两次相邻运行点的地方打上临时标记(铁磁性标记在记录装置中呈现出一个显示)。检测信号宜由同一台仪器按同一标准且在检测同一根钢丝绳时得到。

(8)当测定LMA的百分率时，必须明确这是与钢丝绳上象征钢丝绳最大金属横截面积的基准点在做比较。基准点的状况有可能已在钢丝绳运转中恶化而不再与所象征的最初的(新的)钢丝绳值相同。因此，基准点必须经目视或其他方法检测，以评定其现状。

(9)如果检测显示在钢丝绳某些部位上存在严重的恶化，该部位宜实施附加检测，以对显示进行反复核实。在附加的检查中，检测显示有严重恶化的钢丝绳部位必须进行目视检测。

(10)有关LF和LMA/LF仪器的局部损伤基准数据，可在最初检测(新)钢丝绳的时候建立。只要可行，检测同一根钢丝绳时，宜通过调节与被检钢丝绳相匹配的钢条或钢丝上的已知损伤，使产生的幅度彼此相同，如此反复而设定。

1.3 本章小结

本章简要地介绍了海洋油气钻采装备检验检测中常用的技术方法。检验的方式主要包括证书及资料查验、直观检查、功能测试、压力测试、联合运转试验；无损检测则从检测的基本原理、技术特点和检测工艺三个角度介绍了10种常用的方法。在进行海洋油气钻采装备安全评估时，需要依据具体待检设备的特点科学地选择检验检测方法，亦可融合多种检验检测技术手段达到优势互补，方能取得最佳的检验检测效果，达成油气钻采装备安全评估的预期目标。

2 应力分析方法

海洋油气钻采装备多为承压装置或承载结构，因此，在服役期间要满足相应的强度、刚度及稳定性要求。目前常采用应力分析的方式来获取在役设备的应力状态，进而依据相应的强度准则判定其承载安全性能。

2.1 应力分析法概述

应力分析的方法主要有解析法、数值法和实验法。结构和设备的应力分布及大小与其承受的荷载、温度、形状、尺寸和材料性质等有关。对于结构形式比较复杂的结构和设备进行应力分析时，往往采用计算与实验相结合的方法，以便相互验证，提高应力分析的可靠性和有效性。

(1)解析法

解析法是用函数形式表达问题的解，并给出解的一般表达形式，能明显地反映出解的性质。求解前首先建立问题的基本方程。通常需要考虑的问题有：力(外力、内力和应力)的平衡性，变形(位移和应变)的连续性，力、变形和温度间的物理关系，建立表示各量间关系的基本方程。有时需要根据能量原理和问题的性质，建立综合反映力、变形和结构特性的混合形式的泛函，通过求泛函驻值建立基本方程。解析法采用严格的数学运算，对某些简单问题能得出精确解。但对于复杂问题必须对结构的形状、尺寸和荷载条件等进行合理的简化，从而得出近似解。

(2)数值法

数值法也称数值模拟法，是求问题离散点函数值数值解的方法。在应力分析中，求解基本方程的数值法主要包括有限差分法和有限元法等。有限差分法是把基本方程和边界条件转化为有限差分方程，把力学问题归结为解联立代数方程组，然后运用电子计算机进行运算，并且通过调节步长的大小以提高解的精度。有限单元法是把连续体离散为有限单元的数值解法，它比有限差分法具有更大的灵活性和通用性，对复杂的几何形状、任意的边界条件、不均匀的材料、各种荷载分布和各种类型的结构(如梁、板、壳等)都能灵活地加以考虑，应用电子计算机进行运算。在求解无限域、应力集中和有关断裂力学等方面的问题中，还可用边界元法。

(3)实验法

实验法是在机械零件和构件的原型或模型上，应用各种实验方法测得零件的应力分布状态和主应力值的方法。它既可用于研究固体力学的基本规律，为发展新理论提供依据，又是提高工程设计质量、进行失效分析的重要手段。实验应力分析的方法主要有电阻应变测量法、光弹性法、云纹法、散斑法、脆性涂层法、声弹性法及 X 射线应力测定法等。

由于在目前海洋油气钻采装备安全评估的工程应用中，多采用数值模拟结合实验应力分析方法来进行强度校核分析，故在本节重点介绍数值模拟方法中的有限元分析法及实验应力分析法中的应变测试法。

2.2 应力应变

2.2.1 应力

(1)应力的概念

物体在受到外力作用而变形时，其内部各质点间的相对位置将发生变化，相应的，各质点间的相互作用力也将发生改变。这种由外力作用而引起的质点间相互作用力的改变量，即材料力学中所研究的内力。由于假设物体是均匀连续的可变形固体，因此，物体内部相邻部分之间相互作用的内力，实际上是一个连续分布的内力系，而将分布内力系的合成(力或力偶)简称为内力。也就是说，内力是指由外力作用所引起的、物体内相邻部分之间分布内力系的合成。它只能说明截面上的内力和外力的平衡关系，并不能说明分布内力系在截面内某一处的强弱程度。为了更清楚地说明这一问题，引入了应力的概念。

应力是受力物体某一截面上分布内力在一点处的集度。在某一截面上 C 点取一微小面积 ΔA，作用在 ΔA 微小面积内力的合力为 ΔF，如式(2－1)所示：

$$\boldsymbol{P}=\lim_{\Delta A\to 0}\frac{\Delta F}{\Delta A}=\frac{\mathrm{d}F}{\mathrm{d}A} \tag{2-1}$$

则当 $\Delta A\to 0$ 时，式(2－1)所表示的 $\boldsymbol{P}$ 就称为 C 点处的应力。$\boldsymbol{P}$ 是一个矢量，既不与截面垂直，也不与截面相切。通常把应力 $\boldsymbol{P}$ 分解成垂直于截面的分量 σ 以及切于截面的分量 τ。σ 称为正应力，τ 称为切应力。应力的单位：$\mathrm{N/m^2}$(Pa)。

由此可见，应力是结构抵抗荷载所产生的力，用内力被物体的截面积所除后得到的值(单位截面积上的内力)来表示，应力是判断结构破坏(损坏)与否的重要指标。

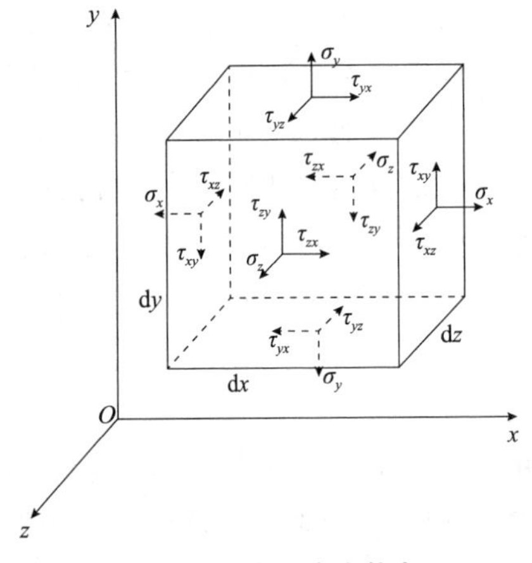

图 2－1 空间应力状态

(2)空间应力状态

对于受力物体内一点处的应力状态，最普遍的情况是所取单元体三对平面上都有正应力和切应力，而且切应力可分解为沿坐标轴方向的两个分量，如图 2－1 所示。图中 x 平面上有正应力 σ_x、切应力 τ_{xy} 和 τ_{xz}。切应力的两个下标中，第一个下标表示切应力所在平面，第二个下标表示切应力的方向。同理，在 y 平面上有应力 σ_y、切应力 τ_{yx} 和 τ_{yz}；在 z 平面上有应力 σ_z、切应力 τ_{zx} 和 τ_{zy}。这种应力状态，称为一般的空间应力状态。

在一般的空间应力状态的 9 个应力分量中，根据切应力互等定理，在数值上有 $\tau_{xy}=\tau_{yx}$、$\tau_{yz}=\tau_{zy}$ 和 $\tau_{zx}=\tau_{xz}$，因而，独立的应力分量是6个，即 σ_x、σ_y、σ_z、τ_{xy}、τ_{yz}、τ_{zx}。

2.2.2 应变

如图2－2所示，某一杆件受拉，其原始长度为 L，拉伸后会产生伸长变形 ΔL，则拉伸后杆件的长度变为 $L+\Delta L$。

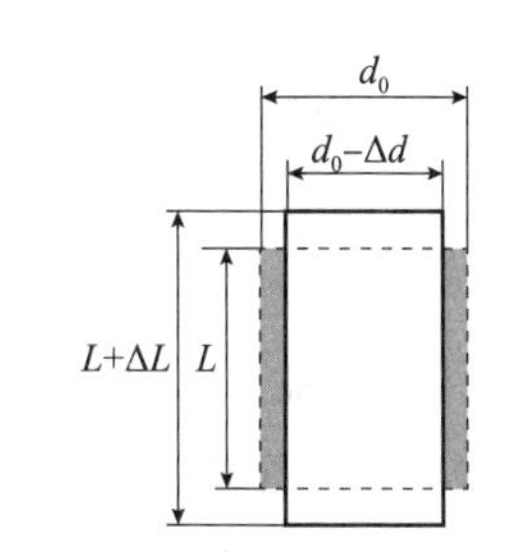

图2－2 杆件受拉变形示意

这里，由伸长量 ΔL 和原长 L 的比所表示的伸长率(或压缩率)就叫作“应变”，记为 ε。

$$\varepsilon=\frac{\Delta L}{L} \tag{2-2}$$

应变表示的是伸长率(或压缩率)，属于无量纲数。由于量值很小，通常用 10^{-6}(百万分之一)“微应变”表示。与外力同方向的伸长(或压缩)方向上的应变称为轴向应变。

构件在被拉伸的状态下，变长的同时也会变细。直径为 d 的构件产生 Δd 的变形时，直径方向的应变如式(2－3)所示：

$$\varepsilon_2=\frac{-\Delta d}{d_0} \tag{2-3}$$

这种与外力呈角方向上的应变称为“横向应变”。轴向应变与横向应变的比值的绝对值称为泊松比(横向变形因数)，记为 μ。每种材料都有其固定的泊松比，且大部分材料的泊松比都为0.3左右。

2.2.3 应力－应变曲线

材料应力应变曲线，是力学中最基础、最重要的一个概念，也是应变测试的基本原理。低碳钢是工程上使用最广泛的材料，同时，低碳钢试样在拉伸试验中所表现出的变形与所受荷载间的关系也比较典型。一般万能试验机可以自动绘出试样在试验过程中工作段的伸长与荷载间定量的关系曲线。曲线以横坐标表示试样工作段的伸长量 Δl，而以纵坐标表示试样承受的荷载 F，称为试样的拉伸图。

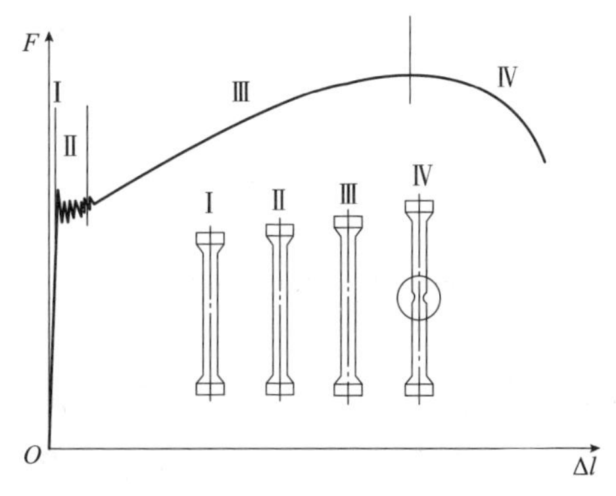

图2－3 低碳钢试样的拉伸图

图2－3所示为低碳钢试样的拉伸图。由图可见，低碳钢在整个拉伸试验过程中，其工作段的伸长量与荷载间的关系大致可分为以下四个阶段。

(1)阶段Ⅰ

试样的变形完全是弹性的，全部卸除荷载后，试样将恢复其原长，这一阶段称为弹性阶段。低碳钢试样在此阶段内，其伸长量与荷载之间成正比，即满足胡克定律所表达的关系式：

$$\Delta l=\frac{Fl}{EA} \tag{2-4}$$

式中，比例常数 E 称为弹性模量，Pa。E 的数值因材料而异，是通过实验测定的，其值表征材料抵抗弹性变形的能力。

(2)阶段Ⅱ

试样的伸长量急剧增加，而试验机上的荷载读数在很小的范围内波动。试样的荷载在很小的范围内波动，而其变形却不断增大的现象称为屈服，这一阶段则称为屈服阶段。屈服阶段出现的变形，是不可恢复的变形。

(3)阶段Ⅲ

试样经过屈服阶段后，若要使其继续伸长，由于材料在塑性变形过程中不断发生强化，因而试样中的荷载不断增长，这一阶段称为强化阶段。在强化阶段试样的变形主要是塑性变形，其变形量要远大于弹性变形。

(4)阶段Ⅳ

试样伸长到一定程度后，荷载读数反而逐渐降低。此时可以看到，试样某一段内的横截面积显著地收缩，出现“缩颈”现象。在试样继续伸长(主要是“缩颈”部分的伸长)的过程中，由于“缩颈”部分的横截面积急剧缩小，因此，荷载读数反而降低，一直到试样被拉断，这一阶段称为局部变形阶段。

低碳钢试样的拉伸图只能代表试样的力学性能，因为该图的横坐标和纵坐标均与试样的几何尺寸有关。若将拉伸图的纵坐标(即荷载 F)除以试样横截面的原面积 A，将其横坐标(即伸长量 Δl)除以试样工作段的原长 l，所得曲线即与试样的尺寸无关，而可以代表材料的力学性能，称为应力-应变曲线或 $\sigma-\varepsilon$ 曲线(图 2-4)。

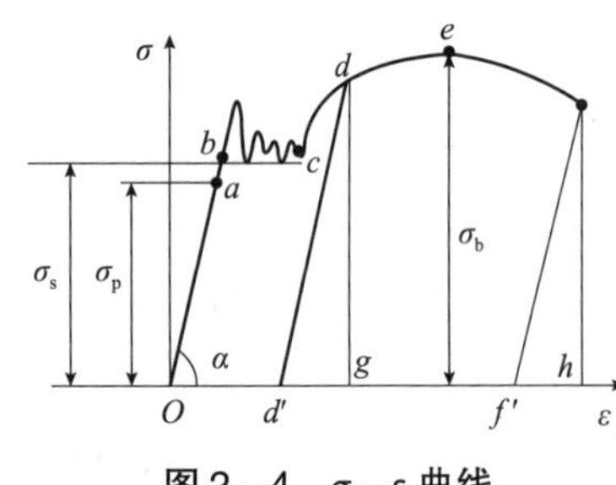

图 2-4 σ-ε 曲线

其纵坐标 $\sigma=\frac{F}{A}$ 实质上是名义应力(称为工程应力)，因为超过屈服阶段以后，试样的横截面积显著缩小，仍用原面积求得的应力并不能表示试样横截面上的真实应力。

曲线的横坐标 $\varepsilon=\frac{\Delta l}{l}$ 实质上也是名义应变(称为工程应变，通常用百分数表示)，因为超过屈服阶段之后，试样的长度显著增加，用原长 l 求得的应变也不能表示试样的真实应变。

根据 $\sigma-\varepsilon$ 曲线(图 2-4)可获得表征材料的力学性能的几个特征点及其相应的含义。

在弹性阶段内，a 点是应力与应变成正比(即符合胡克定律)的最高限，与之对应的应力称为材料的比例极限，以 σ_p 表示。弹性阶段的最高点 b 是卸载后不发生塑性变形的极限，而与之对应的应力称为材料的弹性极限，并以 σ_s 表示。

由于这两个极限应力在数值上相差不大，在实测中很难区分。因此，在工程实用中通常并不区分材料的这两个极限应力，而统称为弹性极限。材料内的应力处于弹性极限以下，统称为线弹性范围。

在屈服阶段内，应力 σ 有幅度不大的波动，在发生屈服而力首次下降前所对应的最高应力(点 c)为上屈服强度，而在屈服期间，不计初始瞬时效应时的最低应力(点 d)为下屈服强度。试验指出，上屈服强度的数值受加载速度等因素的影响较大，而下屈服强度值则较为稳定。因此，通常将下屈服强度称为材料的屈服强度或屈服极限，并以 σ_s 表示。

在强化阶段，g 点是该阶段的最高点，即试样中的名义应力的最大值，称为材料的抗拉强度或强度极限，以 σ_b 表示。

对于低碳钢而言，极限应力 σ_s 和 σ_b 是衡量材料强度的两个重要指标。

2.2.4 强度理论及其相当应力

为了建立空间应力状态下材料的强度条件，就需要寻求导致材料破坏的规律。关于材料破坏或失效的假设，称为强度理论。材料在拉伸、压缩以及扭转等试验中发生的破坏现象，基本形式有两种：一种是在没有明显的塑性变形情况下突然断裂，称为脆性断裂；另一种是材料产生显著的塑性变形而使构件丧失正常的工作能力，称为塑性屈服。长期以来，通过生产实践和科学研究，针对这两种破坏形式，曾提出过不少关于材料破坏因素的假设，下面主要介绍经过实验和实践检验，在工程中常用的四个强度理论。

(1)最大拉应力理论

最大拉应力理论也称为第一强度理论。这一理论假设：最大拉应力 σ_t 是引起材料脆性断裂的因素，即认为不论处于什么样的应力状态下，只要构件内一点处的最大拉应力 σ_t(即 σ_1)达到了材料的极限应力 σ_u，材料就发生脆性断裂。至于材料的极限应力 σ_u，则可通过单轴拉伸试样发生脆性断裂的试验来确定。

(2)最大伸长线应变理论

最大伸长线应变理论也称为第二强度理论。这一理论假设：最大伸长线应变 ε_t 是引起材料脆性断裂的因素，即认为不论处于什么样的应力状态下，只要构件内一点处的最大伸长线应变 ε_t(即 ε_1)达到了材料的极限值 ε_u，材料就发生脆性断裂。同理，材料的极限值同样可以通过单轴拉伸试样发生脆性断裂的试验来确定。

(3)最大切应力理论

最大切应力理论又称为第三强度理论。这一理论假设：最大切应力 τ_{max}是引起材料塑性屈服的因素，即认为不论处于什么样的应力状态下，只要构件内一点处的最大切应力 τ_{max}达到了材料屈服时的极限值 τ_u，该点处的材料就发生屈服。至于材料屈服时切应力的极限值 τ_u，同样可通过单轴拉伸试样发生屈服的试验来确定。

(4)形状改变能密度理论

形状改变能密度理论通常也称为第四强度理论。这一理论假设：形状改变能密度 ν_d是引起材料屈服的因素，即认为不论处于什么样的应力状态下，只要构件内一点处的形状改变能密度 ν_d 达到了材料的屈服极限 ν_{du}，该点处的材料就发生塑性屈服。对于像低碳钢一样的塑性材料，因为在拉伸试验中当正应力达到 σ_s 时就出现明显的屈服现象，故可通过拉伸试验来确定材料的 ν_{du}值。

按照四个强度理论所建立的强度条件可统一写作：

$$\sigma_r \leqslant [\sigma] \tag{2-5}$$

式中，σ_r 是根据不同强度理论所得到的构件危险点处三个主应力的某些组合，从式(2-5)的形式上来看，这种主应力的组合 σ_r 和单轴拉伸时的拉应力在安全程度上是相当的，因此，通常称 σ_r 为相当应力。四个强度理论的相当应力表达式归纳于表 2-1。

表 2-1　四个强度理论的相当应力表达式

强度理论的分类及名称		相当应力表达式
第一类强度理论（脆性断裂的理论）	第一强度理论——最大拉应力理论	$\sigma_{r1}=\sigma_1$
	第二强度理论——最大伸长线应变理论	$\sigma_{r2}=\sigma_1-\nu(\sigma_2+\sigma_3)$
第二类强度理论（塑性屈服的理论）	第三强度理论——最大切应力理论	$\sigma_{r3}=\sigma_1-\sigma_3$
	第四强度理论——形状改变能密度理论	$\sigma_{r4}=\left\{\frac{1}{2}[(\sigma_1-\sigma_2)^2+(\sigma_2-\sigma_3)^2+(\sigma_3-\sigma_1)^2]\right\}^{1/2}$

应该指出，按某一强度理论的相当应力，对于危险点处于复杂应力状态的构件进行强度校核时，一方面要保证所用的强度理论与在这种应力状态下发生的破坏形式相对应，另一方面要求用以确定许用应力$[\sigma]$的极限应力，也必须与该破坏形式相对应。

2.3　有限元分析

在海洋油气钻采装备强度校核及安全评估中，现场应变测试能最真实反映装备现有应力状态，但只能测量出特定时间点、特定工况下局部位置的数据，有一定局限性。有限元分析能结合工程实际分析多种条件下装备的各种受力状况，弥补了现场测试的不足，因此，得到了广泛的应用。

2.3.1　有限元法简介

2.3.1.1　有限元概述

有限元法全称有限单元法(Finite Element Method，FEM)，是一种用有限代替无限、用简单代替复杂、用离散代替连续后再进行求解的一种方法。

对于一个复杂的真实物理系统(几何和荷载工况)，很难通过直接求解来获得想要的结果，有限元法可以建立一个离散化有限元模型，即把这个复杂的分析结构离散成有限数目的单元，单元与单元之间的数据传递通过节点来实现，从而形成一个单元的几何体代替原来的系统。它将求解域看成由许多有限单元的小的互连子域组成，对每一单元假定一个较简单的近似解，然后推导求解这个域总的满足条件，从而得到问题的解。因为实际问题被较简单的问题所代替，所以，这个解并不是准确解，而是近似解。由于大多数实际问题难以得到准确解，而有限元方法不仅计算精度高，能适应多种复杂形状，在求解时还能借助计算机强大的计算功能，因此不断被应用于各种新的领域。

2.3.1.2 有限元求解过程

有限元法具体的求解流程为：连续体离散化、单元分析、总体合成、确定约束条件、求解有限元方程。

(1)连续体离散化

有限元模拟的第一步都是用一个有限单元的集合离散系统的实际几何形状，每一个单元代表这个实际系统的一个离散部分。这些单元通过共同节点来连接，每个连接点称为节点，节点和单元的集合称为网格。荷载通过节点在各单元之间进行传递，这种由单元和节点构成的集合体称为有限元分析模型。

(2)单元分析

在连续体离散化后就可以进行单元特性分析，即分析单元的内力与位移之间的关系，建立单元刚度矩阵，形成单元刚度方程。确定好单元的位移模式后，则可进行单元力学特性分析，将作用在各个单元上的力等效移置为节点荷载，根据单元的尺寸、形状、材料性质、节点数目、位置及其含义等，应用相关力学原理建立单元内节点位移与节点力之间的关系式，最终导出单元的刚度矩阵。

(3)总体合成

在完成所有单元的单元分析后，需要进行单元组集，也就是将所有单元的刚度矩阵整合成为整体刚度矩阵，并将各单元的节点力矢量合并为总的力向量，从而得到总体的平衡方程。各个单元的函数和状态变量必须要有高度的连续性，这是矩阵方程求解时对近似解求解域离散域的要求，也是实际问题连续性的保证。

(4)确定约束条件

上述步骤形成的整体的平衡方程是一组线性代数方程。在求解之前，必须根据具体的求解情况，分析和确定求解问题的边界约束条件，并对方程进行适当的修正。边界的约束条件包括应力边界条件、位移边界条件以及混合边界条件，不同的求解问题所对应的边界条件是不同的。

(5)求解有限元方程

根据边界条件修正得到总体有限元方程组，接下来要做的就是求解方程，通过解方程即可求得各节点的位移，进而根据位移计算单元的应力及应变。将求解的结果和设计的允许值进行对比，最终确定是否需要重新计算。

2.3.1.3 有限元软件分析步骤

上一节简述了有限元法分析的完整过程，各类有限元软件也是按照这一过程进行数值模拟分析的。使用有限元软件进行分析的步骤主要有三部分：前处理、求解和后处理。其中，前处理是将所研究的物理问题转化为有限元的模型，具体包括建立几何模型、设置材料属性、划分网格以及设置边界条件和荷载；求解部分需要根据问题的类型选择相应的求解器，进行与求解相关的设置并提交运算；后处理则是对计算结果的查看，可以根据需要选择相关的输出量进行可视化展示。有限元法构造一个分析模型应遵循的一般步骤如图 2-5 所示，大致分为以下 9 步。

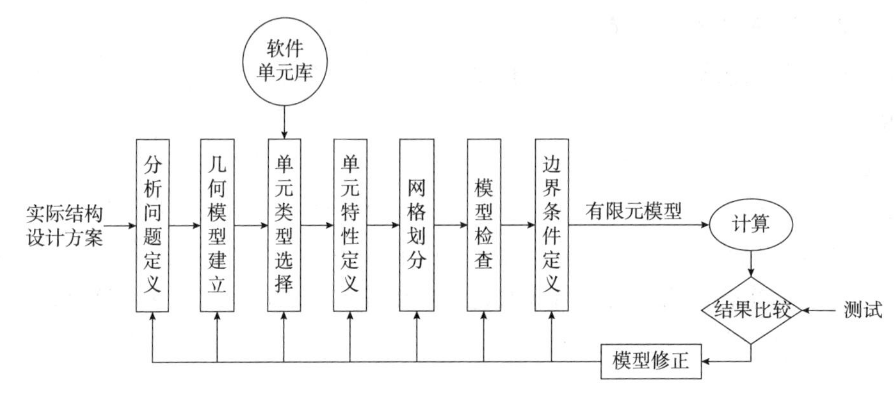

图 2－5　有限元建模的一般过程

(1)在进行有限元分析之前，首先应对分析对象的形状、尺寸、工况条件、材料类型、计算内容、应力和变形的大致规律等进行分析。

(2)建立几何模型时，应根据对象的具体特征对形状和大小进行必要的简化、变形和处理。

(3)单元选择应根据结构的类型、形状特征、应力和变形特点、精度要求和硬件条件等因素进行综合考虑。

(4)进行材料特性、物理特性、辅助几何特征、截面形状和大小等单元特性定义，在生成单元之前应定义出描述单元特性的各种特性表。

(5)对模型进行网格划分和检查。

(6)定义荷载、位移约束等边界条件。

(7)提交作业。

(8)结果显示可视化。

(9)有限元模型修正。

2. 3. 2　海洋石油常用有限元软件

基于有限单元法的概念，市面上开发了大量适用于工程结构设计领域的有限元程序。有限元软件从 20 世纪 80 年代兴起，到现在多达几百种。目前，有限元分析软件从总体上可以分为三大类：通用有限元分析软件、专用有限元分析软件和嵌套在 CAD/CAM 系统中的有限分析模块。其中，在海洋油气钻采装备安全评估中应用较为广泛的有 ABAQUS、ANSYS 和 SACS 等。

2. 3. 2. 1　ABAQUS

(1) ABAQUS 概述

ABAQUS 公司成立于 1978 年，前身名叫 HKS。2002 年公司改名为 ABAQUS，2005 年被法国达索公司收购，2007 年更名为 SIMULIA，ABAQUS 是达索公司的重要产品之一。

ABAQUS 可以进行线性及非线性问题分析，尤其在求解非线性问题方面的能力十分优异。作为通用的数值模拟工具，ABAQUS 具有丰富的单元库和材料库可供选择，也可自行定义材料的本构关系和失效准则等。除了能解决静态和准静态分析、模态分析、瞬态分析、接触分析、弹塑性分析及疲劳分析等常见的结构分析，还可以模拟热固耦合分析、压电和热电耦合分析、流固耦合分析及流体动力学分析等。因此，ABAQUS 软件以其强大的有限元分析功能被广泛运用于石油化工、机械制造、生物医学、电子工程、土木工程及航空航天等领域。ABAQUS 在海洋石油工程应用案例如图 2 -6 所示。

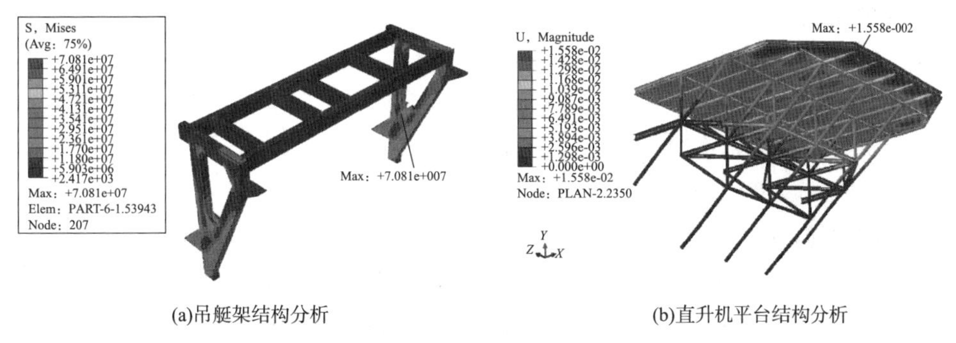

(a)吊艇架结构分析　　(b)直升机平台结构分析

图 2 -6　ABAQUS 在海洋石油工程应用案例

(2) ABAQUS 主要分析模块

在 ABAQUS 的软件体系中，有前、后处理模块，通用分析模块，专用分析模块三个主要部分，此外还有 MSC. ADAMS 接口、MOLDFLOW 接口、ABAQUS/ATOM 接口等接口模块。ABAQUS 产品如图 2 -7 所示。

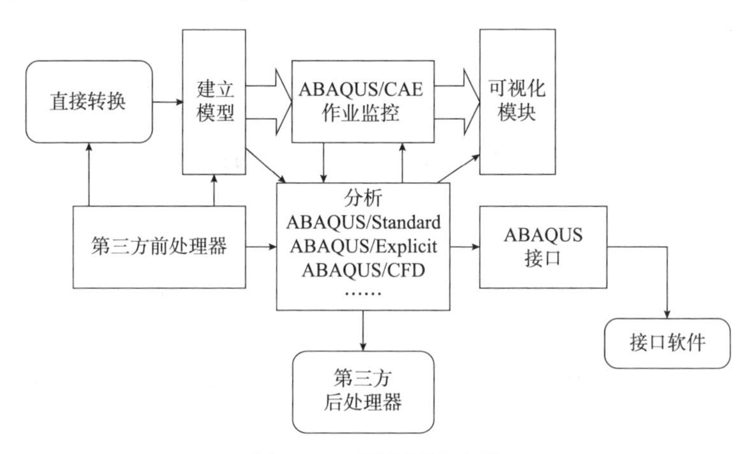

图 2 -7　ABAQUS 产品

①前、后处理模块

a. ABAQUS/CAE

ABAQUS/CAE 提供了利用 ABAQUS 进行问题求解的交互式图形用户界面，具有强大的前、后处理功能，涵盖了有限元分析的各个步骤，如建立模型的几何形状、设定材料参数、选择分析过程、设定荷载及边界条件、考虑接触、网格划分及作业提交等。通过 ABAQUS/CAE 还可交互式提交任务进行计算，并可对计算过程进行监视和控制。计算结果可在后处理时用云图、曲线、动画等多种形式呈现，支持数据结果的输出。

b. ABAQUS/Viewer

ABAQUS/Viewer 是 ABAQUS/CAE 的子模块，具有后处理功能，为计算结果的描述和解释提供了多样化的选择，相当于 ABAQUS/CAE 中的 Visualization 功能模块。

②通用分析模块

ABAQUS 的核心是求解器模块，其中 ABAQUS/Standard 和 ABAQUS/Explicit 是互相补充的、集成的分析模块。

a. ABAQUS/Standard

ABAQUS/Standard 是一个通用的分析模块，基于隐式求解控制方程，能够广泛求解线性和非线性问题，包括静态分析、动力分析、热分析以及其他复杂非线性耦合物理场的分析等。

b. ABAQUS/Explicit

ABAQUS/Explicit 为显示分析求解器，适用于模拟短暂、瞬时的动态问题，如冲击和爆炸荷载作用下的结构响应。另外，ABAQUS/Explicit 在分析由于复杂接触条件导致的高度非线性问题时也十分有效，如模拟成型问题。

c. ABAQUS/CFD

ABAQUS/CFD 是流体动力分析模块，能够模拟层流、湍流等流体问题，以及热传导、自然对流等流体传热问题。应用该模块时相关模型搭建及参数设定均可在 ABAQUS/CAE 中完成，还可以在 ABAQUS 后处理中输出等值面、流速矢量图等多种流体动力学相关后处理结果。

③专用分析模块

对于某些特定的领域，ABAQUS 提供了专用分析模块。如专门用于模拟海工结构的 ABAQUS/Aqua 模块、用于分析设计参数变化对结构响应的影响的 ABAQUS/Design 模块等。

(3) ABAQUS/CAE 中的功能模块

ABAQUS 软件根据有限元分析流程设置的功能模块有：模型创建、材料特性定义、装配体创建、分析步创建、相互作用建立、荷载定义、网格划分、作业提交、优化分析以及可视化等模块，各模块组件排序基本与仿真流程一致(根据用户习惯可灵活选择网格划分时机)。

①Part(部件)模块

部件是 ABAQUS/CAE 创建几何模型的“积木”，Part 模块的主要功能是创建、编辑和管理部件。用户可在 Part 模块里生成部件的几何模型，也可以从其他的三维建模软件导入部件，然后在 Assembly 模块中把它们组装起来生成实体。ABAQUS/CAE 中的有限元模型由一个或多个部件组成。

②Property(性质)模块

该模块的主要功能包括选择材料模型并设置相关的参数，定义截面属性，将截面属性分配赋予相应部件区域。这里的“截面属性”包含了材料定义和横截面几何形状等部件综合信息。

③Assembly(装配)模块

Assembly 模块生成部件的装配体。用户需要应用装配模块创建部件的实体(Instance)，并且将一个或多个实体按照实体特征装配在总体坐标系中，从而构成装配件。简单来说，部件模块创建的是产品的零件，而装配模块负责将这些零件组装成产品。一个 ABAQUS 模型中只能包含一个装配件。

④Step(分析步)模块

在 Step 模块中可创建分析步、选择输出数据、设定自适应网格求解控制和设置求解过程控制参数。分析步的序列提供了方便的途径来体现模型中的变化(如荷载和边界条件的变化)；在各个步之间，输出需求可以改变。

⑤Interaction(相互作用)模块

在相互作用模块中，用户可以指定不同区域之间的力学、热学相互作用。本模块的相互作用包括各种接触：软接触、刚性接触、小滑移接触、有限滑移接触、自接触等各种接触类型；也包括各种约束：绑定约束、方程约束和刚体约束等。

⑥Load(荷载)模块

该模块用于定义荷载、边界条件，预定义场和荷载工况。其中荷载、位移边界条件和场需指定所在的分析步。

⑦Mesh(网格)模块

网格划分是有限元分析中极为重要的一环，划分网格的数目与质量直接影响到计算结果的精度和计算规模的大小。在 Mesh 模块中，包含生成网格所需要的网格划分工具，用户可以布置网格种子(控制网格大小)、设置网格划分技术及算法、选择单元类型、划分网格、检验网格质量。

⑧Job(任务)模块

完成了模型生成任务后，用户可用 Job 模块交互式地提交作业、进行分析并监控其分析过程，同时，可提交多个模型进行分析和监控。

⑨Visualization(可视化)模块

后处理模块从计算输出数据库(odb 文件)中获得模型和结果信息，并输出有限元模型的图形和分析结果的图形，可进行等值线云图、矢量图、网格变形图、*XY* 曲线图等多种形式的结果后处理，亦可将结果导出到外部数据文件中，供用户采用其他软件处理。

⑩Sketch(草图)模块

通过该模块可以生成轮廓线或由外部文件导入生成二维轮廓线。草图可以直接用来定义一个二维部件，也可通过将其拉伸、扫掠或者旋转定义一个三维部件。

2.3.2.2 ANSYS

(1)ANSYS 概述

ANSYS 软件是融于一体的大型通用有限元分析软件，由世界上较大的有限元分析软件公司——美国 ANSYS 公司开发。ANSYS 能与多数 CAD 软件对接，实现数据的共享和交换，是现代产品设计中应用较为广泛的 CAE 工具之一。

ANSYS Workbench 是 ANSYS 公司出品的便捷化物理仿真平台，它集合了 ANSYS 核心产品求解器，将 ANSYS 经典界面中所包含的功能几乎全部移植过来。与传统的 ANSYS 经典界面相比，Workbench 采用项目管理方式分析项目流程管理，以图表流程的方式构造分析系统，具有简单易用的耦合场分析功能。ANSYS Workbench 功能强大，能在同一个平台下解决诸多工程实际仿真模拟问题。随着功能的不断完善和强大，ANSYS Workbench 逐渐被工程界接受，进而普遍应用。ANSYS 在海洋石油工程应用案例如图 2－8 所示。

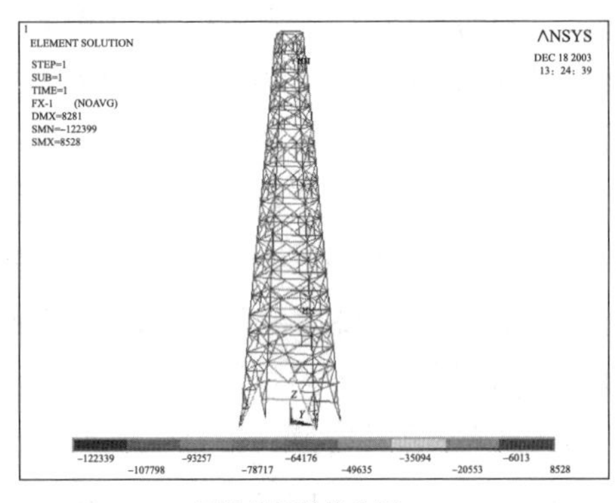

(a)石油井架结构分析　　(b)小型吊机结构受力分析

图 2－8　ANSYS 在海洋石油工程应用案例

(2) ANSYS Workbench 软件特点

①利用项目视图功能将整个仿真流程紧密结合起来，使用户完成复杂仿真的过程变得简单容易。用户可选择软件设置好的分析项目流程，也可用软件提供的模块组装自己的分析项目流程。软件提供了一个项目流程图，用户按照顺序执行任务就能很容易地完成分析项目，通过项目流程图还可以很方便地了解数据关系、分析过程状态。Workbench 可以被看作一个平台，能自动管理项目所使用的数据和应用程序。

②与 CAD 和 FEA 求解器的协同仿真。ANSYS Workbench 集设计、仿真、优化、网格变形等功能于一体，对各种数据进行协同管理。ANSYS Workbench 仿真协同流程如图 2－9 所示。

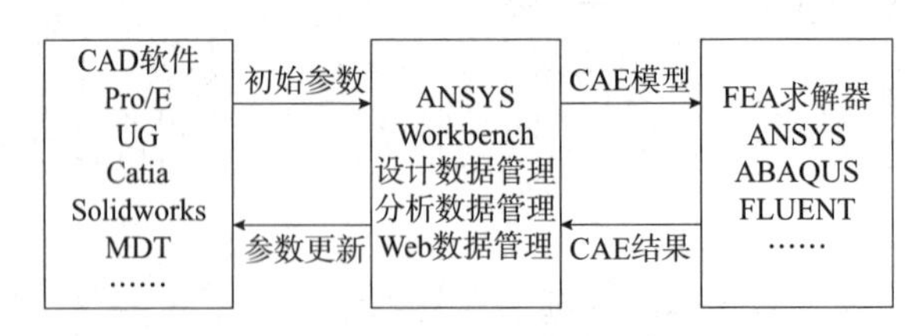

图 2－9　ANSYS Workbench 仿真协同流程

③具有与 CAD 软件的双向参数链接。最新的 ANSYS Workbench 可与 CAD 系统中的实体及曲面模型双向链接，具有更高的 CAD 几何导入成功率。当 CAD 模型发生变化时，不用对所施加的负载和约束重新定义。

④强大的装配体自动分析功能。针对航空、汽车及电子产品等结构复杂、零部件众多的技术特点，Workbench 可识别相邻的零件并自动设置接触关系，从而可节省模型建立的

时间。而现行的许多软件均需要手工设置接触关系，这不但费时，同时还容易出错。除此之外，Workbench 还提供了许多工具，以方便手动编辑接触表面或为现有的接触指定接触类型。

⑤具有先进的网格处理功能，可对复杂的几何实体进行高质量的网格划分，划分结果可提供给不同类型的仿真过程使用。许多 CAE 用户都花费大量的时间建立模型网格，Workbench 在大型复杂部件的网格建立上独具特色，自动网格生成技术可大大节省用户的时间。

⑥协同的多物理场分析环境和行业化定制功能。CAE 技术涵盖了计算结构力学、计算流体力学、计算电磁学等诸多学科专业。单个 CAE 软件通常只能解决某个学科专业问题，导致使用者需要购买一系列由不同公司开发的、具有不同应用领域的软件，并将其组合起来解决工程问题。这不但增加了软件投资，而且很多问题会由于不同软件间无法有效而准确地传递数据而根本不能实现真正的耦合分析。Workbench 提供了完备的多物理场分析功能，完美地解决了这一难题。

（3）ANSYS Workbench 系统构成

ANSYS Workbench 工具箱中有 4 类分析模块，分别是分析系统（Analysis Systems）、组件模块（Component Systems）、用户自定义系统（Custom Systems）及设计优化（Design Exploration）。

①分析系统

分析系统是最常用的模块，主要用于预定义的分析类型，这里面的分析系统实际上就是四类：固体分析、流体分析、热分析及电磁场分析。同时，组块中也包括了不同种求解器求解相同的分析类型。

该模块包括 ANSYS 设计评估模块、ANSYS 电场分析模块；ANSYS 显示动力学分析模块；Polyflow 吹塑成型分析模块；Polyflow 挤压成型分析模块；CFX 流体动力学分析模块；Fluent 流体动力学分析模块；Polyflow 流体动力学分析模块；ANSYS 谐响应分析模块；ANSYS 流体衍射流动分析模块；ANSYS 流体时间响应分析模块；ANSYS 发动机分析模块；ANSYS 线性屈曲分析模块；ANSYS 静态磁场分析模块；ANSYS 模态分析模块；Samcef 模态分析模块；ANSYS 随机振动分析模块；ANSYS 响应谱分析模块；ANSYS 刚体动力学分析模块；ANSYS 静力分析模块；Samcef 静力分析模块；ANSYS 稳态热分析模块；ANSYS 热电耦合分析模块；ANSYS 表面流分析模块；ANSYS 瞬态动力学分析模块；ANSYS 瞬态热模块。

②组件模块

组件系统用于用户自定义各种领域的几何建模工具和不同分析系统扩展。这里面包含了诸多单元模块，是构成前面分析系统的基础，可以组装，也可以单独使用。

该模块包括 Autodyn 显示动力学分析模块、CFX 涡轮叶片设计模块；CFX 流体动力学分析模块；ANSYS 工程数据库模块；LS－DYNA 动力学文件输出模块；外部链接模块；外部数据模块；有限元建模模块；Fluent 流体动力学分析模块；ANSYS 几何模型建模和导入模块；ICEM CFD 流体动力学分析模块；电子产品热分析模块；ANSYS 经典分析平台

APDL；ANSYS 经典分析平台模块；ANSYS 网格划分模块；MS Excel 表格数据输入和输出模块；Polyflow 流体动力学分析模块；Polyflow 吹塑成型分析模块；Polyflow 挤压成型分析模块；流体动力学后处理模块；系统耦合工具模块；叶轮叶片网格划分模块；叶片二维设计与性能评估工具。

③用户自定义系统

用户自定义系统用于耦合分析系统(FSI、Thermal - Stress)的预定义，在使用过程中根据需要自定义预定义系统。

该模块包括：CFX 流体结构耦合分析模块、Fluent 流体结构耦合分析模块、预应力模态分析模块、随机振动分析模块、响应谱分析模块、热应力耦合分析模块。

④设计优化

设计优化用于参数的管理和优化，在设计优化中允许用以下 4 种工具对零件目标值进行优化设计及分析。

该模块包括：直接优化工具、参数相关性优化工具；响应曲面分析工具；响应曲面优化分析工具；六西格玛分析工具。

2.3.2.3 SACS

(1)SACS 概述

SACS(Structural Analysis Computer System)有限元软件是 EDI(Engineering Dynamics, INC.)开发的一款主要用于海洋工程结构计算的软件，该软件在 1974 年得到商业应用，2011 年美国 Bentley 软件公司收购了 EDI 公司。SACS 软件的适用范围广，应用范围主要涉及石油与天然气、海上风电等各种海洋结构物的设计、制造与安装等分析。SACS 软件内置了世界各主流国家的钢结构资料库及结构设计规范，用户可根据需要选取所需规范进行强度校核，并且可以根据规范的要求生成环境荷载，具备很强的专业性和便利性。软件具有建模速度快、可视化程度高、对计算机要求低等优点。特别是能够实现动态循环设计和分析的设计，能够更加符合实际工况的应用结果。SACS 在海洋石油工程应用案例如图 2 - 10 所示。

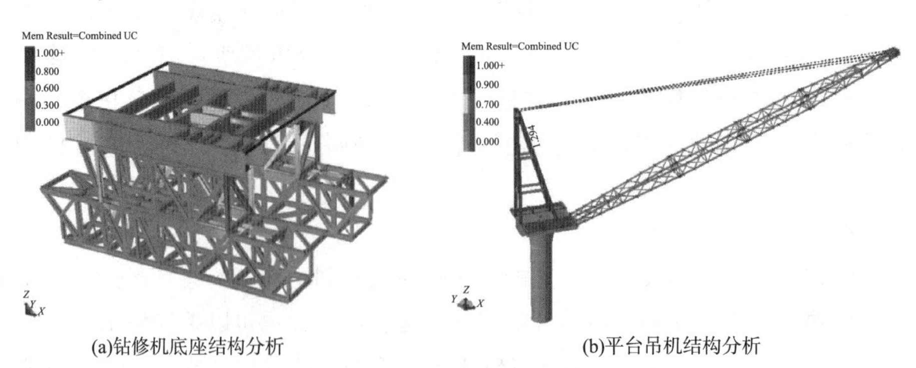

(a)钻修机底座结构分析　　(b)平台吊机结构分析

图 2 - 10　SACS 在海洋石油工程应用案例

(2)SACS 软件分析包

SACS 软件包括很多个不同功能的程序模块，这些程序模块之间采用文件接口连接方式以方便用户使用，可以针对不同的需求完成相关计算。该系统所有的程序模块都包含比较完整的英制及公制单位的缺省工程参数以简化用户的输入。所有的结构数据包括几何形状、构件尺寸、材料特性以及环境条件都是通过交互方式输入，以文件方式存储，然后求解程序对这些数据进行分析计算，得出最终的求解文件，这个文件中包含所有节点的位移以及单元内力。后处理程序使用求解文件中的数据，采用相应的规范对结构作规范校核。不符合规范要求的部分程序可自动进行重设计。结构分析及规范校核结果也可以用图形方式输出，其结果可用于生成工程图纸及结构料表。SACS 系统构成如图 2－11 所示。

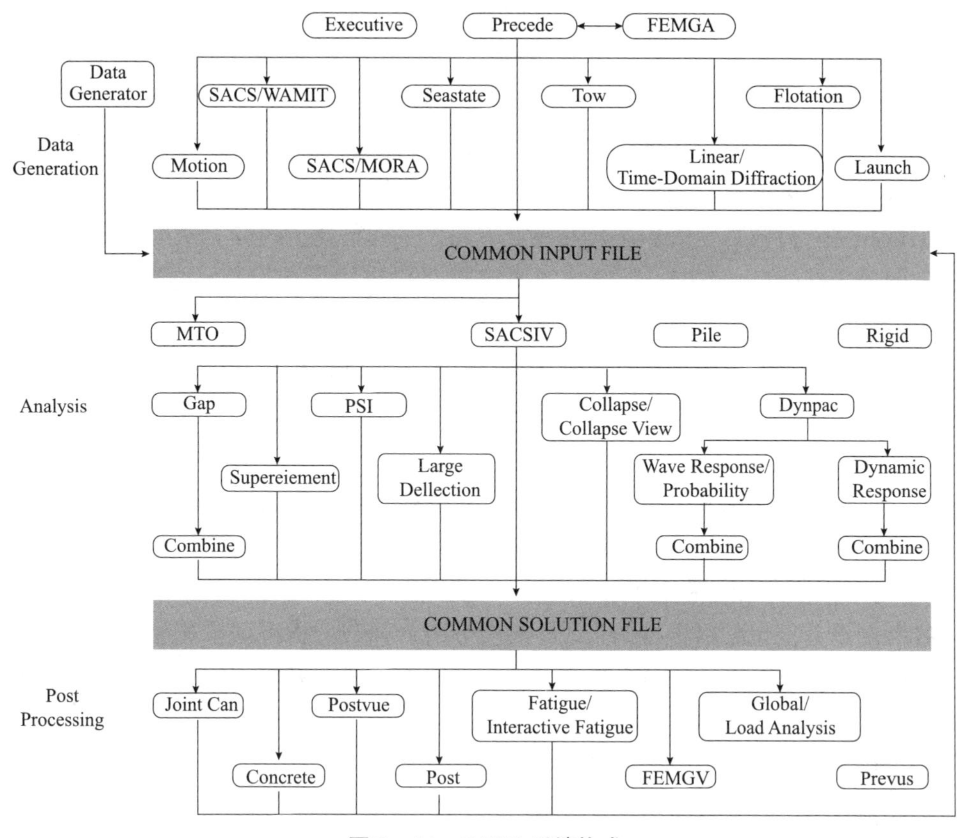

图 2－11　SACS 系统构成

SACS 软件系统由以下软件包(程序模块)组成。

①Offshore Structure Enterprise：专业海洋静力软件包

该软件包主要用于海洋平台、码头、承台以及浮式系统上部结构的静力分析。该软件包中包含三维图形交互式建模，有限元求解器以及图形交互后处理程序，使建模更加突出实践性。该软件包中还包含 SEASTATE、JOINT CAN、PILE、COMBINE、GAP、TOW 以及 LDF 大变形等模块。该软件包具有以下功能：自动生成模型，自动生成梁、板、壳等有限元等；钢结构的规范校核和重新设计、环境荷载的生成、管节点的规范校核等；单桩的分析，惯性和移动荷载的生成，非线性接触单元、荷载组合、弹性大变形分析以及输出计算报告和图形等。

②Offshore Structure：专业静力软件包

静力分析软件包具有进行一般静力结构分析的功能，主要包含三维图形交互式建模、有限元求解器以及图形交互后处理程序，通过这些软件的共同作用，能够对静力进行全面的科学计算。这个软件还包括COMBINE、GAP、TOW和LDF大变形等模块。该软件包中包含：自动生成模型；自动生成梁、板、壳等有限元；钢结构的规范校核和重新设计；惯性和移动荷载的生成；非线性接触单元、荷载组合、线性大变形分析以及输出计算报告和图形等功能。

③Offshore Structure Advanced：专业静力软件包

上部结构静力分析软件包适用于典型的浮式系统上部结构静力分析。软件包中包含三维图形交互式建模、有限元求解器以及图形交互后处理程序。这个软件包还包括TOPSIDES、LOADING、COMBINE、GAP、TOW和LDF大变形。该软件包中包含：自动生成模型；自动生成梁、板、壳等有限元；钢结构规范校核和重新设计；风荷载及结构自重荷载；惯性和移动荷载的生成；非线性接触单元、荷载组合、线性大变形分析以及输出计算报告和图形等功能。

④Pile Soil Interaction：桩土分析附加包

用户可使用桩土分析附加包对固定式海洋桩基平台进行土壤/桩/结构的非线性相互作用分析。

⑤Pile Structure Design：桩土相互作用分析附加软件包

基本非线性分析使用PSI程序对固定式海洋桩基平台进行土壤/桩/结构的非线性相互作用分析。该软件包要在静力包的基础上使用。

⑥Collapse：非线性倒塌分析包

非线性倒塌分析包可用于材料非线性弹塑分析。弹塑分析可用于撞船、爆炸、落物及一般的结构倒塌分析。该软件包中包含COLLAPSE非线性弹塑分析程序模块以及结果图形显示模块。该软件包要在静力包的基础上使用。

⑦FATIGUE：基本动力疲劳分析软件包

基本动力疲劳分析软件包包含Fatigue pro模块，可以对结构进行一般动力疲劳分析。该软件包要在静力包的基础上使用。

⑧FATIGUE Advanced—Dynamic Response：高级动力疲劳分析软件包

高级动力疲劳分析软件包包括Fatigue pro基本动力疲劳软件包、Dynamic response一般动力响应分析模块，可用于地震响应波谱分析和时程分析，其中响应谱分析包含CQC和SRSS模型的组合技术、一般强迫振动分析、冰振的动力响应分析以及响应动力疲劳分析。该软件包要在静力包的基础上使用。

⑨FATIGUE Advanced—Wave Response：高级动力疲劳分析软件包

高级动力疲劳分析软件包包括Fatigue pro基本动力疲劳软件包、DYNPAC结构自振特性分析模块、Wave response波浪动力响应模块。波浪动力响应模块可进行波浪确定性响应、随机时程响应分析以及相应一般动力疲劳分析。该软件包要在静力包的基础上使用。

⑩FATIGUE Enterprise：专业动力疲劳分析软件包

专业动力疲劳分析软件包包含 Fatigue pro 基本动力疲劳软件包、DYNPAC 结构自振特性分析模块、Dynamic response 一般动力响应分析模块、Wave response 波浪动力响应模块，可进行确定性、时程或谱疲劳分析。该软件包要在静力包的基础上使用。

⑪MARINE：海上安装分析附加软件包

海上安装分析附加软件包包括 LAUNCH(导管下水分析)和 FLOTATION(导管架自浮及扶正分析)模块。该软件包要在静力包的基础上使用。

⑫MARINE Advanced：高级海上运输及安装分析附加软件包

海上安装及拖航分析附加包可以进行船体拖航稳性分析、运动响应分析，并可以进行导管架下水分析和扶正分析。该软件包中包括 MOTION/STABILITY、FLOTATION 和 LAUNCH 等模块。该软件包要在静力包的基础上使用。

2.4 应变测试

应变的测定方法有很多种，大致分为机械、光学及电子测定法。考虑到物体的应变，从几何学角度上看都表现为物体上两点间距离的变化，任何方法都是以对其距离变化进行测量为基础。物体材料的弹性系数在已知的情况下，根据应变可以计算出应力。所以，经常通过测量应变以计算由于外力的作用而在物体内部产生的应力。电阻应变测试属于实验应力分析方法中的电测方法，可以测量力、压力、位移、应变及加速度等非电量参数，目前应用最为广泛。

2.4.1 电阻应变片

(1)电阻应变片种类

电阻应变片(也称应变计、应变传感器)是指能将工程构件上的应变即尺寸变化转换为电阻变化的变换器。除了常用的品种和规格外，还有各种不同用途的应变计，如温度自补偿应变计、大应变应变计、应力计、测量残余应力的应变花等。

按敏感栅的材料不同，电阻应变片分为金属电阻应变片和半导体应变片两类。金属电阻应变片又可分为三种：金属丝式应变片、金属箔式应变片及金属薄膜应变片。

丝绕式应变片用 $\phi=0.02\sim0.05$mm 的康铜丝或镍铬丝绕成栅状，这是因为既希望增加金属丝的长度以增大其电阻改变量，提高测量精度，又希望减小应变片的标距 l，以反映“一点”处的应变。将金属丝栅粘固于两层绝缘的薄纸(或塑料薄膜)之间，丝栅的两端用直径为 0.2mm 左右的镀银铜线引出，以供测量时焊接导线之用。

箔式应变片是为减小应变片的尺寸，利用光刻技术将康铜箔或镍铬箔腐蚀成栅状，然后粘固于两层塑料薄膜之间而制成。

半导体应变片是利用半导体的应变效应(即应变与电阻变化率成正比)，将半导体粘固于塑料基体上而制成。

目前市面上有更为先进的无线应变传感器，可进行多次拆卸重复使用，且支持长期应变监测。例如，美国 BDI(Bridge Diagnostics Inc)公司及江苏东华测试技术股份有限公司的无线应变传感器(图 2－12)，在海洋石油结构应变测试中均有较好的应用效果。

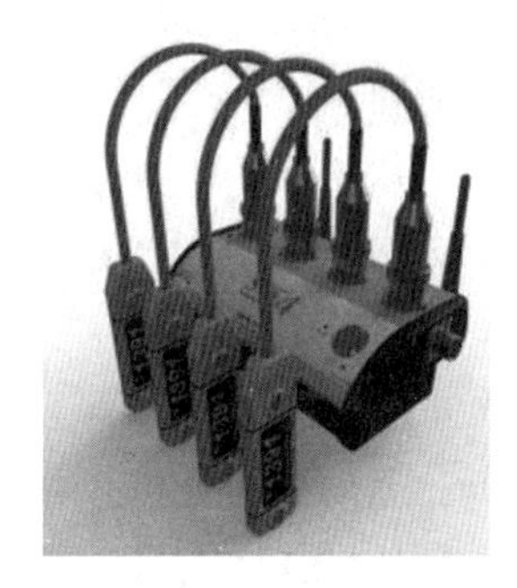

BDI无线应变传感器

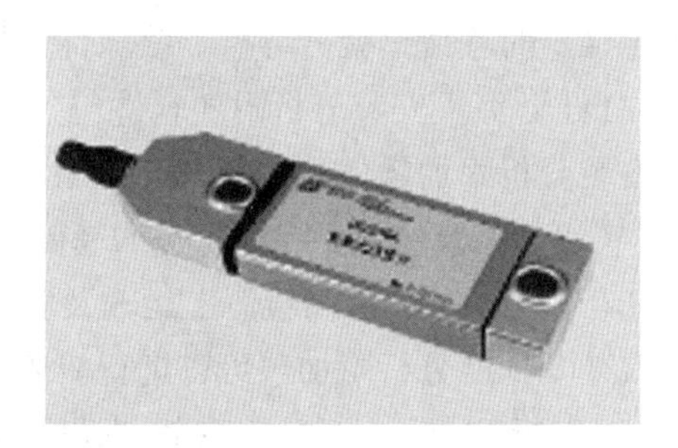

东华测试无线应变传感器

图 2－12　无线应变传感器

(2)电阻应变片结构

电阻应变片一般由敏感栅、引线、黏结剂、基底和盖层组成(图 2－13)。应变片是把一段很细的高电阻率的金属丝在制片机上排绕以后，用黏结剂粘贴在基底上，再焊上较粗的引出线就成了常用的丝式应变片。使用时只要把它牢牢地粘贴在被测构件表面，构件的应变经过黏结剂、基底、黏结剂传给金属丝。制造敏感栅的常用材料有铜镍合金(康铜)、镍铬系合金、铁铬铝合金、镍铬铁合金、铂和铂合金等。

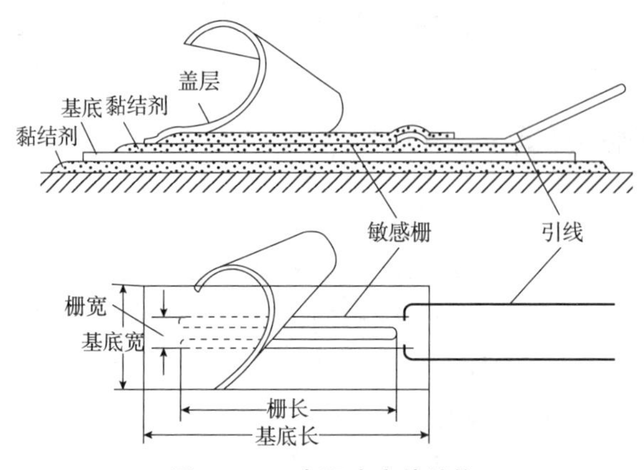

图 2－13　电阻应变片结构

(3)电阻应变片测量原理

用应变片测量受力构件应变时，将应变片粘贴于被测对象的表面。在外力作用下，被测对象表面产生微小机械变形时，应变片敏感栅也随同变形，其电阻值发生相应变化。由物理学可知，导体在一定的应变范围内，其电阻改变率 $\Delta R/R$ 与导体的弹性线应变 $\Delta l/l$ 成正比，即：

$$\frac{\Delta R/R}{\Delta l/l}=K_s \tag{2-6}$$

式中　K_s——材料的灵敏因数，常数。

金属丝制造成应变片后，由于金属丝回绕形状、基体和胶层等因素的影响，应变片的灵敏因数为：

$$K=\frac{\Delta R/R}{\varepsilon} \tag{2-7}$$

式中 ε——沿应变片长度方向的线应变。

应变片的灵敏因数 K 与制造应变片材料的灵敏因数 K_s 值不尽相同。应变片的灵敏因数 K 值通过实验测定，一般均由应变片的制造厂提供，常用应变片 K 值为 1.7 ~3.6。

电阻应变片的基本参数为灵敏因数 K、电阻值 R、标距 l 和宽度 a。显然，由应变片测得的应变实际上是标距和宽度范围内的平均应变。因此，当需要测量一点处的应变时(如应力集中处的最大应变)，应选用尽可能小的应变片；而当需要测量不均匀材料(如混凝土)的应变时，则需选用足够大的应变片，以得到测量范围内的平均应变值。由于构件测点处的应变是通过应变片的电阻变化来测量的，所以，应变片粘贴的位置要准确，并保证它随同构件变形。此外，还要求应变片与构件间有良好的绝缘。

2.4.2 电阻应变片的使用

(1)应变测试系统

电阻应变法测定荷载是利用由应变片、应变仪和指示记录器组成的测量系统(图 2-14)进行测量。先将应变片粘贴在待测工件上，在工件受载变形后应变片中的电阻随之发生变化，经应变仪组成的测量电桥使电阻值的变化转换成电压信号并加以放大，最后经指示器或记录器显示出与荷载成比例变化的曲线，通过标定就可以得到所需数据值的大小。

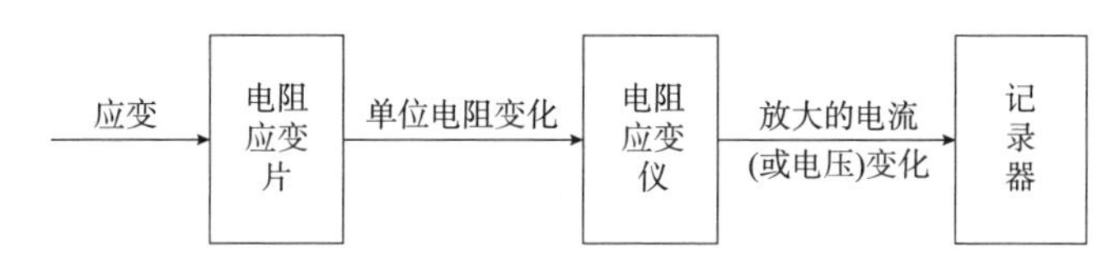

图 2-14 应变测试系统

(2)电阻应变片的选择

在应变测试中，首要工作是要选择合适的应变片。可从以下几个方面考虑，再根据测试的具体条件来确定。

①电阻应变片应具有的基本特性：具有适当的线性灵敏系数，并且稳定性较高；具有蠕变自补偿功能；具有小的电阻温度系数，热输出小，零点漂移小；横向效应系数小，机械滞后小，疲劳寿命高；能够在较宽的温度范围内工作；适用于动态和静态测量。

②应变片结构形式的选择

根据应变测量的目的、被测试件的材料、被测试件应力状态以及测量精度，选择应变片的结构形式。只用一个敏感栅的应变片，适用于测量单向应变。测量平面应力场的应变时，可采用应变花。应变花是一种具有两个或两个以上不同轴向敏感栅的电阻应变片，用于确定平面应力场中主应变的大小和方向。

③应变片尺寸的选择

选择应变片尺寸时应考虑应力分布、动静态测量、弹性体应变区大小等因素。若材质均匀、应力梯度大，应选用栅长小的应变片；若是材质不均匀而强度不等的材料(如混凝土)或应力分布变化比较缓慢的构件，应选用栅长大的应变片。

④使用温度的选择

使用环境温度对应变片的影响很大，应根据使用温度选用不同丝栅材料的应变片，国家标准中规定的常温应变片使用温度为 -30 ~60℃。

⑤蠕变的选择

应变片一般由弹性体、应变片、黏结剂、保护层等部分组成，弹性体金属材料本身存在的弹性后效以及热处理工艺等原因可以造成负蠕变影响，因此，传感器的蠕变指标是由各种因素综合作用最终形成的。一般规律是：同一种结构形式的应变片量程越小，应变片的蠕变越正，应该选用蠕变补偿序号更负的应变片来与之匹配。

⑥温度补偿

因为被测定工件都有自己的热膨胀系数，会随着温度的变化伸长或缩短。因此，如果温度发生变化，即使不施加外力，贴在被测定物上的应变片也会测到应变。为了解决这个问题，可以应用温度补偿法。

(3)黏结剂的选择及应变片粘贴

应变片的粘贴是应变片测量技术准备工作中最重要的一项，其粘贴质量的优劣，直接关系到测量的成败。在应变测量中，构件表面的变形由干固的胶层传给基底，再由基底传给敏感栅。显然，只有胶层均匀、不脱胶、不产生蠕滑，才能保证敏感栅如实地再现构件的变形。

把应变片粘贴在构件表面上有不同的安装方法：用纸、胶膜、玻璃纤维布作基底的应变片，用黏结剂粘贴；用金属薄片或金属网作基底的应变片，用点焊或滚焊固定在金属构件上；对于临时基底型应变片，用黏结剂或用氧炔焰或等离子焰将金属氧化物熔化并喷涂的方法，将敏感栅固定于金属基底或构件表面上。

为了更好地使应变片真实地反映构件的应变，黏结剂应满足以下要求：有较好的黏结能力，抗剪强度要高(不低于 100 ~140MPa)，以便可靠地传递应变；在不利环境下也能保持较高的绝缘电阻；线胀系数与材料相近，无明显的蠕变和滞后现象；不易吸潮，对丝无腐蚀作用；粘贴方便，固化干燥程序简单，时间短，固化干燥后收缩小。根据以上参数，目前工程上常选用的黏结剂主要有硝化纤维素胶、KH -502 胶及环氧树脂黏结剂等。

2.5 本章小结

针对海洋油气钻采装备多为承载结构及承压装置的特点，在本章介绍了应力分析方法，主要包括解析法、数值法及实验法。在海洋油气钻采装备安全评估中，有限元法是数值法中的常用方法，应变测试法是实验应力分析法中的常用方法，两种方法各有优劣，二者需要相互结合、相互验证，方能使得钻采装备安全评估结论更加全面及准确。

3　安全评价方法

安全评价(Safety Assessment)也称为风险评价、危险评价，是指应用系统工程的原理和方法，对被评价单元中存在的可能引发事故或职业危害的因素进行辨识与分析，判断其发生的可能性及严重程度，提出危险防范措施，改善安全管理状况，从而实现被评价单元的整体安全。

根据工程、系统生命周期和评价的目的，安全评价分为安全预评价、安全验收评价、安全现状评价和专项安全评价。

(1)安全预评价

在建设项目可行性研究阶段、工业园区规划阶段或生产经营活动组织实施之前，根据相关的基础资料，辨识与分析建设项目、工业园区、生产经营活动潜在的危险、有害因素，确定其与安全生产法律法规、标准、规范的符合性，预测发生事故的可能性及其严重程度，提出科学、合理、可行的安全对策措施及建议，做出安全评价结论的活动。

(2)安全验收评价

在建设项目竣工后正式生产运行前或工业园区建设完成后，通过检查建设项目安全设施与主体工程同时设计、同时施工、同时投入生产和使用的情况或工业园区内的安全设施、设备、装置投入生产和使用的情况，检查安全生产管理措施到位情况，检查安全生产规章制度健全情况，检查事故应急救援预案建立情况，审查确定建设项目、工业园区建设满足安全生产法律法规、规章、标准、规范要求的符合性，从整体上确定建设项目、工业园区的运行状况和安全管理情况，做出安全验收评价结论的活动。

(3)安全现状评价

针对生产经营过程中、工业园区内的事故风险、安全管理等情况，辨识与分析其存在的危险、有害因素，审查确定其与安全生产法律法规、规章、标准、规范要求的符合性，预测发生事故或造成职业危害的可能性及其严重程度，提出科学、合理、可行的安全对策措施建议，做出安全现状评价结论的活动。安全现状评价既适用于对一个生产经营单位或一个工业园区的评价，也适用于某一个特定的生产方式、生产工艺、生产装置或作业场所的评价。

(4)专项安全评价

专项安全评价是针对某一项活动或场所(如一个特定的行业、产品、生产方式、生产工艺或生产装置等)存在的危险、有害因素进行安全评价，查找其存在的危险、有害因素，确定其程度并提出合理可行的安全对策措施及建议。本书所涉及的海洋油气钻采装备安全评估，都是针对具体的设备及装置，因此基本都属于专项安全评价。

安全评价方法按照评价结果的量化程度，主要分为定性安全评价、定量安全评价和综合安全评价。

(1)定性安全评价

定性安全评价主要是依据经验和直观判断对评价对象的状况进行定性分析，评价结果是一些定性的指标。依据评价结果，可从技术、管理上对危险和有害因素提出对策措施加以控制，达到使系统处于安全状态的目的。目前，应用较多的定性安全评价方法有“安全检查表法(SCL)”和“故障类型及影响分析法(FMEA)”等。定性安全评价法的特点是容易理解，便于掌握，评价过程简单，应用广泛。但定性安全评价法往往依靠经验判断，定性评价不能确定系统的事故概率，有一定的局限性。

(2)定量安全评价

定量安全评价是根据统计数据、检验检测数据、同类和类似项目(工程)或系统的数据资料，按有关标准，应用科学的方法构造数学模型进行定量评价的一类方法。定量安全评价主要有以下两种类型：以可靠性和安全性为基础，先查明系统中的隐患并求出其损失率、有害因素的种类及其危害程度，然后再与国家规定的有关标准进行比较，常用的方法有“事故树分析法(FTA)”和“模糊综合评价法等”。还有一种以物质系数为基础的危险度分级方法，常用方法有“火灾、爆炸危险指数评价法”和“蒙德法”等。

(3)综合安全评价

综合安全评价是指将两种以上方法进行组合的安全评价。

安全评价的方法众多，但每种评价方法都具有自身的特点和所适用的范围及条件，在使用时应遵循充分性、适应性、系统性、针对性及合理性原则，合理选用安全评价方法。

通过大量的实际应用可知，海洋油气钻采设备的安全评价常用方法主要有：安全检查表法、事故树分析法、故障类型及影响分析法、层次分析法、模糊综合评价法。本章节将重点介绍以上几种安全评价方法。

3.1 安全检查表法

3.1.1 安全检查表法概述

安全检查表法(Safety Check List，SCL)是安全评价中最基本、最简单实用的一种定性评价方法。其要求按照相关的标准、规范及良好作业实践等规定的条目制订检查表，然后根据检查表所涉及的内容，对具体的检查对象进行详尽的分析和检查。安全检查表可用于项目建设和运营的各个阶段，主要用于安全生产管理、工艺设计、材料、设备、操作规程的安全检查与分析。利用安全检查表进行系统安全分析和评价，也叫作安全检查表分析法(Safety Checklist Analysis，SCA)。

3.1.2 安全检查表的特点

(1)优势

①安全检查表可以在检查前事先编制，因而有充足的准备时间，可以进行深入、细致

的分析和讨论，以免遗漏可能的关键检查项。可以克服安全检查工作的盲目性，提高安全检查的全面性。

②安全检查表通过采用现场观察结合提问的方式来展现，通俗易懂，互动性好，检查过程中可以起到安全教育的作用。

③安全检查表的检查条目一般根据已有的标准及规范等进行编写，利于实现安全工作的标准化和规范化。

④由于不同的检查对象有不同的安全检查表，因而易于分清责任，可以作为安全检查人员履行职责的考核依据，有利于落实安全生产责任制。

⑤安全检查表因为条目清晰，检查方式简明易懂，容易掌握，生产现场可操作性较强。

(2)不足

①安全检查表主要用于定性评价，不能直接用于定量评价。

②安全检查表的质量受编制人员的知识水平和经验影响较大，因此有一定的主观性。

③安全检查表只能评价已经存在的对象，是一种静态的安全评价方法，识别的危害种类完全依赖于检查表的设计。

3.1.3　安全检查表的种类

根据检查周期的不同，可将安全检查表分为定期安全检查表和不定期安全检查表；根据检查目的的不同，可分为设计审查用安全检查表、厂(矿)级安全检查表、车间(工区)用安全检查表、班组及岗位用安全检查表和专业性安全检查表等。

(1)设计审查用安全检查表主要供设计人员在设计工作中应用，同时供安全人员进行设计审查时应用。设计审查用安全检查表应该全面系统，以便设计人员按规程要求进行设计，并可避免设计人员和审查人员发生争议。检查表中除了已列入的检查项目外，还要列入设计应遵循的原则、标准和必要数据。

(2)厂(矿)级安全检查表主要用于全厂性的安全检查，也可用于安全部门进行日常检查，还可供上级有关部门巡回检查应用。这种安全检查表既应系统、全面，又应充分结合本厂(矿)实际来设置安全检查项目。

(3)车间(工区)用安全检查表用于车间进行定期检查和预防性检查，其应涵盖本车间(工区)防止事故发生的各种有关内容，主要集中在防止人身及机械设备的事故方面。

(4)班组及岗位用安全检查表可供班组、岗位进行自查、互查或安全教育用。其内容重点放在因违规操作而引起的多发性事故上，应根据岗位的操作工艺和设备的抗灾性能而定，要求检查具体、可操作性强。

(5)专业性安全检查表主要用于专业性的安全检查或专有设备的安全检查。例如，石油化工企业可编制用于钻探、开采及炼化等专有设备检查的专业性安全检查表。本书中所采用的均为对专业的海洋油气钻采装备编制的安全检查表，因此属于专业性安全检查表。

3.1.4 安全检查表的内容及格式

简单的安全检查表只有几个栏目，包括序号、检查项目、结果和备注，有时表末或表头可注明被检对象、检查地点、检查者及检查日期等信息。此外，也可以依据需求增加标准及要求、处理意见、整改日期和重要度等栏目。

安全检查表的格式没有统一规定，使用者可以根据实际情况编制适用的检查表，原则上检查表应条目清晰，内容全面，要求详细、具体。目前，安全检查表主要有定性检查表、半定量检查表和否决型检查表三种形式。定性安全检查表是列出检查要点逐项检查，检查结果以“是”“否”或“√”“×”来表示(表3-1)；半定量检查表是给出每个检查要点赋以分值，检查结果以总分表示(表3-2)；否决型检查是给出一些特别重要的检查要点作出标记，这些检查要点如不满足，检查结果视为不合格，即具一票否决的作用。

表3-1 修井机循环系统(泥浆泵)安全检查表

序号	检查内容	检查方式	检查情况说明及检查数据记录	备注	重要性
1	铭牌、使用维护记录和合格证	检查	□完整 □不全 □无记录		一般
2	泥浆泵前后水平度允差(阀箱顶平面)不应超过3mm；左右水平度允差不应超过2mm	测量	□符合 □不符合		一般
3	所有运动部位应采用全封闭护罩，固定牢固无破损	检查	□符合 □不符合		一般
4	泥浆泵的安全阀在检验有效期内	检查	□正常 □不正常		重要
5	泥浆泵是否配置紧急停车开关	检查	□已配置 □未配置		重要
…	……	……	……		……

表3-2 固定平台结构安全风险评估检查表

序号	检查内容	检查方式	检查依据	检查对象	扣分说明
1	海上固定平台应按要求进行年检，年检数据应有完整的记录	查记录、查文件	《海上固定平台安全规则》(国经贸安全〔2000〕944号)第20章节	海上固定平台结构	扣50分
2	海上固定平台不应存在影响平台结构安全的未经校核和记录的改造	查记录、查文件	《海上固定平台安全规则》(国经贸安全〔2000〕944号)第20.2.2.1(c)条	海上固定平台结构	扣20分

续表

序号	检查内容	检查方式	检查依据	检查对象	扣分说明
3	海上固定平台海生物应按照定检周期进行检测及清理	查记录、查文件	《海上固定平台安全规则》(国经贸安全〔2000〕944号)第20章节	海上固定平台结构附着的海生物	南海/东海扣10分，渤海/涠洲扣5分
4	海上固定平台物料堆放可能影响甲板结构安全时，提供荷载校核报告(非卸货区不应超出5kN/m²，卸货区不应超出10kN/m² 的情况。)	查现场、查记录	《渤海海域钢质固定平台结构设计规定》(Q/HS 3003)第8.2.4条表1	海上固定平台物料堆放	扣5分
5	海上固定平台梯子、栏杆扶手等不应出现损坏或局部结构出现变形	查现场、查记录	《海上固定平台安全规则》(国经贸安全〔2000〕944号)第20.2.2.1条	海上固定平台梯子、栏杆扶手	扣5分
…	……	……	……	……	……

注：该检查表摘自《海洋石油平台(设施)安全风险评估指南(试行)》(固定平台)，应急管理部海油安监办，2022年2月发布。

3.1.5 安全检查表的编制

安全检查表的编制不仅要全面地辨识和分析系统与工程中存在的危害，而且需要满足客观现实的要求。安全检查表的编制步骤如下：

(1)成立安全检查表编写小组。为确保编制检查表的客观准确性，小组成员应该由熟悉检查对象的安全技术专家、专业技术人员及现场工作人员等组成。对于复杂工程或系统，应根据工程实际进行分工，划分成若干个专业编制小组。

(2)熟悉待检系统。为全面检查一个系统，首先要对检查对象加以剖析、分解，包括系统的结构、功能、工艺流程、主要设备和已有的安全设施等，并根据理论知识、实践经验、相关标准、规范和事故情报等进行周密细致的思考，确定检查的项目和要点。

(3)收集参考资料。收集有关标准、规范、规章制度、操作规程、良好作业实践及安全分析的结果等资料作为编制安全检查表的依据。

(4)划分评价单元。依据功能特征或系统构成，可将待检系统划分为若干单元或层次，进而对每个单元或层次中可能存在的危险和有害因素依次进行分析。

(5)编制检查表。依据收集的资料确定安全检查表的检查要点、内容和应采取的措施等，结合划分的评价单元按照适当的格式进行安全检查表的编制，要做到内容具体、简明扼要、突出重点。

安全检查表编制完成后，要在实际应用过程中不断修改完善，使其达到标准化、规范化。此外，应制订安全检查表的实施办法和管理制度，对检查出的问题要及时进行处理，保证安全检查表的实施效果。

3.2 事故树分析法

3.2.1 事故树分析法概述

事故树分析(Fault Tree Analysis, FTA)也称故障树分析，是安全系统工程中常用的一种分析方法。事故树的分析技术属于系统工程中图论的范畴，是一种演绎的安全系统分析方法。它是从一个可能的事故(顶事件)开始，用规定的逻辑符号自上而下由总体至部分按树枝状结构逐层细化，分析导致各事故发生的所有可能的直接因素及其相互间的逻辑关系，并由此逐步深入分析，直到找出事故的基本原因，即事故树的基本事件为止，从而确定系统故障原因的各种组合方式和发生概率，并据此采取相应的措施，以提高系统的安全性和可靠性。

3.2.2 事故树分析的特点

(1)优势

①事故树分析是一种图形演绎方法，可以围绕某特定的事故进行深入的分析，从而在清晰的事故树下表达系统内各事件间的内在联系，并指出单元故障与系统事故之间的逻辑关系，便于找出系统的薄弱环节，为设计、施工和管理提供科学依据。

②事故树分析具有很大的灵活性，不仅可以分析某些单元故障对系统的影响，还可以对导致系统事故的特殊原因如人为因素、环境因素等进行分析，进而可为人们提供设法减少导致事故基本原因的线索，从而降低事故发生的可能性。

③进行事故树分析的过程，是一个对系统更深入认识的过程，要求分析人员能把握系统内各要素间的内在联系，弄清各种潜在因素对事故发生影响的途径和程度，因为许多问题在分析过程中就被解决了，从而提高了系统的安全性。

④便于进行逻辑运算。利用事故树模型可以定量计算复杂系统事故发生的概率，为改善和评价系统安全性提供了定量依据。

(2)不足

①事故树分析需要花费大量的人力、物力和时间。

②事故树的分析步骤较多，计算也较复杂，需要经验丰富的技术人员参加。即使这样，也难免发生遗漏和错误。

③事故树分析只考虑成败状态的事件，而大部分系统存在局部正常、局部故障的状态，因而建立数学模型时，会产生较大误差。

④事故树分析虽然可以考虑人的因素，但人的失误很难量化。

⑤国内的事故概率相关数据很少，进行事故树定量分析还缺少充分的数据支持。

3.2.3 事故树名词术语及符号

事故树分析中各种非正常状态或不正常情况都称为事故事件，各种完好状态或正常情况都称为成功事件，两者均简称为事件，事故树中的每一个节点皆表示一个事件。常用事故树名词术语及符号如表 3 – 3 所示。

表 3 – 3　常用事故树名词术语及符号

分类			符号	名词术语
事件	底事件	基本事件		是指导致顶事件发生的最基本的或不能再向下分析原因的事件。基本事件总是位于事故树的底部，因而又称为底事件
		未探明事件		是原则上应进一步探明其原因但暂时不必，或暂时不能探明其原因的底事件
	结果事件	顶事件		是事故树分析中所关心的结果事件，即所要分析的事件。顶事件位于事故树的顶端，一个事故树只有一个顶事件
		中间事件		是位于顶事件和基本事件之间的结果事件。它既是一个逻辑门的输出事件，又是其他逻辑门的输入事件
	特殊事件	开关事件		又称为正常事件，它是在正常工作条件下必然发生或必然不发生的事件
		条件事件		是描述逻辑门起作用的具体限制的特殊事件
逻辑门	与门			表示仅当所有输入事件发生时，输出事件才发生
	或门			表示至少有一个输入事件发生时，输出事件就发生
	非门			表示输出事件是输入事件的对立事件
转移符号	转入符号			表示需要继续完成的部分树由此转入
	转出符号			表示尚未全部完成的事故树由此转出

3.2.4　事故树分析的程序

虽然事故树分析根据对象系统的性质和分析的目的不同，分析的程序不同，但是一般都按照下面的基本程序进行。有时使用者还可根据实际需要来确定特殊的分析程序。

(1)熟悉系统。要求全面了解系统的整个情况，包括系统状态、工艺过程及各种参数以及作业情况、环境状况等，必要时画出工艺流程图和布置图。

(2)调查事故。要调查系统中发生的各类事故情况，广泛收集同类系统的事故资料，进行事故统计。既包括系统已发生的事故，也包括未来可能发生的事故，同时也要调查外单位的同类系统发生的事故。

(3)确定顶上事件。顶上事件是事故树分析的对象事件，即系统失效事件。对调查的事故，要分析其严重程度和发生的概率，从中找出后果严重且发生概率大的事件作为顶上事件。根据事故预防工作的实际需要，也可选择其他事故进行事故树分析。

(4)确定目标。根据以往的事故记录和同类系统的事故资料进行统计分析，求出事故发生的概率(和频率)，然后根据这一事故的严重程度确定要控制的事故发生概率的目标值。

(5)调查原因事件：调查与事故有关的所有原因和各种因素，包括设备故障、机械故障、操作者的失误、管理和指挥错误、环境因素等，尽量详细查清原因和影响。

(6)绘制事故树。事故树绘制是事故树分析最基本、最关键的环节。根据上述资料，从顶上事件开始，按照演绎法，运用逻辑推理，一级一级地找出所有原因事件，直到找到最基本的原因事件为止。按照逻辑关系，用逻辑门连接输入输出关系(即上、下层的事件)，画出事故树。事故树编制工作一般应由系统设计人员、操作人员和可靠性分析人员组成的编制小组来完成，经过反复研究才能趋于完善。事故树的编制是否完善直接影响到定性分析与定量分析的结果正确与否。编制方法一般分为两类：人工编制和计算机辅助编制。

(7)定性分析。定性分析是事故树分析的核心内容。对事故树结构进行简化，求出事故树的最小割集和最小径集，确定基本事件的结构重要度大小。根据定性分析的结论，分别采取相应对策。通过定性分析，可以明确该类事故的发生规律和特点，找出预防事故的各种可行方案，并了解各个基本事件的重要性程度，以便准确地选择并实施事故预防措施。

(8)计算顶上事件发生的概率。根据所调查的情况和资料，确定所有原因事件的发生概率，并标在事故树上。根据这些基本数据，求出顶上事件(事故)发生概率。

(9)分析比较。要根据可维修系统和不可维修系统分别考虑。对可维修系统，把求出的概率与通过统计分析得出的概率进行比较，如果两者不符，则必须重新研究，看原因事件是否齐全，事故树逻辑关系是否清楚，基本原因事件的数值是否设定得过高或过低等；对不可维修系统，求出顶上事件的发生概率即可。

(10)定量分析。定量分析包括下列三个方面的内容：当事故发生概率超过预定目标时，要研究降低事故发生概率的所有可能途径，可从最小割集着手，从中选出最佳方案；利用最小径集，找出根除事故的可能方案，从中选出最佳方案；求各种基本原因事件的临界重要度，从而对需要治理的原因事件按临界重要度大小进行排序，或编出安全检查表，加强人为控制。

(11)制定安全措施。构建事故树的目的是查找隐患，找出薄弱环节，然后加以改进。在对事故树全面分析后，必须制定安全措施，防止灾害发生。安全措施应在充分考虑资金、技术及可靠性等条件后，选择最经济合理、最切合实际的对策。

3.2.5 事故树的定性分析

3.2.5.1 事故树的数学基础

(1)布尔代数运算法则

布尔代数的变量只有0和1两种取值，它所代表的是某个事件存在与否或真与假的一种状态，而并不表示变量在数学上的差别。布尔代数中有“与”(+，∪)、“或”(·，

∩)、“非”三种基本运算，满足以下几种运算法则。

幂等法则：$A+A=A$；$A\cdot A=A$

交换法则：$A+B=B+A$；$A\cdot B=B\cdot A$

结合法则：$A+(B+C)=(A+B)+C$；$A\cdot(B\cdot C)=(A\cdot B)\cdot C$

分配法则：$A+(B\cdot C)=(A+B)\cdot(A+C)$；$A\cdot(B+C)=A\cdot B+A\cdot C$

吸收法则：$A+A\cdot B=A$；$A\cdot(A+B)=A$

零一法则：$A+1=A$；$A\cdot 0=0$

同一法则：$A+0=A$；$A\cdot 1=A$

互补法则：$A+\overline{A}=1$；$A\cdot\overline{A}=0$

德·摩根定律：$\overline{A+B}=\overline{A}\cdot\overline{B}$；$\overline{A\cdot B}=\overline{A}+\overline{B}$

(2)事故树的结构函数

结构函数就是用来描述系统状态的函数。假定一个事故树分析系统由 n 个基本事件组成，可定义事件状态函数 $X=(x_1, x_2, \cdots, x_n)$，其中 x_i 为第 i 个基本事件的状态变量：

$$x_i=\begin{cases}1\rightarrow 表示事件\ i\ 发生(i=1, 2, \cdots, n)\\ 0\rightarrow 表示事件\ i\ 不发生(i=1, 2, \cdots, n)\end{cases}$$

3.2.5.2 割集

割集是导致顶上事件发生的基本事件的集合。也就是说，事故树中一组基本事件的发生，能够造成顶上事件的发生，这组基本事件就称为割集。

最小割集是指造成事故顶上事件的各种基本事件的组合，也就是事故发生的基本因素结合的路径。如果割集中任意去掉一个基本事件后就不是割集，那么这样的割集就是最小割集。所以，最小割集是引起顶上事件发生的充分必要条件。最小割集最基本的求解方法是使用布尔代数简化法。

求解某一事故树的最小割集有四步：

(1)逐个标识所有门和基本事件；

(2)将所有门解析成基本事件集合；

(3)剔除各集合中的重复事件；

(4)删除所有的多余集合(已包含在其他集合之中的集合)。

现在以图 3－1 所示的事故树为例，运用布尔代数法求解最小割集。

布尔代数简化法：

$T=M_1+M_2+M_3$

$=X_1M_4X_2+X_4+X_5+M_5X_6$

$=X_1(X_1+X_3)X_2+X_4+X_5+(M_6+X_7)X_6$

$=X_1(X_1+X_3)X_2+X_4+X_5+(X_8X_9X_{10}+X_7)X_6$

$=X_1X_1X_2+X_1X_2X_3+X_4+X_5+X_6X_7+X_6X_8X_9X_{10}$

$=X_1X_2+X_4+X_5+X_6X_7+X_6X_8X_9X_{10}$

所得的 5 个割集为$\{X_1, X_2\}$，$\{X_4\}$，$\{X_5\}$，$\{X_6, X_7\}$，$\{X_6, X_8, X_9, X_{10}\}$。

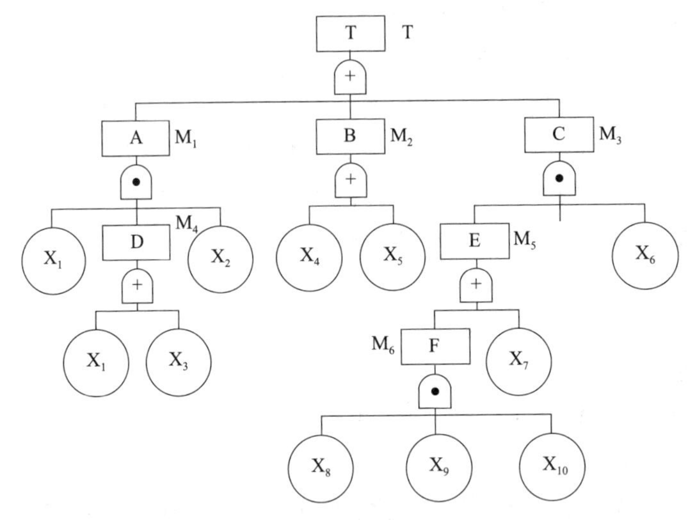

图 3－1　事故树举例

可利用最小割集将事故树表达成一个包含三层事件(顶事件、最小割集所代表的中间事件、基本事件)的等效树，如图 3－2 所示。

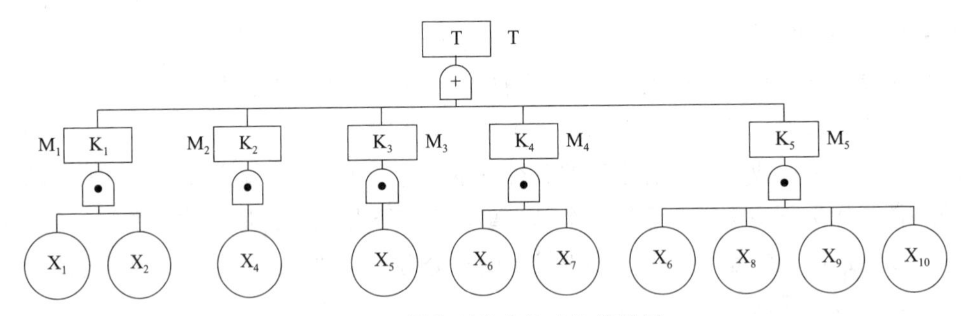

图 3－2　最小割集表达式的等效树

最小割集在事故树分析中的作用是表示系统的危险性。

(1)最小割集表明顶上事件发生的原因。事故树有几个最小割集，顶上事件的发生就有几种可能途径。所以，求出了最小割集，就掌握了事故发生的各种可能途径；最小割集数目越多，发生事故的可能性就越大，系统也就越危险；如果某个最小割集中的基本事件同时发生，事故就发生。

(2)一个最小割集就代表一种事故模式。如果发生事故，可以遵循最小割集给出的方向迅速找到事故原因，并采取强有力的措施消除事故隐患，避免同类事故再次发生，同时还给事故预防工作指明了方向。最小割集中的基本事件越少，危险性越大。

(3)可用最小割集判断基本事件的结构重要度，计算顶上事件概率。

3.2.5.3　径集

径集也称为通集或路集。如果事故树中某些基本事件不发生，顶上事件就不发生，这些基本事件的集合就称为径集。

最小径集是保证顶上事件不发生的最小限度的基本事件集合。如果径集中任意去掉一个基本事件后就不再是径集，那么该径集就是最小径集。所以，最小径集是保证顶上事件不发生的充分必要条件。

事故树模型中的径集是割集的对偶，简单的描述就是将事故树模型中的“与门”和“或门”对调，预防顶上事件发生的基本事件组合。最小径集是预防风险事故发生基本因素的一条途径。最小径集的基本求解原理是在事故树的对偶模型“成功树”上采用事故树最小割集方法获得最小径集。

最小径集在事故树分析中的作用是表示系统的安全性。

(1)每个最小径集都是预防顶上事件(事故)发生的一种可能途径，有几个最小径集，就有几种控制事故的途径。所以，求出了最小径集，就掌握了控制事故发生的各种可能途径。最小径集的数目越多，控制事故的途径就越多，系统也就越安全。如果某一最小径集中的基本事件全都不发生，事故就不会发生。

(2)用最小径集可以选择防止事故发生的最佳方案。通过对各个最小径集的比较分析，选择易于控制的最小径集，采取安全措施，保证该最小径集内的各个基本事件全都不发生，就可以保证系统的安全。最小径集中的基本事件越少，危险性就越容易控制。

(3)可用最小径集判断基本事件的结构重要度，计算顶事件概率。

3.2.5.4 结构重要度分析

从事故树结构上分析各基本事件的重要性程度，是事故树定性分析的一部分。结构重要度分析可采用两种方法：一种是精确的计算方法，求结构重要系数，以系数大小排列各基本事件的重要顺序；另一种是近似判断方法，根据最小割集或最小径集判断结构重要度的顺序。

根据最小割(径)集求结构重要度原则如下：

(1)单事件最小割集中的基本事件，它的结构重要度最大。

(2)仅在同一最小割集中出现的所有基本事件，它们的结构重要度相等。

(3)若两个基本事件仅出现在基本事件个数相等的若干最小割集中，则在不同最小割集中出现次数相等的基本事件，其结构重要度相等；出现次数多的，结构重要度大；出现次数少的，结构重要度小。

(4)若两个基本事件仅出现在基本事件个数不相等的若干最小割集中，则有以下两种情况：

①若它们重复在各最小割集中出现的次数相等，在少事件最小割集中出现的基本事件，其结构重要度大；

②在少事件最小割集中出现次数少的与多事件最小割集中出现次数多的基本事件，一般前者的结构重要系数大于后者。

用最小割集或最小径集进行结构重要度分析的公式为：

$$I_{(j)} = \sum_{x_j \in K_r} \frac{1}{2^{n_j - 1}} \tag{3-1}$$

式中 $I_{(j)}$——基本事件 x_j 结构重要度的近似判别值；

K_r——第 r 个最小割集；

n_j——基本事件 x_j 所在的最小割集包含的基本事件个数。

3.2.6 事故树的定量分析

事故数的定量分析首先是确定基本事件的发生概率，其次求出事故树顶上事件的发生概率，估算系统的可靠性，并以此为依据，考察事故的严重程度，与安全目标值进行比较。当计算值超过目标值时，就需要采取防范措施，使其降至安全目标值以下。

3.2.6.1 事故树顶事件发生的概率

(1)当各基本事件均是独立事件时，凡与门连接的地方，可用几个独立事件的逻辑积的概率计算公式得到：

$$P(T) = \prod_{i=1}^{n} q_i \tag{3-2}$$

式中 $\prod$ ——数学运算符号，表示逻辑积(乘)；

$P(T)$——顶事件的发生概率；

q_i——基本事件 i 的发生概率。

(2)当各基本事件均是独立事件时，凡或门连接的地方，可用几个独立事件的逻辑和的概率计算公式得到：

$$P(T) = \sum_{i=1}^{n} q_i = 1 - \prod_{i=1}^{n}(1 - q_i) \tag{3-3}$$

式中 $\sum$ ——数学运算符号，表示逻辑和。

按照给定的事故树写出其结构函数表达式，根据表达式中各基本事件的逻辑关系，可直接计算出顶事件的发生概率。

3.2.6.2 概率重要度

结构重要度分析是从事故树的结构上分析各基本事件的重要程度。如果进一步考虑各基本事件发生概率的变化会给顶事件发生概率产生多大影响，就要分析基本事件的概率重要度。利用顶事件发生概率 g 函数是一个多重线性函数这一性质，只要对自变量 q_i 求一次偏导，就可得到该基本事件的概率重要度：

$$I_g(i) = \frac{\partial P(T)}{\partial q_i} \tag{3-4}$$

式中 $I_g(i)$——基本事件 i 的概率重要度。

3.2.6.3 临界重要度

由于一个基本事件的概率重要度与该基本事件的概率的大小无关，为了弥补概率重要度这点不足，可采用基本事件发生概率的相对变化率与顶事件发生概率的相对变化之比来表示基本事件的重要程度。这个比值就是临界重要度，也称为关键重要度：

$$I_c(i) = I_g(i) \cdot \frac{q_i}{P(T)} \tag{3-5}$$

式中 $I_c(i)$——第 i 个基本事件的临界重要度。

3.3 故障类型及影响分析法

3.3.1 故障类型及影响分析法概述

故障类型及影响分析(Failure Mode and Effect Analysis，FMEA)也称失效模式及影响分析，是安全系统工程的重要分析方法之一。该方法起源于可靠性技术，是一种自下而上(由元器件至系统)的故障因果关系的分析方法，是对产品、产品功能及组成产品的每个零部件从设计、制造到产品运行中可能存在的失效模式及影响的分析，是一种重要的预防故障发生的工具。该方法根据系统可分的特性，按实际需要分析的深度，把系统分割成子系统，或进一步分割成元件，然后逐个分析各部分可能发生的所有故障类型及其对子系统和系统产生的影响，以便采取相应措施，提高系统的安全性。

故障类型及影响分析方法涉及的基本概念。

(1)故障：指元件、子系统、系统在规定的运行时间、条件内，达不到设计规定的功能。并不是所有的故障都能造成严重的后果，而是其中有些故障会影响系统，导致不能完成任务或造成事故损失。

(2)故障类型：指故障出现的状态，是故障现象的表征，是由故障机理发生的结果。例如，一个阀门发生故障，可能有4种故障类型：内漏、外漏、打不开、关不严。

(3)故障原因：故障发生的原因分内因和外因。内因指固有可靠性，如系统、产品的硬件设计不合理或存在潜在的缺陷；系统、产品中零部件有缺陷；制造质量低，材质选用有错或不佳；运输、保管、安装不善。外因指使用可靠性，如环境条件和使用条件。

(4)故障机理：指诱发零件、产品、系统发生故障的物理与化学过程、电学与机械过程。故障机理考虑某个故障是如何发生的，以及发生的可能性有多大。

(5)故障等级：衡量故障对系统任务、人员和财产安全造成影响的尺度，根据故障的等级大小采取相应的措施。

3.3.2 故障类型及影响分析法的特点

(1)故障类型及影响分析法是通过原因来分析系统故障，即用系统工程方法，从元件的故障开始，由下向上逐次分析其可能发生的问题，预测整个系统的故障，利用表格形式，找出初始原因事件。

(2)故障类型及影响分析除考虑系统中上、下级的层次概念，还主要考虑功能关系。从可靠性的角度看，侧重于建立上级和下级的逻辑关系。因此，它是以功能为中心、以逻辑推理为重点的分析方法。

(3)故障类型及影响分析是一种定性分析方法，不需要数据作为预测依据。此外，该方法还可以进行致命度分析。

(4)所有的FMEA评价人员都应对设备功能及故障模式熟悉，并了解这些故障模式如何影响系统或装置的其他部分。因此，此方法需要具有专业背景的人使用。

(5)故障类型及影响分析适用于产品设计、工艺设计、装备设计、维护和管理等。

3.3.3 故障等级划分

3.3.3.1 故障等级

根据故障类型对子系统或系统影响程度的不同而划分的等级称为故障等级。划分故障等级的目的是区别轻重缓急，采取合理的处理措施。一般划分为4个故障等级，如表3－4所示。

表3－4 故障等级划分

故障等级	影响程度	可能造成的损失
Ⅰ	致命的	可能造成死亡或系统损失(必须立即排除)
Ⅱ	严重的	可能造成重伤、严重的职业病或主系统损坏(立即采取措施)
Ⅲ	临界的	可造成轻伤、轻度职业病或次要系统损坏(采取措施)
Ⅳ	可忽略的	不会造成伤害和职业病，系统不会损坏(可无措施)

3.3.3.2 故障等级的划分方法

划分故障等级的方法有定性划分法、评点法和风险矩阵法。

(1)定性划分故障等级——直接判断法(简单划分法)

定性划分故障等级，是通过直接判断法，从严重程度考虑来确定故障的等级，也叫作简单划分法。

上面介绍的故障等级划分方法就是定性划分故障等级的方法(直接判断法)。它基本是通过对严重程度考虑来确定故障等级的，有一定片面性。为了更全面地确定故障等级，可采用如下定量的方法。

(2)评点法

评点法通过计算故障等级价值C_s值，定量确定故障等级。

①评点法之一。按照以下方法步骤计算和确定故障等级。

按下式计算C_s值：

$$C_s = \sqrt[5]{C_1 C_2 C_3 C_4 C_5} \tag{3-6}$$

式中 C_s——故障等级价值；

C_1——故障影响大小，损失严重程度；

C_2——故障影响的范围；

C_3——故障频率；

C_4——防止故障的难易；

C_5——是否为新设计的工艺。

C_1～C_5的取值范围均为1～10。具体数值的确定，可请3～5位有经验的专家座谈讨论，即采用专家座谈会方法确定各个参数的取值；也可采用函调法，即采用德尔菲方法，将所提问题和必要的背景材料，用通信的方式向选定的专家提出，然后按照规定的程序和方法，将专家的判断结果进行综合，再反馈给他们进行重新征询和判断。如此反复多次，直到取得满意的判断结果为止。

故障等级划分：根据C_s值的大小，按表3－5将故障划分为4个等级。

表3－5 故障等级划分

故障等级	C_s值	内容	应采取的措施
Ⅰ级：致命	7～10	完不成任务、人员伤亡	变更设计
Ⅱ级：严重	4～7	大部分任务完不成	重新讨论设计，也可变更设计
Ⅲ级：临界	2～4	一部分任务完不成	不必变更设计
Ⅳ级：可忽略	<2	无影响	无

②评点法之二。按照以下方法步骤计算和确定故障等级。

按下式计算C_s值：

$$C_s = \sum_{i=1}^{5} C_i \tag{3-7}$$

C_1～C_5的确定：按照表3－6确定C_1～C_5的数值。

故障等级划分：故障等级的划分依然按照表3－5进行。

表3－6 C_i取值表

评价因素(C_i)	内容	C_i值
故障影响大小(C_1)	造成生命损失	5.0
	造成相当程度的损失	3.0
	元件功能有损失	1.0
	无功能损失	0.5
对系统影响程度(C_2)	对系统造成2处以上重大影响	2.0
	对系统造成1处以上重大影响	1.0
	对系统无过大影响	0.5
发生频率(C_3)	容易发生	1.5
	能够发生	1.0
	不大发生	0.7
防止故障的难易程度(C_4)	不能防止	1.3
	能够防止	1.0
	易于防止	0.7
是否新设计的工艺(C_5)	内容相当新的设计	1.2
	内容和过去相类似的设计	1.0
	内容和过去一样的设计	0.8

(3)风险矩阵法

风险矩阵法是综合评定的依据。它由风险率表示，而风险率是由故障概率和严重度共同得到的，表3－7所示是严重度等级的划分，表3－8所示是故障概率等级的划分。

表3－7　严重度等级的划分

严重度等级		内容
Ⅰ	低的	对系统任务无影响
		对子系统造成的影响可忽略
		通过调整故障易于消除
Ⅱ	主要的	对系统任务有影响，但可忽略
		导致子系统功能下降
		出现的故障能够立即修复
Ⅲ	关键的	系统功能有所下降
		子系统功能严重下降
		出现的故障不能立即修复
Ⅳ	灾难性的	系统功能严重下降
		子系统功能全部丧失
		出现的故障需修理才消除

表3－8　故障概率等级的划分

故障概率等级		内容
Ⅰ	很低	元件故障发生的概率很小，可忽略
Ⅱ	低	元件故障发生机会不易出现
Ⅲ	中	元件故障发生的概率为0.5左右
Ⅳ	高	元件故障发生的机会容易出现

有了严重度和故障概率的数据后，就可运用风险矩阵评价法，因为用这两个特征就可表示出故障类型的实际影响。以严重度等级为横坐标，故障概率等级为纵坐标，画出如图3－3所示的风险矩阵图，处在右上角方块内的故障类型风险率最大。

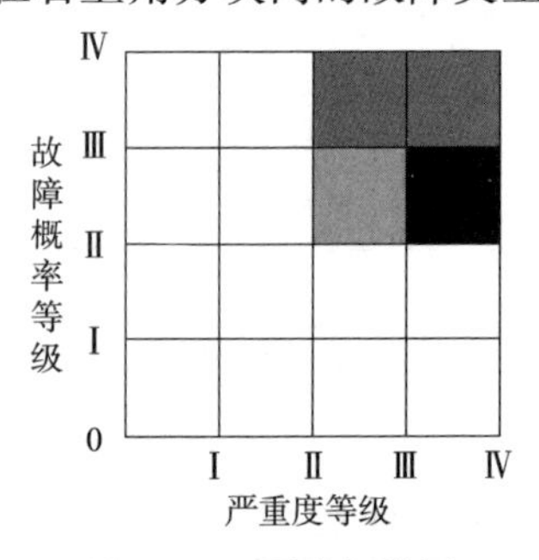

图3－3　风险矩阵图

3.3.4 故障类型及影响分析步骤

(1)熟悉系统。FMEA 分析之前，首先收集与系统有关的各种资料，如了解系统任务书、设计书、图纸、使用说明书、标准、规范、事故情报等。进而熟悉系统的有关资料，了解系统组成情况，明确系统、子系统、元件的功能及其相互关系，以及系统的工作原理、工艺流程及有关参数等。

(2)确定分析层次及深度。根据分析目的确定系统的分析深度。如果将 FMEA 用于系统的安全设计，应进行详细分析，直至元件；用于系统的安全管理，则允许分析得粗一些，可以把某些功能件(由若干元件组成的、具有独立功能的组合部分)视为元件分析，如泵、开关、电机以及储罐等。

(3)绘制系统功能框图或可靠性框图。功能框图是描绘各子系统及其所包含功能件的功能以及相互关系的框图。一个系统可以由若干个功能不同的子系统组成(如动力、传动、工作、控制等子系统)，一个子系统又是由更小的子系统或元件组成的。可靠性框图是研究如何保证系统正常运行的一种系统图，而不是按系统的结构顺序绘制的结构图。绘制可靠性框图时应注意：串联系统可靠性框图必为串联结构，并联系统不一定是并联结构。

(4)列出所有故障类型并分析其影响。按照框图绘出的与系统功能和可靠性有关的部件、元件，根据过去的经验和有关故障资料数据，列出所有可能的故障类型，并分析其对子系统、系统，以及对人身安全的影响。

(5)划分故障等级。按照每个故障类型的影响程度，通过上述方法划分故障等级。

(6)分析构成各种故障类型的原因，确定其检测方法。

(7)汇总结果和提出整改措施。按照规范的格式汇总分析结果，提出每种故障类型的改正措施，编制完成故障类型和影响分析表。

故障类型及影响分析简要流程如图 3－4 所示。

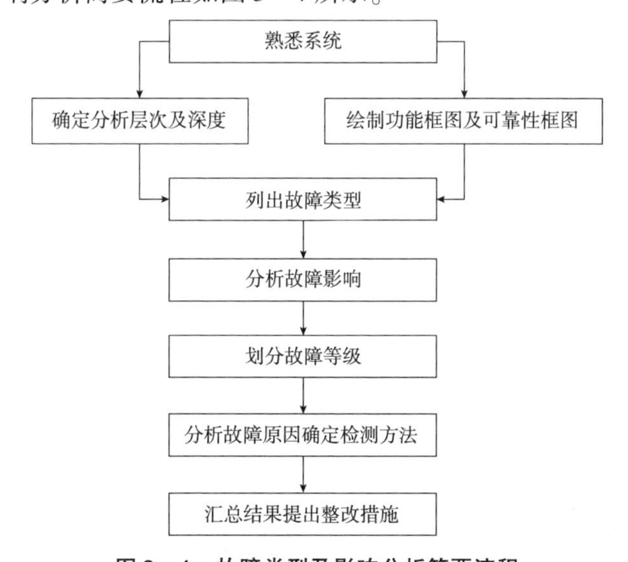

图 3－4 故障类型及影响分析简要流程

3.3.5 故障类型及影响分析表格式

FMEA 通常按预定的分析表逐项进行。故障类型和影响分析表的规范格式如表 3－9 所示。

表 3－9 故障类型影响分析表的格式

子系统	元件名称	故障类型	故障原因	故障影响				故障检测方法	故障等级	校正措施	备注
				子系统	系统	任务	人员				

在实际应用中，可以根据具体情况对 FMEA 表的格式做出调整，如表 3－10 与表 3－11 所示。

表 3－10 故障类型影响分析表格一

系统子系统		故障类型影响分析				日期 制表 主管			
编号	子系统项目	元件名称	故障类型	推断原因	对子系统影响	对系统影响	故障等级	措施	备注

表 3－11 故障类型影响分析表格二

系统 子系统 组件				故障类型影响分析						日期 制表 主管 审核			
分析项目				功能	故障类型及造成原因	任务阶段	故障影响			故障检测方法	改正处理所需时间	故障等级	修改
名称	项目号	图纸号	框图号				组件	子系统	系统（任务）				

3.3.6 致命度分析

致命度分析(Criticality Analysis，CA)是在故障类型及影响分析的基础上扩展出来的。在系统进行初步分析之后，对特别严重的故障模式再单独进行详细分析；致命度分析就是对系统中各个不同的严重故障模式计算临界值——致命度指数，即给出某故障模式产生致命度影响的概率。致命度分析是一种定量分析方法，与故障类型及影响分析结合使用，称为故障模式、影响及致命度分析(FMECA)。进行致命度分析有以下目的：

(1)尽量消除致命度高的故障模式；

(2)当无法消除故障模式时，应尽量从设计、制造、维修和使用等方面去降低其致命度和减少其发生的概率；

(3)根据故障模式不同的致命度，对零件、部件或产品提出相应的不同质量要求，以提高其安全性和可靠性；

(4)根据不同情况可采取对产品或部件的有关部位增设保护措施、监测预报系统等措施。

致命度分析通过计算致命度指数进行分析和评价。致命度指数C_r表示运行100万h(次)发生的故障次数，按下式计算：

$$C_r = \sum_{j=1}^{n} (\alpha\beta k_A k_E \lambda_G t \cdot 10^6)_j \tag{3-8}$$

式中 j——元件的致命故障类型序数，$j=1, 2, \cdots, n$；

n——元件的致命故障类型个数；

λ_G——元件的故障率；

t——完成一次任务，元件运行的时间，h(次)；

k_A——运行强度修正系数，实际运行强度与实验室测定λ_G时运行强度之比；

k_E——环境修正系数；

α——致命故障类型所占的比率，即致命故障类型数目占全部故障类型数目的比率；

β——发生故障时造成致命影响的概率，其值如表3-12所示。

表3-12 发生故障时会造成致命影响的概率

影响	发生概率β
实际损失	$\beta=1.00$
可预计损失	$0.10\leqslant\beta<1.00$
可能损失	$0<\beta<0.10$
无影响	$\beta=0$

致命度分析按表3-13进行。

表3-13 致命度分析

排序	致命故障			致命度计算									
1 项目编号	2 故障类型	3 运行阶段	4 故障影响	5 项目数n	6 k_A	7 k_E	8 λ_G	9 故障率数据来源	10 运转时间或周期	11 $nk_A k_E \lambda_G t$	12 α	13 β	14 C_r

3.4 层次分析法

3.4.1 层次分析法概述

层次分析法(Analytic Hierarchy Process，AHP)是一种针对多因素、复杂系统的评价方法。该方法将决策问题的有关元素分解成目标、准则、方案等层次，在此基础上进行定性分析和定量分析。这一方法的特点是在对复杂决策问题的本质、影响因素及其内在关系等进行深入分析后，构建一个层次结构模型，然后逐一对比判定，明确各个层次中要素的相对重要程度，最后进行整合，得出评价结论。

3.4.2 层次分析法的特点

3.4.2.1 优势

(1)系统性

层次分析法把研究对象作为一个系统，通过研究系统内部各组成部分间的相互关系并在系统所处环境的基础上进行决策。系统的思维在于不割断各个因素对结果的影响，层次分析法中每一层的权重设置最后都会直接或间接影响到结果，而且在每个层次中的每个因素对结果的影响程度都是量化的，非常清晰明确。这种方法尤其可用于对无结构特性的系统评价以及多目标、多准则、多时期等的系统评价。

(2)简洁实用

该方法既不单纯追求高深数学，又不片面地注重行为、逻辑及推理，而是把定性方法与定量方法有机地结合起来，将多目标、多准则又难以全部量化处理的决策问题化为多层次单目标问题，通过两两比较确定同一层次元素相对上一层次元素的数量关系后，最后进行简单的数学运算。计算简便、结果明确，且易于决策者了解和掌握。

(3)所需定量数据信息较少

层次分析法主要是从评价者对评价问题的本质、要素的理解出发，比一般的定量方法更讲究定性的分析和判断。

3.4.2.2 局限性

(1)不能为决策者提供新方案

对于大部分决策者来说，如果一种分析方法能分析出在已知的方案里的最优者，然后能指出已知方案的不足，甚至能提出改进方案的话，这种分析方法才是比较完美的。而层次分析法只能从原有备选方案中选择较优者，而不能为决策者提供解决问题的新方案。

(2)指标过多时工作量大，且权重难以确定

由于一般情况下两两比较是用1～9作为标度来说明其相对重要性，如果有越来越多的指标，对每两个指标之间的重要程度的判断可能就会出现困难，甚至会对层次单排序和总排序的一致性产生影响，使一致性检验不能通过。如果不能通过，就需要进行调整，在

指标数量多的时候其调整的工作量大，且权重难以确定。

(3)特征值和特征向量的精确求法比较复杂

在求判断矩阵的特征值和特征向量时，采用的方法和多元统计所用的方法是一样的。在二阶、三阶的时候，还比较容易处理，但随着指标的增加，阶数也随之增加，其人工计算也变得越来越困难，需要借助计算机来完成。

3.4.3 层次分析步骤

当一个决策者在对问题进行分析时，首先要将分析对象的因素建立起彼此相关因素的层次系统结构，这种层次结构可以清晰地反映出相关因素(目标、准则、对象)的彼此关系，使得决策者能够把复杂的问题理顺；其次进行逐一比较、判断，从中选出最优方案。运用层次分析法大体上分成五个步骤：明确问题、建立层次结构模型、构造比较判别矩阵、单准则下层次排序及其一致性检验、层次总排序及其一致性检验。

3.4.3.1 明确问题

在分析问题时，首先要对问题有明确的认识，弄清问题的范围，了解问题所包含的因素，确定因素之间的关联和隶属关系。

3.4.3.2 建立层次结构模型

层次分析法先将决策的目标、考虑的因素(评价准则)和决策对象(行动方案)按它们之间的相互关系分为最高层、中间层和最低层。其中最高层称为目标层，这一层中只有一个元素，就是该问题要达到的目标或理想的结果；中间层为准则层，层中的元素为实现目标所采用的措施、政策、准则等，准则层中可以不止一层，可以根据问题规模的大小和复杂程度，分为准则层、子准则层；最低层为方案层，这一层包括了实现目标可供选择的方案。据此绘出层次结构模型图，在模型中，目标、评价准则和行动方案处于不同的层次，彼此之间关系用线段表示，评价准则可细分多层。典型层次结构模型如图3－5所示。

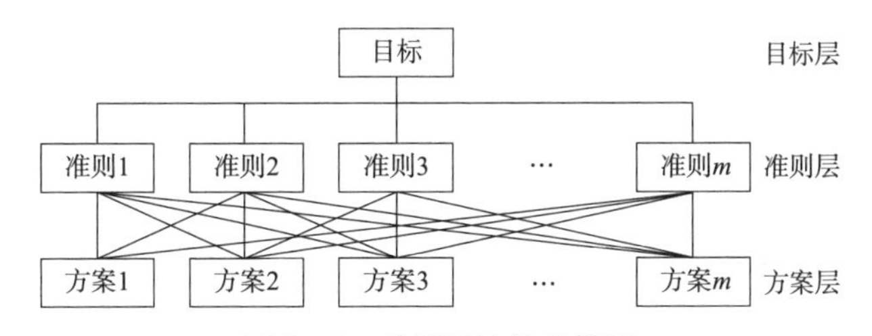

图3－5 典型层次结构模型

一个好的层次结构模型对解决问题极为重要，因此，在构建层次结构模型时，应注意以下三点：

(1)从上到下顺序地存在支配关系，并用直线段表示。除第一层外，每个元素至少受上一层一个元素支配；除最后一层外，每个元素至少支配下一层一个元素。上、下层元素的联系比同一层次中元素的联系要强得多，故认为同一层次及不相邻元素之间不存在支配关系。

(2)在层次结构模型中，各层均由若干因素构成，当某个层次包含因素较多时，可将该层次进一步划分成若干子层次。通常应使各层次中的各因素支配的元素不超过9个，这是因为支配元素过多会给两两比较带来困难。

(3)对某些具有子层次结构可引入虚元素，使之成为典型层次结构模型。

3.4.3.3 构造两两比较判断矩阵

层次结构建立后，评价者根据自己的知识、经验和判断，从第一个准则层开始向下，逐步确定各层不同因素相对于上一层因素的重要性权数，一般采用两两比较的方法。当上一层次某个因素作为比较准则时，可用一个比较标度 a_{ij} 来表达下一层次中第 i 个因素与第 j 个因素的相对重要性(或偏好优劣)的认识。a_{ij} 的取值一般取正整数 1 ~9(称为标度)及其倒数。a_{ij} 的取值规则如表 3 -14 所示。a_{ij} 的取值也可以取上述各数的中值 2、4、6、8 及其倒数，即若因素 i 与因素 j 比较得 a_{ij}，则因素 j 与因素 i 比较得到 $1/a_{ij}$。由 a_{ij} 构成的矩阵称为比较判断矩阵 $A=(a_{ij})$，即：

$$A=\begin{bmatrix} a_{11} & a_{12} & \cdots & a_{1n} \\ a_{21} & a_{22} & \cdots & a_{2n} \\ \vdots & \vdots & & \vdots \\ a_{n1} & a_{n2} & \cdots & a_{nn} \end{bmatrix} \tag{3-9}$$

比较判断矩阵具有以下特点：$a_{ij}>0$；$a_{ij}=1/a_{ji}$；$a_{ij}=1(i, j=1, 2, 3, \cdots, n)$。具有上述性质的矩阵称为正互反矩阵。

表 3 -14　1 ~9 标度表

元素	标度	取值规则
a_{ij}	1	以上一层某个因素为准则，本层次因素 i 与因素 j 相比，同样重要
	3	以上一层某个因素为准则，本层次因素 i 与因素 j 相比，i 比 j 稍微重要
	5	以上一层某个因素为准则，本层次因素 i 与因素 j 相比，i 比 j 明显重要
	7	以上一层某个因素为准则，本层次因素 i 与因素 j 相比，i 比 j 强烈重要
	9	以上一层某个因素为准则，本层次因素 i 与因素 j 相比，i 比 j 极端重要
	2、4、6、8	i 与 j 两因素重要性比较结果处于以上结果的中间
a_{ji}	倒数	j 与 i 两因素重要性比较结果是 i 与 j 两因素重要性比较结果的倒数

3.4.3.4 单准则下层次排序及其一致性检验

层次分析法的信息基础是比较判断矩阵。由于每个准则都支配下一层若干个因素，这样对于每一个准则及它所支配的因素都可以得到一个比较判断矩阵。因此，根据比较判断矩阵如何求出各因素对于准则的相对排序权重的过程称为单准则下的排序。

计算权重的方法有多种，其中和法和根法是比较成熟并得到广泛应用的方法。

(1)和法

①将判断矩阵的列向量归一化，即：

$$\tilde{A}_{ij}=\left(\frac{a_{ij}}{\sum_{i=1}^{n}a_{ij}}\right) \tag{3-10}$$

②将$\tilde{A}_{ij}$按行求和，即：

$$\tilde{W}=\left(\sum_{j=1}^{n}\frac{a_{1j}}{\sum_{i=1}^{n}a_{ij}},\sum_{j=1}^{n}\frac{a_{2j}}{\sum_{i=1}^{n}a_{ij}},\cdots,\sum_{j=1}^{n}\frac{a_{nj}}{\sum_{i=1}^{n}a_{ij}}\right)^{T} \tag{3-11}$$

③将$\tilde{W}$归一化后得，$W=(\omega_1,\ \omega_2,\ \cdots,\ \omega_n)^T$；

④$\lambda=\frac{1}{n}\sum_{i=1}^{n}\frac{(AW)_i}{\omega_i}$，为$A$的最大特征值。

(2)根法

①将判断矩阵的列向量归一化，即：

$$\tilde{A}_{ij}=\left(\frac{a_{ij}}{\sum_{i=1}^{n}a_{ij}}\right) \tag{3-12}$$

②将$\tilde{A}_{ij}$按行求根，即：

$$\tilde{W}=\left[\left(\prod_{j=1}^{n}\frac{a_{1j}}{\sum_{i=1}^{n}a_{ij}}\right)^{\frac{1}{n}},\left(\prod_{j=1}^{n}\frac{a_{2j}}{\sum_{i=1}^{n}a_{ij}}\right)^{\frac{1}{n}},\cdots,\left(\prod_{j=1}^{n}\frac{a_{nj}}{\sum_{i=1}^{n}a_{ij}}\right)^{\frac{1}{n}}\right]^{T} \tag{3-13}$$

③将$\tilde{W}$归一化后得，$W=(\omega_1,\ \omega_2,\ \cdots,\ \omega_n)^T$；

④$\lambda=\frac{1}{n}\sum_{i=1}^{n}\frac{(AW)_i}{\omega_i}$，为$A$的最大特征值。

(3)判断矩阵一致性检验

由于客观事物的复杂性，会使判断带有主观性和片面性，完全要求每次比较判断的思维标准一致是不太可能的。因此，在构造比较判断矩阵时，并不要求$n(n+1)/2$次比较全部一致。但这可能出现甲与乙相比相对重要，乙与丙相比极端重要，而丙与甲相比又相对重要，这种比较判断严重不一致的情况。事实上，在构建比较判断矩阵时，虽然不要求判断具有一致性，但一个混乱的、经不起推敲的比较判断矩阵有可能导致决策的失误，所以，希望在判断时大体上一致。而上述计算权重方法，当判断矩阵过于偏离一致性时，其可靠程度也就值得怀疑了，故对于每一层次作单准则排序时，均需要做一致性的检验。

设A为n阶正互反矩阵，令

$$CI=\frac{\lambda_{\max}-n}{n-1} \tag{3-14}$$

式中，$\lambda_{\max}$是A的最大特征值；CI可作为衡量不一致程度的数量标准，称CI为一致性指标。

当判断矩阵A的最大特征值稍大于n，称A具有“满意的一致性”。然而“满意的一致性”说法不够准确，A 的最大特征值λ_{max}与 n 是怎样地接近为满意？这必须有一个量化，采用的方法是：固定 n，随机构造正互反矩阵 $A=(a_{ij})_n$，其中a_{ij}是从 1，2，3，…，9；1/2，1/3，…，1/9 共 17 个数中随机抽取的。这样的正互反矩阵 A 是最不一致的，计算 1000 次上述随机判断矩阵的最大特征λ_{max}，给出的 RI 值(称为平均随机一致性指标)如表 3－15 所示。

表 3－15　平均随机一致性指标

n	1	2	3	4	5	6	7	8	9
RI	0	0	0.58	0.94	1.12	1.24	1.32	1.41	1.45

在表 3－15 中 $n=1$，2 时，$RI=0$，因 1，2 阶判断矩阵总是一致的。当 $n\geqslant3$ 时，令 $CR=CI/RI$，称 CR 为一致性比例。当 $CR<0.1$，认为比较判断矩阵的一致性可以接受，否则应对判断矩阵作适当的修正。

3.4.3.5　层次总排序及其一致性检验

(1)层次总排序

计算同一层次中所有元素对于最高层(总目标)的相对重要性标度(又称排序权重向量)称为层次总排序。层次总排序的步骤为：

①计算同一层次所有因素对最高层相对重要性的排序权向量，这一过程自上而下逐层进行；

②设已计算出第 $k-1$ 层上有n_{k-1}个元素相对总目标的排序权向量为：

$$\omega^{(k-1)}=[\omega_1^{(k-1)},\ \omega_2^{(k-1)},\ \cdots,\ \omega_{n_{k-1}}^{(k-1)}]^T \tag{3-15}$$

③第 k 层有 n_k 个元素，它们对于上一层次(第 $k-1$ 层)的某个因素 u_i 的单准则排序权向量为：

$$p_i^k=[\omega_{1i}^k,\ \omega_{2i}^k,\ \cdots,\ \omega_{n_{ki}}^k]^T \tag{3-16}$$

对于与 $k-1$ 层第 i 个元素无支配关系的对应u_{ij}取值为 0。

④第 k 层 n_k 个元素相对总目标的排序权向量为：

$$[\omega_1^k,\ \omega_2^k,\ \cdots,\ \omega_{n_k}^k]^T=[p_1^k,\ p_2^k,\ \cdots,\ p_{n_{k-1}}^k]\omega^{(k-1)} \tag{3-17}$$

(2)总排序一致性检验

人们在对各层元素做比较时，尽管每一层中所用的比较尺度基本一致，但各层之间仍可能有所差异，而这种差异将随着层次总排序的逐渐计算而累加起来。因此，需要从模型的总体上来检验这种差异尺度的累积是否显著，检验的过程称为层次总排序的一致性检验。

假设第 $k-1$ 层第 j 个因素为比较准则，第 k 层的一致性检验指标为$CI_j^{(k-1)}$，平均随机一致性指标为$RI_j^{(k-1)}$，则第 k 层各因素两两比较的层次单排序一致性指标为：

$$CI^k=CI^{(k-1)}\cdot\omega^{(k-1)} \tag{3-18}$$

式中，$\omega^{(k-1)}$表示第 $k-1$ 层对总目标的总排序向量。

另有 $$RI^k = RI^{(k-1)} \cdot \omega^{(k-1)} \qquad CR^k = CR^{(k-1)} + \frac{CI^k}{RI^k}(3 \leqslant k \leqslant n) \qquad (3-19)$$

如有$CR^k < 0.1$，可认为评价模型在 k 层水平上整个达到局部满意一致性。

3.5 模糊综合评价法

3.5.1 模糊综合评价法概述

由于安全与危险都是相对模糊的概念，在很多情况下都有不可量化的确切指标，这就需要将诸多模糊的概念定量化、数字化。在此情况下，应用模糊数学将是一个较好的选择方案。在进行系统安全评价时，使用的评语常常带有模糊性，所以宜采用模糊综合评价方法。在安全评价工作中，模糊综合评价法除了可以用于系统的整体安全评价，亦可以用于局部安全评价。

3.5.2 模糊综合评价法的特点

3.5.2.1 优势

(1)模糊综合评价结果本身是一个向量，而不是一个单点值，并且这个向量是一个模糊子集，较为准确地刻画了对象本身的模糊状况，提供的评价信息在信息的质和量上都具有优越性。

(2)模糊综合评价从层次性角度分析复杂事物，一方面，符合复杂事物的状况，有利于最大限度地客观描述被评价对象；另一方面，还有利于尽可能准确地确定权重。

(3)模糊综合评价方法的适用性强，既可用于主观因素的综合评价，又可用于客观因素的综合评价。应用模糊综合评价法，可以在数据不充分的条件下，体现评价因素和评价过程的模糊性，又尽量减少个人主观臆断所带来的弊端，比一般的评价方法更符合客观实际。

(4)模糊综合评价中的权重属于估价权重。估价权重是从评价者的角度认定各评价因素重要程度如何而确定的权重，因此是可以调整的。根据评价者的着眼点不同，可以改变评价因素的权重，这种定权方法适用性较强。另外，还可以同时用几种不同的权重分配对同一被评价对象进行综合评价，以进行比较研究。

3.5.2.2 局限性

(1)在模糊综合评价过程中，不能解决评价因素间相关性所造成的评价信息重复的问题。因此，模糊综合评判、预选和删除因素是非常重要的，必须消除相关因素，确保评价结果的准确性。如果评价因素不充分考虑，可能会影响评价结果的差异。

(2)在模糊综合评价中，各指标的权重是由人为打分给出的。这种方式具有较大的灵活性，但人的主观性较大，与客观实际可能会有一定偏差。

3.5.3 模糊综合评价基本要素

模糊综合评价是应用模糊关系合成的原理，从多个因素对被评判事物隶属度等级状况进行综合评判的一种方法。模糊综合评价包括以下6个基本要素：

(1)评判因素论域 U。U 代表综合评判中各评判因素所组成的集合。

(2)评语等级论域 V。V 代表综合评判中评语所组成的集合。它实质是对被评事物变化区间的一个划分，如安全技术中“三同时”落实情况可分为优、良、中、差4个等级，这里优、良、中、差就是综合评判中对“三同时”落实情况的评语。

(3)模糊关系矩阵 R。R 是单因素评价的结果，即单因素评价矩阵。模糊综合评判所综合的对象正是 R。

(4)评判因素权向量 A。A 代表评判因素在被评对象中的相对重要程度，它在综合评判中用来对 R 做加权处理。

(5)合成算子。合成算子指合成 A 与 R 所用的计算方法，也就是合成方法。

(6)评判结果向量 B。它是对每个被评判对象综合状况分等级的程度描述。

3.5.4 模糊综合评价步骤

(1)建立因素集

因素就是评价对象的各种属性或性能，在不同场合，也称为参数指标或质量指标，它们综合地反映出对象的质量。人们就是根据这些因素进行评价的。所谓因素集，就是影响评价对象的各种因素组成的一个普通集合，即 $U=\{u_1, u_2, \cdots, u_n\}$。这些因素通常都具有不同程度的模糊性，但也可以是非模糊的。各因素与因素集的关系，或者 u_i 属于 U，或者 u_i 不属于 U，二者必居其一。因此，因素集本身是一个普通集合。

(2)建立评价集

评价集，又称备择集，是评价者对评价对象可能做出的各种总的评价结果所组成的集合，即 $V=\{v_1, v_2, \cdots, v_m\}$。各元素 v_i 代表各种可能的总评价结果。模糊综合评价的目的，就是在综合考虑所有影响因素的基础上，从评价集中得出一个最佳的评价结果。

显然，v_i 与 V 的关系也是普通集合关系，因此，评价集也是一个普通集合。

(3)计算权重

在因素集中，各因素的重要程度是不一样的。为了反映各因素的重要程度，对各个因素 u_i 应赋予一相应的权数 $a_i(i=1, 2, \cdots, n)$。由各权数所组成的向量 $A=(a_1, a_2, \cdots, a_n)$ 称为因素权重集，简称权重集。

通常各权数 a_i 应满足归一性和非负性条件，即：

$$\sum_{i=1}^{n} a_i = 1 \quad (a_i \geqslant 1) \tag{3-20}$$

各种权数一般由人们根据实际问题的需要主观确定，没有统一、严格的方法。常用方法有统计实验法、分析推理法、专家评分法、层次分析法和熵权法。

(4)单因素模糊评价

单独从一个元素出发进行评价，以确定评价对象对评价集元素的隶属度便称为单元素模糊评价。

单元素模糊评价，即建立一个从 U 到 $F(V)$ 的模糊映射：

$$f: U \to F(V),\ \forall u_i \in U,\ u_i \mapsto f(u_i) = \frac{r_{i1}}{v_1} + \frac{r_{i2}}{v_2} + \cdots + \frac{r_{im}}{v_m} \tag{3-21}$$

式中，$r_{ij} \to u_i$ 属于 u_j 的隶属度。

由 $f(u_i)$ 可得到单因素评价集 $R_i = (r_{i1}, r_{i2}, \cdots, r_{im})$。

以单因素评价集为行组成的矩阵称为单因素评价矩阵。该矩阵为一模糊矩阵。

$$R = \begin{bmatrix} r_{11} & r_{12} & \cdots & r_{1m} \\ r_{21} & r_{22} & \cdots & r_{2m} \\ \vdots & \vdots & & \vdots \\ r_{n1} & r_{n2} & \cdots & r_{nm} \end{bmatrix} \tag{3-22}$$

(5)模糊综合评价

单因素模糊评价仅反映了一个因素对评价对象的影响，这显然是不够的；综合考虑所有因素的影响，便是模糊综合评价。

由单因素评价矩阵可以看出：R 的第 i 行反映了第 i 个因素影响评价对象取评价集中各个因素的程度；R 的第 j 列反映了所有因素影响评价对象取第 j 个评价元素的程度。如果对各因素作用以相应的权数 a_i，便能合理地反映所有因素的综合影响。因此，模糊综合评价可以表示为：

$$B = A \cdot R = (a_1, a_2, \cdots, a_n) \begin{bmatrix} r_{11} & r_{12} & \cdots & r_{1m} \\ r_{21} & r_{22} & \cdots & r_{2m} \\ \vdots & \vdots & & \vdots \\ r_{n1} & r_{n2} & \cdots & r_{nm} \end{bmatrix} = (b_1, b_2, \cdots, b_m) \tag{3-23}$$

式中，b_j 称为模糊综合评价指标，简称评价指标。其含义为：综合考虑所有因素的影响时，评价对象对评价集中的第 j 个元素的隶属度。

(6)多级模糊评价

将因素集 U 按属性的类型划分成 s 个子集，记作 $U_1, U_2, \cdots, U_s$，根据问题的需要，每一个子集还可以进一步划分。对每一个子集 U_i，按一级评价模型进行评价。将每一个 U_i 作为一个因素，用 B_i 作为它的单因素评价集，又可构成评价矩阵：

$$R = \begin{bmatrix} B_1 \\ B_2 \\ \vdots \\ B_S \end{bmatrix} \tag{3-24}$$

于是有第二级综合评价：

$$B = A \cdot R \tag{3-25}$$

3.6 本章小结

在本章中，详细地介绍了安全检查表法、事故树分析法、故障类型及影响分析法、层次分析法及模糊综合评价法五种常用的安全评价方法。分析了各种方法的优势及不足，并说明了各种方法的具体评价步骤。由于每种评价方法都有其各自的特点和适用范围，在应用时应根据评价对象的特点、要求和具体条件谨慎选择。如有必要，可以根据实际情况选择使用多种评价方法评价相同对象，相互补充、相互验证，以提高系统评价结果的准确性。

下篇
安全评估案例

4　钻修机结构安全评估

4.1　钻修机结构简介

钻修机结构即钻修机井架及底座，其作为海洋钻修机提升系统主要的承载结构，是用于钻、完、修井作业中起下钻具及油套管等工序的关键设备，主要由以下几个部分构成。

(1)底座：提供安装井口装置的空间，承受作业工作荷载及设备的自重荷载。

(2)井架主体：多为型钢组成的空间钢架结构，是承载主结构。

(3)二层台：为井架工进行起下操作的工作场所，包括井架工的操作台和存靠立根的指梁。

(4)天车：供安放及维修天车和天车架之用。

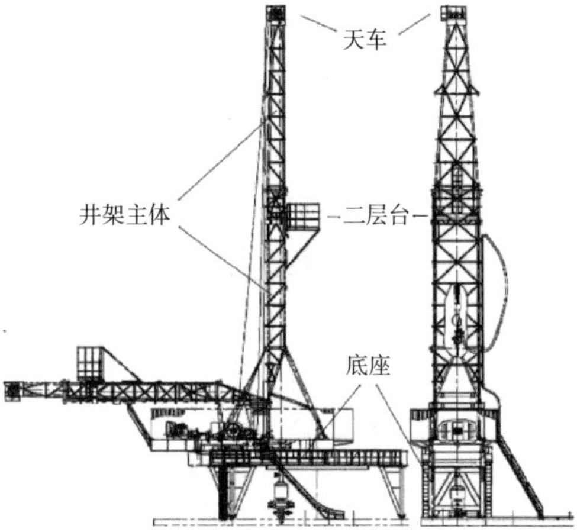

井架及底座组成示意如图4－1所示。

图4－1　井架及底座组成示意

4.1.1　结构形式

4.1.1.1　井架结构形式

海洋石油常见井架结构主要分为以下类型。

(1)塔型井架：四侧构件的横截面为正方形或矩形结构的塔架。井架主体由四扇平面梯形桁架组成，每扇又分为若干桁格，同一高度的四面桁格在空间构成井架的一层，故整个井架也可视为由多层空间桁架组成。塔型井架的突出特点是整体稳定性大、承载能力强，多用于海洋自升式及半潜式钻井平台钻机。

(2)前开口K型井架：整个井架主体由3～5段焊接结构组成，段间采用锥销定位和螺栓连接。为了方便游系设备上下运行和立根排放，井架主体做成前扇敞开，横截面为开口矩形(即Π形)的不封闭空间结构。整体刚度大但稳定性较塔形井架差，有的井架最上段做成四边封闭结构以增强其稳定性。该型井架结构常用于海洋石油模块钻机。

(3)伸缩型井架：属于前开口K型井架的一种，一般分为井架上段、井架下段、井架基段三部分。伸缩式井架的特点是：占地小，起升方便，维护简便，安装其他设备易起、易放。该型井架常见于海洋修井机，特别适合井口小平台使用。

三种常见结构形式的海洋井架如图 4 –2 所示。

(a)塔式井架

(b)前开口K型井架

(c)伸缩式井架

图 4 –2　常见海洋井架结构

4.1.1.2　底座结构形式

底座是用于传递大钩荷载、转盘荷载和(或)立根荷载的结构。底座结构主要有移动导轨式底座(修井机、模块钻机)和悬臂梁式底座(自升式钻井平台)两种。

4.1.2　井架主要参数

(1)最大钩载(适用于钻机或修井机)

根据材料强度和规定的安全系数确定的设备能承受的最大荷载，即钻修机在最多绳数下，大钩所能提升的最大荷载，包括静荷载和动荷载。

①钻机的最大钩载 $Q_{钩载}$应满足以下公式：

$$Q_{钩载} \geqslant 1.2 \times F_{管柱} + 500 \tag{4-1}$$

钻井完成作业中的最大管柱重力计算见式(4 –2)：

$$F_{管柱} = (L_1 \times G_{空} + L_2 \times G_{空} \times f) \times [(1 - 2 \times \gamma_{液})/(\gamma_{柱} \times 3)] \tag{4-2}$$

式中　$F_{管柱}$——最大钻柱重力与最大套管柱重力中的较大值，kN；

L_1——定向井中管柱垂直投影长度，m；

L_2——定向井中管柱水平投影总长度，m；

$G_{空}$——管柱在空气中的单位长度的重力，kN/m；

f——摩擦因数，套管内宜取 0. 25 ~0. 30，裸眼宜取 0. 30；

$\gamma_{液}$——钻井液密度，g/cm^3；

$\gamma_{柱}$——管柱材质密度，g/cm^3。

②修井机的最大钩载 $Q_{钩载}$应满足以下公式：

$$Q_{钩载} \geqslant 1.2 \times F_{管柱} + 300 \tag{4-3}$$

式中，300kN 为处理复杂情况。

修井作业中的最大管柱重力计算见公式(4-4)：

$$F_{管柱} = (L_1 \times G_{空} + L_2 \times G_{空} \times f) \times [(1 - 2 \times \gamma_{液})/(\gamma_{柱} \times 3)] \quad (4-4)$$

式中 $F_{管柱}$——最大钻柱重力与最大套管柱重力中的较大值，kN；

L_1——定向井中管柱垂直投影长度，m；

L_2——定向井中管柱水平投影总长度，m；

$G_{空}$——管柱在空气中的单位长度的重量，kN/m；

f——摩擦因数，宜取 0.25；

$\gamma_{液}$——修井液密度，g/cm^3；

$\gamma_{柱}$——管柱材质密度，g/cm^3。

(2)额定钩载(适用于修井机)

修井机在规定的修井绳数下，正常修井作业中允许大钩承受的最大钻柱或管柱在空气中的重力所产生的荷载。

(3)承载能力

钻机、修井机井架结构考虑强度、稳定或疲劳等因素后所能承受的最大荷载。

(4)井架有效高度

从钻台顶面到天车支承梁底面的最小垂直距离。

(5)二层台高度

从钻台平面到二层台底面的垂直高度。

(6)二层台容量

指二层台指梁(装在二层台的最小高度上)所能存放立根的数量，用立根(钻杆、油管或抽油杆)的总长度来表示。

(7)立根盒容量

立根盒能存放钻杆、钻铤或油管立管的数量，通常以一定尺寸的钻杆、油管立根的长度表示。

(8)转盘梁底面净空高度

底座下平面(甲板面)至转盘梁底面的垂直高度。

(9)底座跨距

底座跨距等效于安装海洋修井机平台导轨之间的中心距。

(10)平台导轨静荷载

平台甲板上钻修机导轨所承受的静荷载，由钻修机主体重力、最大钩载、立根盒存放管柱重力组成。

4.2 井架及底座安全检查

随着海洋石油钻修机井架及底座服役时间的延长，部件逐渐老化，不可避免地出现包括结构件的腐蚀、变形、裂纹、紧固件的缺失及松动等缺陷及隐患。为保证现场钻、完、修井作业安全，需进行定期或不定期的专项安全检查。

4.2.1 安全检查表编制

为了使得现场安全检查更加客观，通过对收集调研的国内外现行的石油井架及底座相关标准进行梳理分析，将适用于海洋石油的标准条目进行摘录，编制了井架及底座 SCL。为了方便现场检查，将钻修机结构按照 8 个大项目分类对标。参照现场检查顺序，前四项按照空间顺序从下向上分为移动导轨、底座、井架、二层台及天车五个部分；后三项是通用、附属设备及检验检测三个分散在井架空间结构多个部位的内容，需要在现场检查时随时关注并记录。该 SCL 涵盖了各种常见类型的海洋钻修机井架及底座，包括半潜式平台和自升式平台的塔型井架、模块钻机的前开口 K 型井架及修井机的伸缩式井架，现场在利用 SCL 进行安全检查时需要根据待检井架及底座特定的结构形式筛选相应的适用条目。

除此之外，SY/T 6326—2019《石油钻机和修井机井架承载能力检测评定方法及分级规范》提供了简易的井架外观检查表（表 4－1）及井架外观检查验收准则（表 4－2），在井架安全评估时可依照执行。

表 4－1　井架外观检查表

部件名称	检查项目	检查内容
井架大腿	1. 前腿，靠近司钻	□轻微弯曲□较大弯曲□需要修复□完好
		轴销联结：□不良□完好　销轴孔：□不良□焊缝开裂□完好
	2. 前腿，司钻对面	□轻微弯曲□较大弯曲□需要修复□完好
		轴销联结：□不良□完好　销轴孔：□不良□焊缝开裂□完好
	3. 后腿，靠近司钻	□轻微弯曲□较大弯曲□需要修复□完好
		轴销联结：□不良□完好　销轴孔：□不良□焊缝开裂□完好
	4. 后腿，司钻对面	□轻微弯曲□较大弯曲□需要修复□完好
		轴销联结：□不良□完好　销轴孔：□不良□焊缝开裂□完好
		所作标记的数目________
横拉筋和斜拉筋		□轻微弯曲□严重弯曲□焊缝开裂□损坏
		□需要修复□完好　所作标记的数目________
二层台	1. 指梁平台	构架：□损坏□焊缝裂纹□完好　销子联结：□损坏□完好
		安全销：□丢失□完好
		指梁：□损坏□焊缝开裂□需要修复□完好
	2. 操作台	□损伤□焊缝开裂□完好
	3. 栏杆	损伤：□较小□较大□焊缝开裂□完好
		联结部分：□需要修复□完好
	4. 钻杆支撑架	□损伤□完好　联结部位：□需要修复□完好
梯子		□焊缝开裂□梯级不好□联结不好□完好
		损伤：□较小□较大　所作标记的数目________

续表

部件名称	检查项目	检查内容
起升装置和伸缩装置	1. 液压缸	起升液缸：□泄漏□外露表面□锈蚀□完好
		伸缩液缸：□泄漏□外露表面□锈蚀□完好
	2. 接头	□泄漏□完好
	3. 软管和软管接头	□外露金属丝□锈蚀□损伤□完好
	4. 销孔	□椭圆□完好
	5. 伸缩液缸稳定器	□弯曲□润滑□完好
	6. 轻便井架导承	□经擦净并润滑□完好
		所作标记的数目________
锁紧装置伸缩式轻便井架	1. 销轴、棘爪	□损伤□完好
	2. 座架	□损伤□完好
	3. 机构	□损伤□需要清洁并润滑□完好
		所作标记的数目________
绷绳系统	1. 绷绳	□损伤□需更换□完好
	2. 绳卡	□松□装置适当□失落若干□完好
	3. 销子和安全销	□失落□完好
	4. 花篮螺栓	□锁紧□损伤□更换□完好
	5. 绳锚和埋桩	□更换□完好
		所作标记的数目________
栓装结构件	1. 所有螺栓联结点经检查符合要求，松动的螺栓已经上紧或完好________	
	2. 所有螺栓联结点经检查并抽查其上紧程度，无须再进行上紧或修复，完好________	
	3. 所作标记的数目________	
死绳固定器及支座	1. 死绳固定器	□损伤□锈蚀□完好
	2. 支座	□损伤□锈蚀□完好　螺栓：□需更换□完好
检验情况摘要	1. 是否应用了制造厂的总成图纸？□是□否	
	2. 外观：□良好□尚好□不好	
	3. 需要修理的部位：□无□较多	
	4. 缺少零件的数目	

注 1. 检查时，应在损伤部位或设备上作醒目标记；根据检查情况在□里打“√”，未检项目不作标记。

2. 涉及不同井架形式的底座和起升装置，可另设检查项目。

表 4－2　井架外观检查验收准则

检查项目			验收准则
1	锈蚀	横截面	锈蚀≤10%
2	变形	大腿	在 3m(10ft)的长度内弯曲不超过 6.4mm(1/4in)
		立柱	在 3m(10ft)的长度内弯曲不超过 6.4mm(1/4in)

续表

检查项目			验收准则
2	变形	结构件	无局部严重扭结或弯曲
		钢丝绳	无局部严重扭结或弯曲
3	机械损伤	结构件	无缺口、凹坑、划痕
4	缺失	螺栓、销子或安全卡	无缺失
		结构件	无缺失
5	连接失效	连接件与配件	无松动

注：本表仅供指导用，具体零件根据 OEM 技术规范可有不同的验收准则。

4.2.2 井架及底座隐患分析

利用井架及底座 SCL，通过对现场的海洋钻修机井架及底座进行安全检查，查找出了隐患，并提出了相应的整改措施进行了隐患关闭。

为分析出井架及底座隐患分布规律，将查找出的隐患按照所处位置及类别分类统计，如图 4－3 所示。由井架及底座隐患位置分类统计图可见，隐患发生在二层台及井架主体部位居多，分别占总体隐患数量的 42.03% 和 34.79%。其中二层台存在的隐患多为防护装置设置不合理；井架主体存在的隐患则涉及方面较多，包括附属构件缺失、松动以及结构件的变形和锈蚀等严重的问题。由井架及底座隐患类别分类统计图可见，安装不合理为最主要的隐患形式，主要包括应急逃生装置位置设置不合理、防护栏杆或其他防护装置空隙过大及未使用正规销钉等。

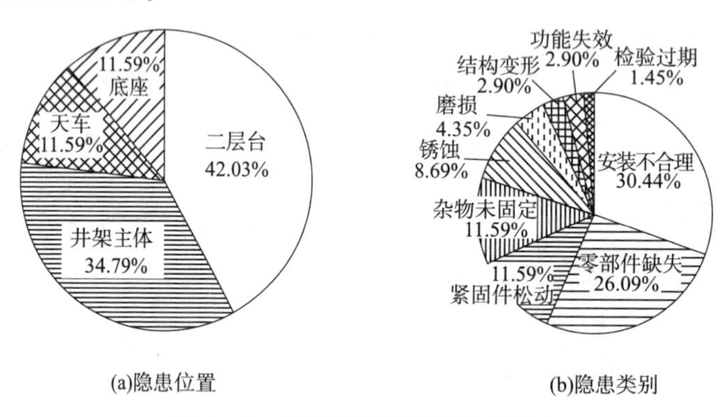

图 4－3 井架及底座隐患分类统计

通过隐患梳理及分类统计，识别出了井架及底座隐患分布规律，对隐患高发部位及常见隐患类型，在井架及底座日常维保及检验检测时要重点关注。

限于目前海洋钻修机井架及底座的隐患数据分析样本量较小，且国内外公开资料亦没有井架及底座隐患数据库，因此，无法得知隐患发生概率等信息。后续可通过常态化的现场安全检查积累大量的隐患数据，分析预测井架及底座发生隐患的趋势及频率，并将分析数据用于井架及底座 FMEA 的风险等级划分和 FTA 事故发生概率计算，可定量评估出在役海洋钻修机井架及底座的风险。

4.3 井架及底座无损检测

4.3.1 磁粉检测

井架及底座在作业时主要承受两种工况：一是频繁的起下钻作业等准静态工况；二是偶然的大吨位解卡作业等动载工况。其中循环地起下钻工况长期作用可能会使井架结构产生疲劳裂纹，而大吨位解卡等作业所带来的冲击荷载可能会产生意想不到的结构裂纹。无论哪种形式裂纹，对井架结构承载能力的影响都需要引起足够的重视。由于结构裂纹多为表面、近表面裂纹，且井架及底座为钢质结构，因此，磁粉检测是发现裂纹的最佳手段。井架及底座的磁粉检测流程如下：

(1)确定检测部位。应选择井架及底座主受力部位、损伤部位、受腐蚀部位、承受交变应力部位等关键焊缝进行磁粉检测。

(2)表面清理。用抛光机将被检关键区域焊缝表面及热影响区的油漆清理至见金属光泽。要确保被检测表面足够干燥和清洁，包括表面上的油脂、氧化皮、铁锈等，避免对最终检测结果造成负面影响。

(3)选择磁化方法。井架及底座结构关键部位焊缝形式有对接焊缝、搭接焊缝、角焊缝和T形焊缝等多种形式，因此，检测设备宜选用磁化方式灵活、操作简便的磁轭作为主要检测设备。

(4)灵敏度试验。结构各部位磁场强度分布不均匀，检测前应当进行磁粉检测系统灵敏度校验，验证所用的检测工艺规程和操作方法是否妥当，了解被检测工件大致的有效检测区。

(5)磁化和喷洒磁悬液

为了提高磁粉检测对比度，在所需检测的焊缝表面喷洒适量反差增强剂，待反差增强剂干后，先用磁悬液润湿焊缝表面，在磁化的同时喷洒磁悬液。现场检测时常采用交流磁轭对焊缝进行交叉磁化。

(6)观察与记录

在磁化及喷洒磁悬液的同时，完成磁痕的观察记录，对于湿法非荧光磁粉，白光照度要求不小于1000lx。

(7)缺陷的评判

首先要鉴别磁痕显示是相关显示还是非相关显示或者伪显示，只有相关显示才是由缺陷引起的。如果确定是相关显示，再判断缺陷的性质是裂纹还是碰伤，然后细分是纵向还是横向缺陷。对检测出的缺陷进行描述时，应尽量完整和准确。

(8)后处理

打磨后部位需要补漆处理。具体补漆程序及验收要求参照相应标准执行。

井架及底座磁粉检测部分关键程序如图4-4所示。

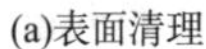
(a)表面清理　(b)喷洒反差增强剂　(c)喷洒磁悬液及磁化

图4－4　井架及底座磁粉检测关键程序

4.3.2　超声测厚

井架及底座结构长期在海洋环境服役，不可避免会发生腐蚀及磨损等现象，进而造成结构件壁厚减薄。壁厚减薄亦是影响结构承载能力的重要原因。为了获知井架及底座关键杆件剩余壁厚，为评估结构现有承载能力提供数据支撑，现场通常利用超声测厚方式来实现（图4－5）。

(a)井架超声测厚　(b)底座超声测厚

图4－5　井架及底座超声测厚

为精确获得井架及底座各杆件的壁厚，提高检测效率，可采用具有穿透涂层测量功能的测厚仪，可避免油漆厚度及腐蚀层等因素对测量结果产生的影响。通过对全数目测观察检测后发现的重点锈蚀区域或其他所测区域，至少选取3点测量，取其最小值作为锈蚀后的构件实际厚度。

4.4　井架承载能力测试

在国家未有统一的井架安全评定标准之前，国内主要采用结构可靠性理论对其进行评估，通过求得可靠性指标判定井架安全性能。我国在推出SY/T 6326《石油钻机和修井机井架承载能力检测评定方法及分级规范》标准后，明确了井架承载能力分级标准、检测评定周期及报废条件，为石油井架承载能力检测评定的具体实施奠定了基础。该标准依据API Spec 4F《钻井和修井井架、底座规范》和AISC 335《钢结构建筑设计规范》推荐的相关理论和方法进行计算评定，规范了实际工程中井架检测评定内容及要求。

4.4.1 应变测试

由于海上钻修井作业强度大，受作业工况的影响，井架承载能力逐年降低，故进行井架承载能力评估愈加重要。再者，自从行业标准 SY/T 6326 出台之后，钻修机井架承载能力评估成为保证井架安全作业的必要程序。

应变测试(有时也称为应力测试)的基本原理是对井架逐级施加大钩荷载(以下简称钩载)，通过布置在井架杆件上的应变传感器实时采集应变数据，并利用线性关系反推井架在设计最大钩载作用下的应力值，利用结构校核公式从强度、刚度及稳定性等方面进行校核。

4.4.1.1 测试方案

(1)测试仪器

目前井架应力测试常采用 BDI 无线应变测试系统(图 4－6)。系统包括应变传感器、节点模块、工作基站及移动电源等。BDI 应变传感器具有高精、智能、便携、高效的优点。系统采用无线测量技术，免除了电缆运输和连接的繁重工作，大大提高了测试效率和测试人员的安全性，非常适合在石油井架等塔架结构中使用。

(2)布点方案

布点位置的确定应依据标准 SY/T 6326 测点布置原则，同时结合现场情况，在满足标准要求的前提下尽量选择现场易操作的位置，一般选择井架二层台及井架大腿两个截面，如图 4－7 所示。单根杆件测点布置原则如图 4－8 所示，应变传感器安装示意如图 4－9 所示。

图 4－6 BDI 无线应变测试系统

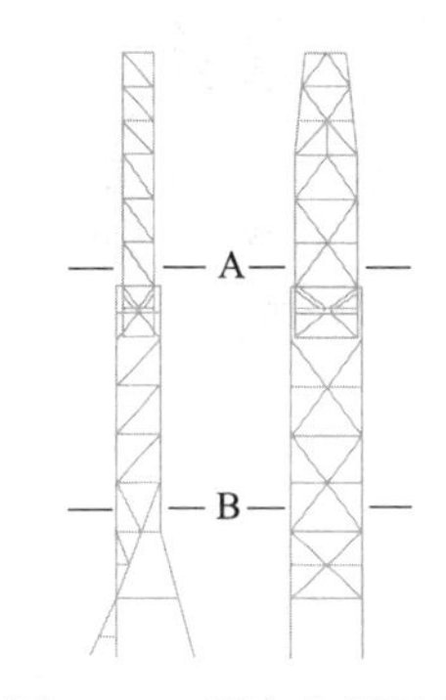

图 4－7 测点布置示意

(3)加载工况

测试荷载为钩载，按要求应不小于设计最大钩载的 20%。为保证数据准确性，重复3 次测试，每次测试不少于 5 个荷载值。测试前仪器初始化调零，加载时每一级荷载静止 30s 以便记录数据。加载方式利用大钩上提钻具或加载工装，通过指重表直接读取施加荷载值。

(4)测试数据采集

按照加载方案进行逐级加载，某次井架应力测试采集的应变数据见图 4－10。

通过提取应变传感器采集的应变数据，线性反推计算出井架在最大钩载作用下的应力值，最后利用结构校核公式进行校核。

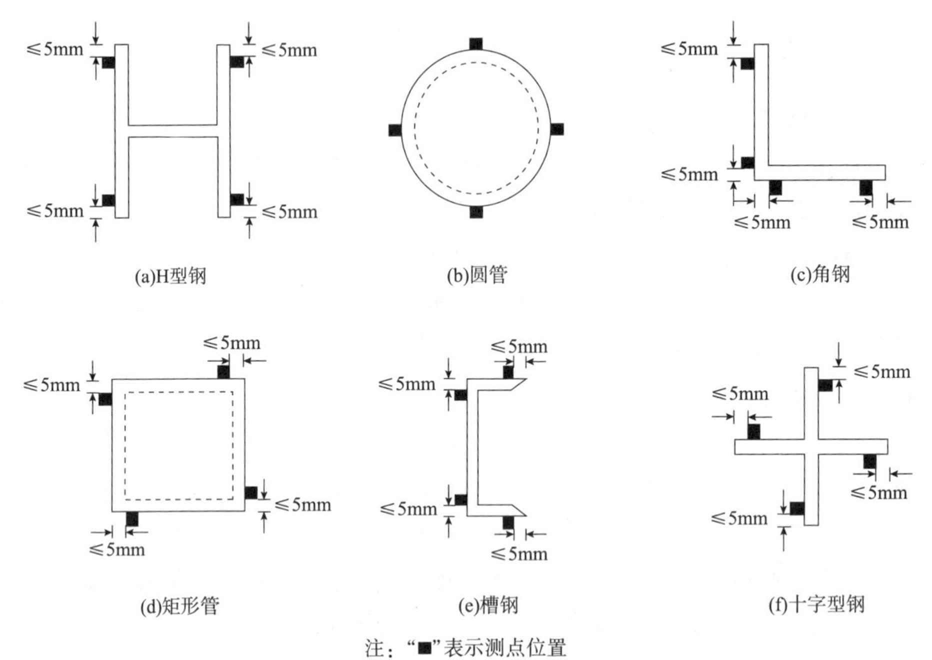

注：“■”表示测点位置

图4-8　单根杆件测点布置示意

图4-9　应变传感器安装示意

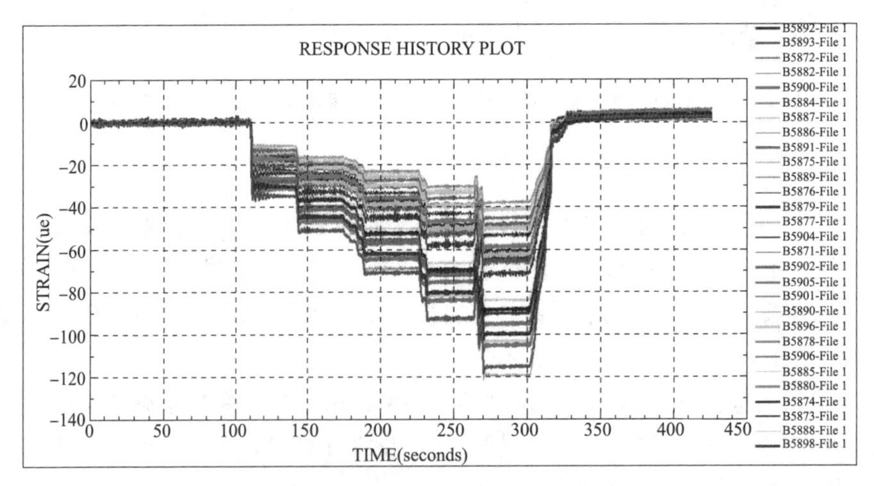

图4-10　荷载-应变曲线图

4.4.1.2 加载工装研制

现场应变测试的关键步骤即对井架加载。在井架进行作业时可利用井下工具(钻具)的自重进行加载；而当现场停工井下无工具时，则需要工装进行辅助加载。为研制出通用性强的新型工装，在充分调研各种海洋修井机结构特点基础上，依据现场应力测试工况，进行了工装设计及加工。

(1)工作原理

在利用工装进行加载时，将工装固定在转盘梁或上底座梁下，工装用索具与大钩连接，通过大钩提升加载而使井架受压缩产生压应力，进而进行应变数据采集。工装工作原理如图 4 - 11 所示。

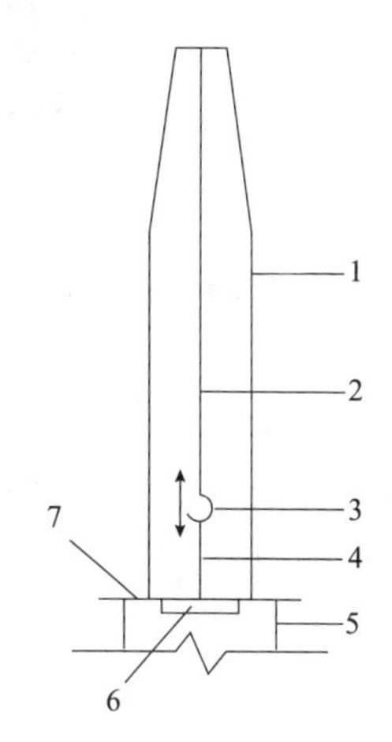

图 4 - 11　工装工作原理示意

1—井架；2—大绳；3—大钩；4—工装配套索具；5—底座；6—工装；7—转盘梁

(2)设计要求

工装设计的最主要参数是要满足承载能力要求。通过调研，海上石油平台修井机主要有 HXJ90、HXJ112、HXJ135、HXJ158、HXJ180、HXJ225 等型号，标准中规定测试钩载应不小于设计最大钩载的 20%。按照标准要求，以井架承载能力最大的 HXJ225 修井机为例，工装设计承载能力应大于 450kN(2250 × 20%)。此外，应力测试时在不超过井架及底座承载能力的前提下，施加的测试荷载尽可能大，以便减小数据误差。因此，综合考虑要求整套工装设计承载能力不小于 800kN，且留有一定的安全余量。

设计加工出两种结构形式的工装如图 4 - 12、图 4 - 13 所示。

所设计加工的工装现场应用表明：工装整体受力稳定，操作方便，适用性强，可大幅提高海洋修井机井架应力测试工作效率。

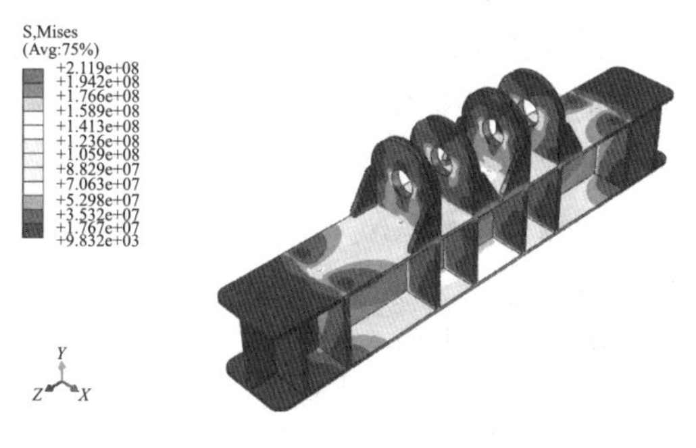

(a)应力分析

(b)现场应用

图 4 - 12　小型加载工装

图4－13　大型组合式加载工装

4.4.2　结构校核

4.4.2.1　校核原理

对于石油钻机、在用修井机井架的承载能力极限状态计算按 AISC 335—1989《钢结构建筑物规范》的规定进行。井架强度应满足公式(4－5)和公式(4－6)的要求。

$$\frac{f_a}{F_a}+\frac{C_{mx}f_{bx}}{\left(1-\frac{f_a}{F'_{ex}}\right)F_{bx}}+\frac{C_{my}f_{by}}{\left(1-\frac{f_a}{F'_{ey}}\right)F_{by}}\leqslant 1.0 \tag{4-5}$$

$$\frac{f_a}{0.60F_y}+\frac{f_{bx}}{F_{bx}}+\frac{f_{by}}{F_{by}}\leqslant 1.0 \tag{4-6}$$

当$f_a/F_a\leqslant 0.15$时，井架强度应满足公式(4－7)的要求。

$$\frac{f_a}{F_a}+\frac{f_{bx}}{F_{bx}}+\frac{f_{by}}{F_{by}}\leqslant 1.0 \tag{4-7}$$

在式(4－5)～式(4－7)中，与下标 b、m 和 e 结合在一起的下标 x 和 y 表示某一应力或设计参数所对应的弯曲轴。

式中 f_a——井架承受设计最大钩载时测试杆件的轴心拉压应力，MPa；

F_a——只有轴心拉压应力存在时容许采用的轴心拉压应力，MPa；

f_{bx}——井架承受设计最大钩载时测试杆件的 x 轴压缩弯曲应力，MPa；

f_{by}——井架承受设计最大钩载时测试杆件的 y 轴压缩弯曲应力，MPa；

F_{bx}——只有弯矩存在时 x 轴容许采用的弯曲应力，MPa；

F_{by}——只有弯矩存在时 y 轴容许采用的弯曲应力，MPa；

F'_{ex}——x 轴除以安全系数后的欧拉应力，MPa；

F'_{ey}——y 轴除以安全系数后的欧拉应力，MPa，采用式(4－8)进行计算；

F_y——材料屈服应力，MPa；

C_{mx}、C_{my}——系数，对于端部受约束的构件：$C_m=0.85$。

$$F'_e=\frac{12\pi^2E}{23\left(Kl_b/r_b\right)^2} \tag{4-8}$$

式中 E——弹性模量，MPa；

l_b——弯曲平面内的实际无支撑长度，mm；

r_b——回转半径，mm；

K——弯曲平面内的有效长度系数。

当只有轴心拉压应力存在时，容许采用的轴心拉压应力 F_a 按下列公式计算。

(1)当任一无支撑部分的最大有效长细比 Kl/r 小于 C_c时，横截面符合 AISC 335—1989《钢结构技术规范补充》1.9 节的规定，其毛截面上的容许拉压应力 F_a 按公式(4-9)计算：

$$F_a=\frac{\left[1-\frac{(Kl/r)^2}{2C_c^2}\right]F_y}{\frac{5}{3}+\frac{3(Kl/r)}{8C_c}-\frac{(Kl/r)^3}{8C_c^3}} \tag{4-9}$$

其中：

$$C_c=\sqrt{\frac{2\pi^2E}{F_y}} \tag{4-10}$$

式中 Kl/r——有效长细比；

l——弯曲平面内的实际无支撑长度，mm；

r——回转半径，mm；

K——弯曲平面内的有效长度系数；

F_y——杆件材料的最小屈服应力，MPa；

C_c——区分弹性和非弹性屈曲的杆件的长细比。

(2)当 Kl/r 大于 C_c时，轴心受拉压构件毛截面上的容许拉压应力 F_a 按公式(4-11)计算：

$$F_a=\frac{12\pi^2E}{23(Kl/r)^2} \tag{4-11}$$

4.4.2.2 校核软件开发

在利用校核公式进行井架承载能力评估工作中，计算过程烦琐、复杂。针对这种状况，基于 SY/T 6326 标准，采用 VB 软件编程开发了井架承载能力评估分级软件，主要用于井架承载能力评估工作中数据处理、计算和结果存储等工作。

(1)软件特点

①数据录入方式简便：后台可存储常见井架基本参数，直接选择并导入后台参数，在此基础上也可对基本参数进行修改，使数据录入工作简便易行。同时，也可通过依次输入基本参数方式录入数据。

②灵活选择试验荷载次数：可根据海上井架承载能力评估工作情况，选择测试点位置和试验荷载次数(一般为 1～5 次)，并录入试验测试数据。

③自动拟合额定荷载下应力值：对输入应力值进行拟合，输出拟合的井架设计最大荷载下应力值、拟合应力图线和拟合应力公式。

④灵活性和可靠性：软件中按照杆件参数-测试数据-计算-结果输出的顺序进行限制，完成上一步工作后才可进入下一步操作，对错误操作通过情况使用 Message Box 进行了限制。

⑤计算结果和数据存储：通过计算，输出 *UC* 值、实际承载能力评级结果等重要参

数，并可对计算过程中重要参数进行存储。

(2)软件结构

软件结构如图4－14所示，软件操作部分界面如图4－15所示。

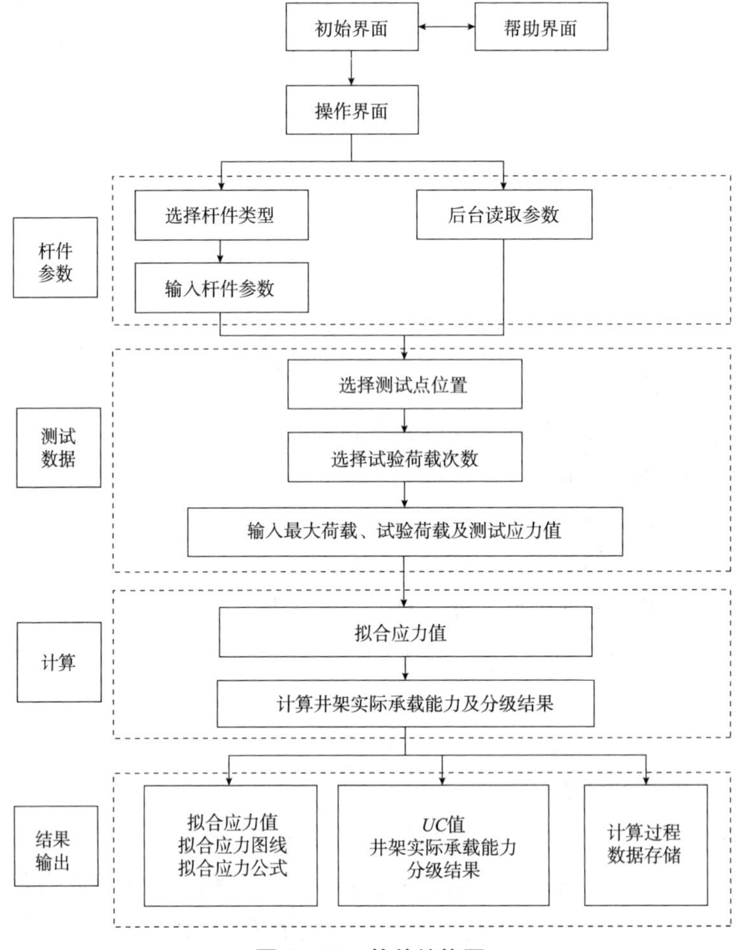

图4－14　软件结构图

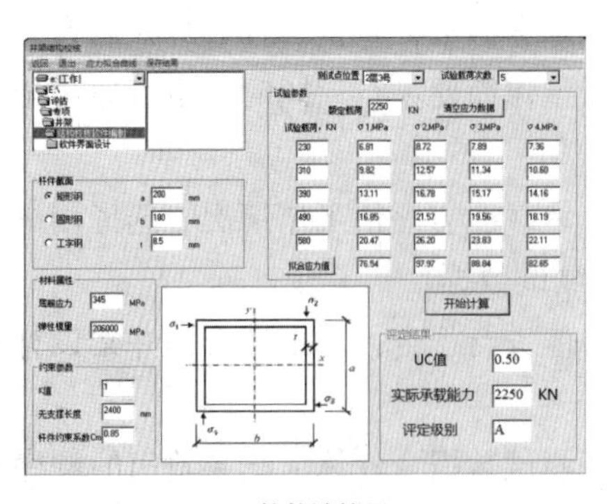

(a)软件计算界面

(b)应力拟合界面

图4－15　井架承载能力评估分级软件界面

依据实例校核结果及验证：

某井架主肢为矩形钢，截面尺寸：长 $a=200\text{mm}$、宽 $b=180\text{mm}$、厚 $t=8.5\text{mm}$，井架上段断面 A 处杆件无支撑长度 $l=2400\text{mm}$，井架下段断面 B 处杆件无支撑长度 $l=2625\text{mm}$。钢材为 Q345A，弹性模量 $E=2.06\times10^5\text{MPa}$，屈服极限 $F=345\text{MPa}$。

将井架相关力学参数、杆件参数及测试数据输入软件中，计算出结构校核系数 UC 值，如表 4－3 所示。

表 4－3　井架结构校核结果

杆件位置	第一次测试	第二次测试	第三次测试
第六节右后腿	0.39	0.43	0.42
第六节左后腿	0.38	0.45	0.43
第六节右前腿	0.50	0.57	0.55
第六节左前腿	0.45	0.53	0.53
第一节右后腿	0.28	0.33	0.32
第一节左后腿	0.28	0.32	0.31
第一节右前腿	0.25	0.25	0.23
第一节左前腿	0.24	0.27	0.26

为验证软件计算程序正确无误，采用其他多种方式对计算结果复验，证明软件计算结果可靠。

4.5 结构仿真分析

现场应变测试能最真实反映井架现有承载能力，但只能评估出井架静载、无风等理想工况下的受力状态，有一定局限性。为全面评估海洋石油钻修机井架及底座安全状况与作业能力，需要对其进行多种工况下的有限元分析，探讨其现有承载能力，以此弥补现场测试的不足。

4.5.1 井架结构有限元模型库建立

由于井架的结构较为复杂，为了减少计算工作量，在使用有限元软件建模时，结合井架的特点，在满足计算精度的情况下，需要对井架的实际结构进行简化，建立出接近实际结构的力学模型。在建立井架模型时做了以下几点假设：

(1)井架本体为三维杆件结构，井架各杆件之间连接可靠，为刚性连接；井架各杆件不仅承受轴向力，而且也承受附加的弯矩作用，因此，可将井架简化为三维空间钢架结构，其单元为三维梁单元；

(2)二层台、天车、井架护栏、护梯、栏杆、二层台撑杆等井架附件，建模时全部去掉，这些附件对井架整体的刚度影响不大，但二层台和天车的质量较大，在建立有限元模型时其质量作用应加以考虑；

(3)对于伸缩式井架，井架上、下体在工作时连接可靠，不发生相互窜动现象。

海洋石油钻修机井架形式多样，空间杆件繁多且杆件截面类型不一，使得井架有限元建模这项基础工作占用了整个仿真分析的近半时间。为减小重复建模的工作量，提高后续井架仿真分析效率，根据现场测量及图纸尺寸，利用有限元软件建立了常见型号井架的三维模型，并形成了井架有限元模型库。模型库基本信息如表4－4所示。

表4－4 井架有限元模型库概况

序号	1	2	3	4	5	6	7
井架型号	HXJ158	HXJ180	HJJ180/31A	HXJ225A/HXJ225B	HJJ315/45－Z1	HJJ450/47T	MHmicBottleNeck，Galvanized
设计最大荷载	1580kN	1800kN	1800kN	2250kN	3150kN	4500kN	4500kN
井架类型	K型伸缩式/修井机	K型直立套装自升式/修井机	K型伸缩式/修井机	K型伸缩式/修井机	K型前开口/模块钻机	塔型/钻机	塔型/钻机
井架模型							

利用建立好的井架有限元模型库，在后续的井架有限元仿真建模时，只需要将井架实际测厚数据在模型中直接修改即可进行计算分析，大幅提高了仿真效率。同时，模型库的形成可用来分析各型井架的结构受力特点，总结分析出各型井架常见受力薄弱部位。

4.5.2 多工况下整体结构分析

为全面评估井架结构的强度、刚度及稳定性，可对井架结构进行静力分析、模态分析及稳定性分析。

4.5.2.1 静力分析

(1)荷载及分析工况

参考API Spec 4F规范，结合修井机现场作业情况，井架及底座包括以下几种荷载工况(表4－5)。

表4－5 井架作业工况

序号	工况类型	工况描述
工况1	最大钩载工况	最大钩载、满立根、正向风速25.21m/s
工况2	最大钩载工况	最大钩载、满立根、侧向风速25.21m/s
工况3	等候天气工况	无钩载、满立根、正向风速47.84m/s

续表

序号	工况类型	工况描述
工况4	等候天气工况	无钩载、满立根、侧向风速47.84m/s
工况5	保全设备工况	无钩载、无立根、正向风速55.04m/s
工况6	保全设备工况	无钩载、无立根、侧向风速55.04m/s

(2)井架钢材力学属性

井架常用钢材为Q345，相关力学性能参数如表4－6所示。

表4－6 井架钢材力学参数

参数	弹性模量/MPa	泊松比	密度/(kg/m³)	屈服极限/MPa
数值	2.06×10^5	0.3	7850	345

(3)边界条件及荷载施加

井架人字架大腿与钻台刚性连接，而钻台刚性很大，因此认为井架底端为固支约束。修井机井架上、下体之间通过销轴联结传递荷载，在有限元模型中通过井架横杆间的节点耦合模拟传递此作用力。

在进行有限元计算时，将井架最大钩载与井架自重组合计算。最大钩载平均分配到井架顶部的四个节点上，即在井架顶部四个节点上，分别沿 Y 轴施加集中力，同时对井架整体施加重力荷载。边界条件及荷载施加示意如图4－16所示。

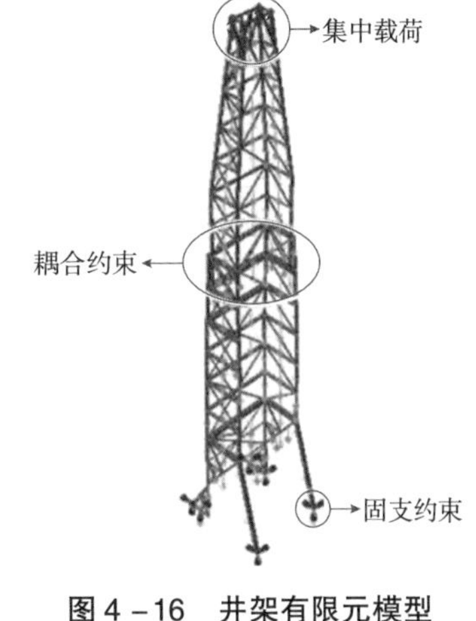

图4－16 井架有限元模型边界条件及加载示意

(4)有限元结果计算分析

在此以某平台修井机井架为例说明。

①有限元计算结果验证

为了验证并修正有限元模型，施加与应变测试工况一致的荷载，有限元计算结果如图4－17所示，有限元计算结果和现场应力测试结果对比情况如表4－7所示。

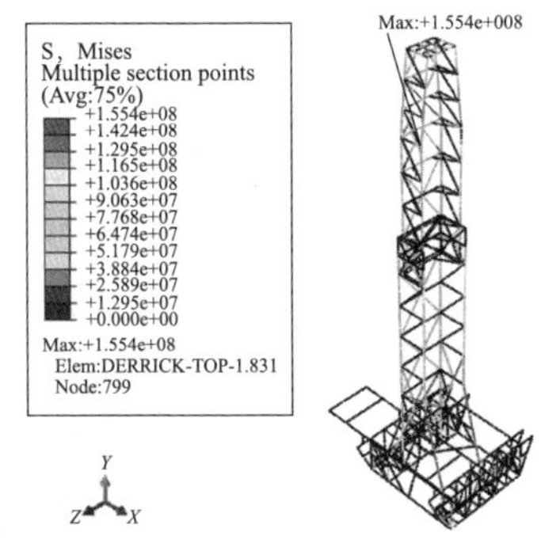

(a)应力云图

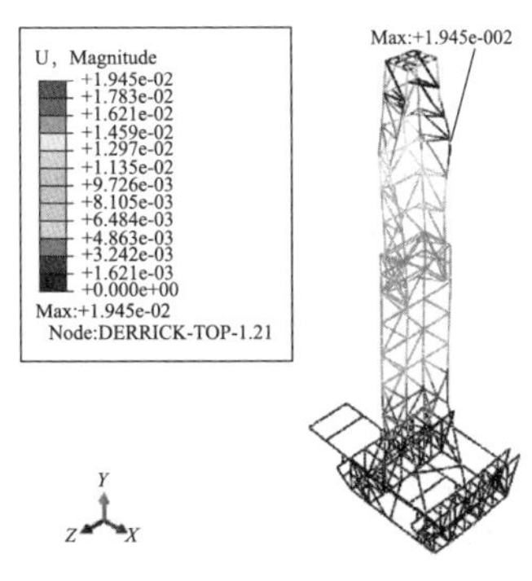

(b)位移云图

图4－17 井架及底座有限元计算结果

表4-7 有限元计算结果与现场应力测试结果对比

井架部位	杆件位置	应力测试数据/MPa	有限元计算数据/MPa	相对误差
井架下段	第一节左前腿	39.65	41.47	4.6%
	第一节左后腿	51.74	48.33	6.6%
	第一节右前腿	37.72	40.56	7.5%
	第一节右后腿	54.86	49.69	9.4%
井架上段	第六节左前腿	88.32	89.02	0.7%
	第六节左后腿	75.29	77.32	2.7%
	第六节右前腿	93.83	90.32	1.1%
	第六节右后腿	74.99	76.88	2.5%

由表4-7可以看出：建立的修井机井架模型承载力测试数据与现场应力测试数据相差很小，说明该有限元模型满足对井架分析的要求，模拟数据可以作为井架研究的参考依据。

②各工况下的分析结果

通过对有限元模型进行修正，对组合的6种工况进行有限元计算，其计算结果如表4-8所示。

表4-8 修井机井架及底座有限元计算结果

工况	井架		底座	
	最大应力/MPa	最大位移/mm	最大应力/MPa	最大位移/mm
1	188.30	46.01	107.5	2.51
2	187.60	25.65	97.71	2.17
3	99.59	129.30	61.71	2.41
4	190.40	72.37	33.95	1.01
5	108.20	149.20	63.82	2.51
6	183.50	72.05	38.46	0.98

通过有限元计算，得到修井机井架在所有工况荷载下的最大应力为190.40MPa，出现在等候天气工况(无钩载、满立根、侧向风速47.84m/s)，位置在人字架与钻台支点。该应力值小于井架所用材料的许用应力，安全系数为1.81。其他工况下最大应力均小于190.40MPa，表明在上述工况下井架强度满足工作要求。所有荷载工况下的最大位移为149.20mm，出现在保全设备工况(无钩载、无立根、正向风速55.04m/s)，位置处于天车顶横梁处。

底座最大应力出现在最大钩载工况(最大钩载、满立根、正向风速25.21m/s)，其应力值为107.50MPa，位于上底座右前主肢处。该应力值小于底座所用材料的许用应力，安全系数为3.21。其他工况下最大应力均小于107.5MPa，表明在上述工况下底座强度满足工作要求。底座最大位移值为2.51mm，出现在上底座左前段，此值相对于底座自身尺寸

而言较小，说明井架整体刚度较大。

4.5.2.2 模态分析

在井架进行钻修井作业起下钻过程中，尤其是在处理事故时使用大吨位荷载时，井架所受到的冲击力会使其产生剧烈振动。为分析出井架的振动特性，可采用模态分析方法。由于井架结构刚度较大，因此，其振动频率低，故分析其前8阶振动固有频率和振型即可。某井架前8阶振动振型和固有频率分别如图4－18和表4－9所示。

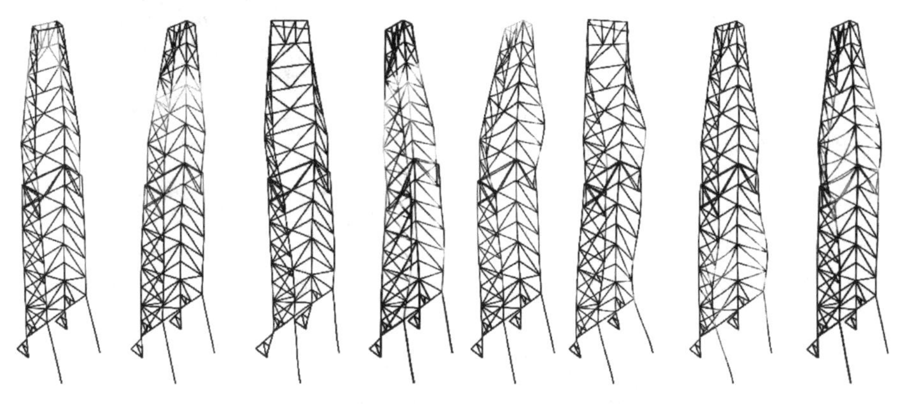

图4－18 井架前8阶模态振型图

表4－9 井架前8阶固有频率

模态	1	2	3	4	5	6	7	8
频率/Hz	1.9283	2.5703	4.1954	7.5688	8.5123	9.2759	9.4899	11.214

由表4－9可见：井架的固有频率较低。在设计及使用修井机其他机械设备时，尽量避免与井架固有频率相同或相近，以免发生共振对井架结构造成影响。

4.5.2.3 稳定性分析

井架结构主要受力构件以压弯为主，要保证井架安全工作，不但要满足强度及刚度要求，稳定性亦很重要。尤其井架安装后如有井架不平齐或大钩不对中等状况，使得井架受力偏心，井架受弯曲作用明显，结构稳定性问题更为突出。进行稳定性分析，可以应用有限元软件进行线性屈曲分析，得到该井架的极限荷载，将该临界荷载作为非线性稳定性分析的参考值。通过有限元计算，提取某井架前5阶屈曲模态如表4－10所示。

表4－10 井架前5阶屈曲模态

阶数	1	2	3	4	5
比例因子 λ	3.7542	4.1977	5.0758	5.2161	5.2434
极限荷载/kN	5631.30	6296.55	7613.70	7824.15	7865.10

分析表明：井架一阶失稳时承受的钩载为5631.30kN，远大于该井架的最大钩载，说明井架结构稳定性高，在设计最大荷载作用下不会失稳破坏。

4.5.3 井架结构缺陷应力分析

通过大量井架现场安全检查可以发现井架会存在诸多结构缺陷，主要包括锈蚀穿孔、结构裂纹及结构变形三种，这些结构缺陷会严重影响井架整体的承载能力。通过对局部缺陷的仿真分析，得出了缺陷部位对结构承载的影响规律，可为井架的修复及维保提供参考。

4.5.3.1 锈蚀穿孔

某修井机井架服役年限较久，井架结构外观检查问题明显，甚至有部分横撑存在锈蚀穿孔现象，某穿孔杆件如图4－19所示。

图4－19 某井架穿孔杆件

为分析杆件穿孔对杆件受力状态的影响，选取某带穿孔横撑，对比腐蚀穿孔前后杆件受力情况(图4－20)。

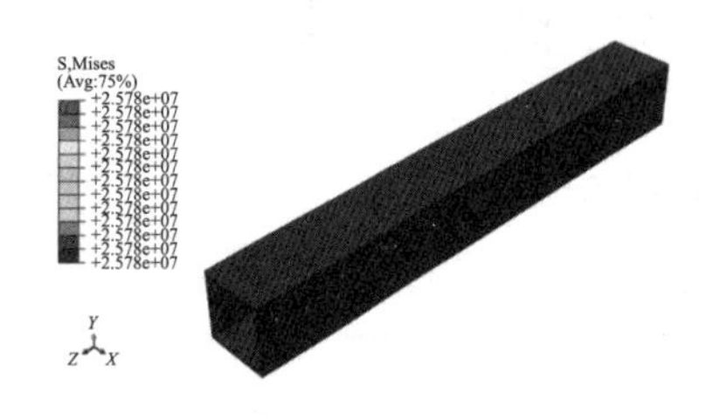

(a)某横撑正常状态应力云图

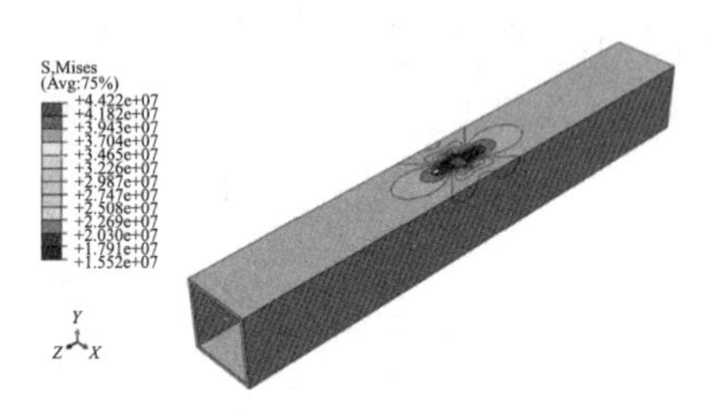

(b)某横撑穿孔后应力云图

图4－20 井架某穿孔杆件应力云图

由图4－20可见，在杆件正常状态下应力分布均匀，等效应力为25.78MPa。当受到腐蚀有穿孔后，杆件有明显的应力集中现象，出现的最大应力为44.22MPa，可见穿孔对杆件受力有非常大的不利影响，在对井架做安全评定时要格外关注，穿孔位置同样是加固修复的重点关注部位。

4.5.3.2 结构裂纹

裂纹的存在会严重影响井架结构的承载能力。为评估某模块钻机井架产生裂纹的风险，在对井架进行整体有限元分析的基础上，采用扩展有限元方法分析了裂纹扩展规律。为了验证井架修复后的结构强度，对井架修复局部进行了结构校核。

(1)井架裂纹缺陷概述

某模块钻机井架为K型前开口井架，井架高度为46.40m，设计最大荷载为3150kN。在某次钻井作业过程中，由于突然出现较大吨位冲击荷载，导致井架晃动较大，后经现场检查，发现井架右侧后立柱的腹板出现裂纹及变形。其中裂纹长度约450mm；腹板出现鼓出现象，鼓出部位长度约800mm，鼓出高度20mm；H型钢翼板出现张口现象，张口约6mm。井架缺陷状态如图4－21所示。

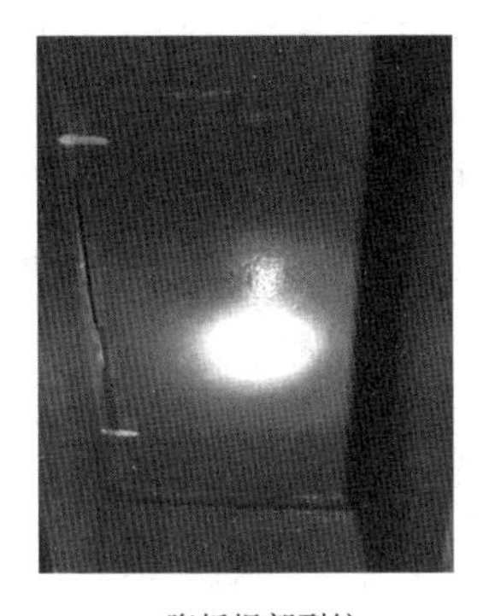

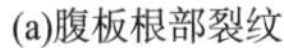

(a)腹板根部裂纹

(b)H型钢翼板张口

图 4－21 井架结构缺陷

(2)井架裂纹扩展分析

扩展有限元法(XFEM)对于结构内的几何或物理界面并不需要进行网格划分，是迄今为止求解含有夹杂物等不连续力学问题最有效的数值方法，它既避免了常规有限元在裂纹尖端等高应力区或变形集中区需要进行高密度细化网格的做法，又避免了在模拟裂纹扩展时需要满足的网格重划分、裂纹面与单元边界一致性要求。因此，扩展有限元法裂纹扩展路径不依赖于单元边界，裂缝是从单元内部断开，更符合工程实际。

扩展有限元基本思想就是在裂纹影响区域，通过引入加强函数来改进传统有限元位移空间。主要基于插值函数单元分解的思想，建立了适合于描述含裂纹面的近似位移插值函数：

$$u(x)=\sum_{i\in N}N_i(x)u_i+\sum_{j\in N_{\mathrm{disc}}}N_jH(x)a_j+\sum_{k\in N_{\mathrm{asy}}}N_k\left[\sum_{a=1}^{4}\varphi_a(x)b_k^a\right] \tag{4-12}$$

式中 N——所有常规单元节点的集合；

N_{disc}——裂纹面贯穿的单元内节点的集合；

N_{asy}——裂纹尖端所在单元内节点的集合；

u_i、a_j、b_k^a——常规单元节点、贯穿单元节点和裂尖单元节点的位移；

(x)——跳跃函数；

$\varphi_a(x)$——裂尖渐进位移场附加函数，反映裂尖的应力奇异性。

利用节点变分的任意性，XFEM 离散线性方程组与常规有限元一样可表示为：

$$Kd=F \tag{4-13}$$

式中 K——整体刚度矩阵；

d——节点位移列向量；

F——等效节点力列向量。

为了得知井架裂纹存在的风险，建立了破坏部位局部模型并进行了裂纹扩展分析。根据现场测量数据，将长度为 $2a=450\text{mm}$(a 为裂纹半长)、深度 $b=12\text{mm}$ 尺寸的穿透型裂纹嵌入井架局部模型上。为保证计算精度，同时提高计算效率，对裂纹扩展方向进行网格细化。模型采用六面体网格，井架裂纹扩展有限元(XFEM)模型如图 4－22 所示。

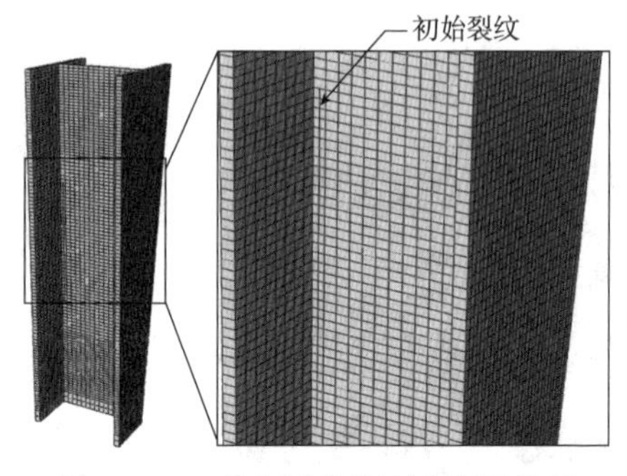

图4－22 井架裂纹扩展有限元模型

井架模型参数如下：以最大主应力失效准则作为损伤起始的判据，最大主应力为84.4MPa，损伤演化选取基于能量的、线性软化的、混合模式的指数损伤演化规律，设置断裂能 $G_{1C}=G_{2C}=G_{3C}=43300\text{N/m}$，$\alpha=1$。

提取井架整体应力分析时井架破坏部位顶部的位移，以位移荷载方式施加到缺陷部位局部模型顶部，计算出含裂纹缺陷局部井架的受力状态，如图4－23所示。由图可见，在井架设计最大钩载工况下，井架存在的裂纹不会继续扩展，但裂纹尖端应力集中现象明显。

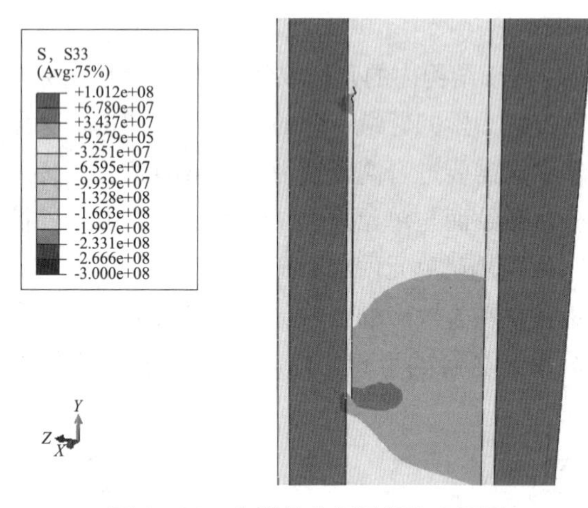

图4－23 含裂纹井架局部应力云图

为了分析裂纹在井架不同变形量作用下的扩展规律，进行了多种位移荷载作用下的裂纹扩展分析，如图4－24所示，通过计算提取STATUSXFEM参数可直观体现裂纹扩展的状态。STATUSXFEM是表征扩展单元状态的参量，取值范围为0～1。当值为0时表示单元不含裂纹；当值在0～1之间时表示单元部分裂开，裂纹是黏性裂纹；当值为1时表示单元完全裂开。

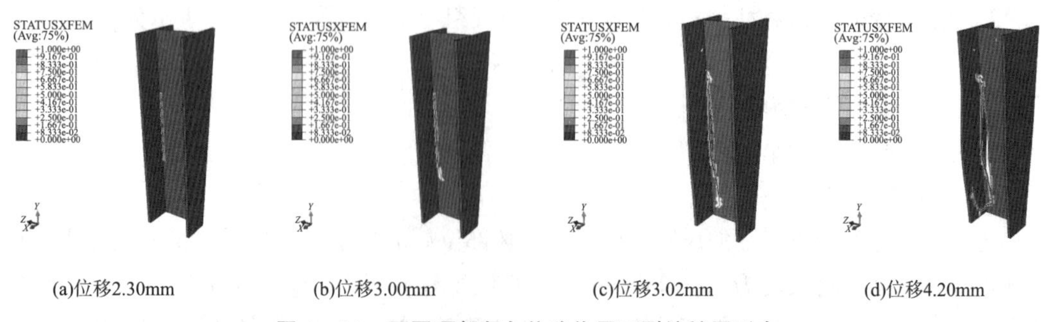

(a)位移2.30mm (b)位移3.00mm (c)位移3.02mm (d)位移4.20mm

图4－24 不同顶部竖向位移作用下裂纹扩展形态

由图4－24可见，当井架承受的顶部位移荷载增大时，井架裂纹会逐步进行扩展。当

顶部竖向位移达到2.30mm时，井架裂纹开始向下方开裂；当竖向位移达到3.00mm时，井架裂纹上边缘开始向上方开裂；当竖向位移达到3.02mm时，井架裂纹突然间迅速扩展，并且裂纹扩展方向有向翼缘转向的趋势；当竖向位移达到4.20mm时，井架裂纹已经由腹板扩展到翼缘位置，整个结构完全处于失效状态。由此可见，随着井架压缩变形量的增加，裂纹会有进一步扩展的趋势。

(3)井架修复后安全评估

通过井架生产厂家、井架使用单位及第三方认证机构多方沟通研究，最终确定了由厂家提供的修复方案，修复设计图纸如图4-25所示。该修复方案是在修复存在裂纹的基础上，在井架大腿截面上增加了多个加强板，从而提高了横截面积及抗弯刚度，进而增加井架截面承载轴向应力及弯曲应力的能力。现场按照该修复方案修复后的局部结构如图4-26所示。

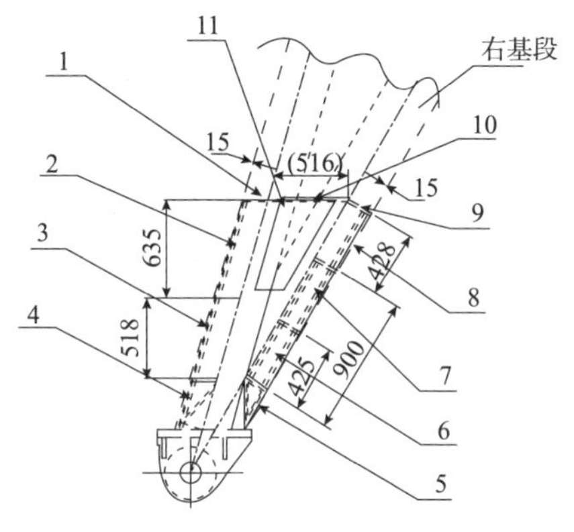

图4-25 修复方案图

1—筋板；2—封板；3—封板；4—封板；5—封板；6—封板；7—封板；8—封板；9—筋板；10—封板；11—加强板

图4-26 修复后井架实体

为了验证修复后的井架右后立柱结构受力特点，根据修复设计图纸，建立了修复部位局部模型并进行强度分析。提取井架整体应力分析时井架修复大腿顶部的位移，施加到该模型，可以得到下井架修复大腿局部的应力分布。

由图4-27可见：修复后的井架右后立柱大腿局部最大应力处于轴销穿孔部位及井架

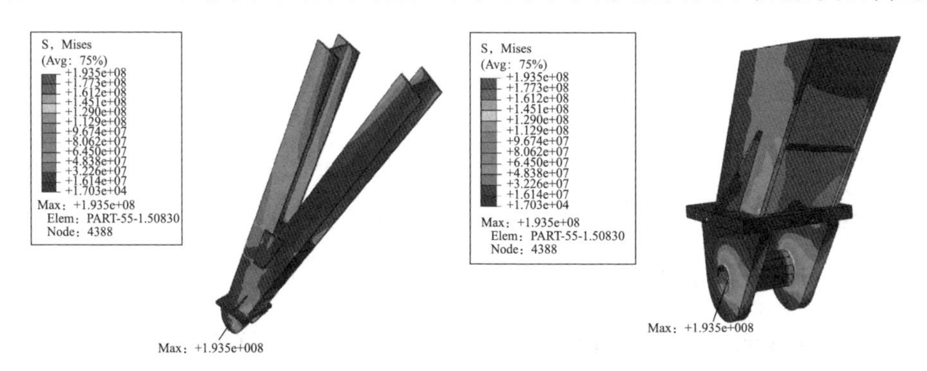

图4-27 井架大腿修复后最大钩载下应力云图

根部，最大应力值为193.50MPa，小于井架的许用应力206.59MPa，满足强度要求。应力云图提示的高应力区需要在后续作业工程中加强关注。

4.5.3.3 结构变形

图4-28 井架下弯变形横梁

在某修井机年检时发现井架上体一处横梁存在下弯变形(图4-28)，由于该位置现场检验人员无法抵近观察和对其进行探伤，也无法判断该处变形对于井架结构安全性和承载能力的影响。通过有限元分析，可以评估出该处的受力状态。

由井架整体仿真分析结果可知：井架横撑和斜撑的应力情况均较小，其作用主要是保证井架整体的稳定性。通过提取有限元分析结果(图4-29)可以得出，弯曲横梁杆件最大应力为87.43MPa，远小于屈服应力345MPa，安全系数为3.95。因此，推断井架横梁变形并非井架受力造成的，而是外力碰撞造成。

为了分析横梁变形后对井架受力状态的影响，取极端条件进行分析，即将此处横梁去除后进行有限元计算，图4-30结果显示缺少此根杆件对井架杆件整体受力状态影响不明显，说明井架横梁变形对井架承载能力的影响较小。

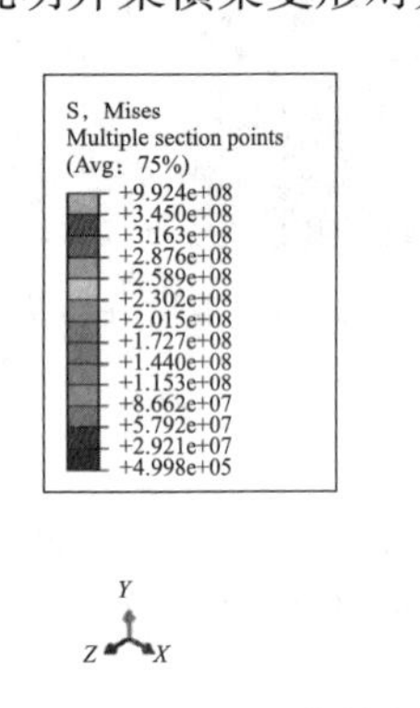

图4-29 正常状态下井架应力云纹图

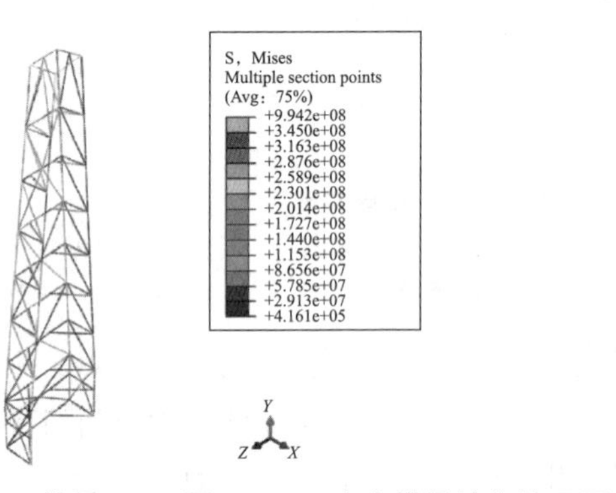

图4-30 弯曲横梁缺失情况下应力云纹图

4.6 故障类型及影响分析

采用FMEA法可以发现井架及底座在服役过程中潜在的故障模式及隐患类型，进而找出原因并提出相应措施，以便减少由于井架及底座状态不良而引发的事故。

4.6.1 FMEA编制

通过统计分析近年海洋钻修机井架及底座现场安全检查的隐患数据，结合SCL及使用维保手册等资料，同时充分考虑海洋钻修机井架及底座的各种结构类型，按照FMEA的步骤和要求，编制了井架及底座FMEA表(表4-11)。

表 4－11 井架及底座 FMEA 表

<table>
<tr><th>子系统</th><th>元件</th><th>功能</th><th>故障类型</th><th>故障原因</th><th>故障影响</th><th>措施</th></tr>
<tr><td rowspan="4">底座</td><td>滑移系统</td><td>实现井架及底座整体横向及纵向移动</td><td>①轨道磨损、变形；
②液压缸渗漏</td><td>①安装不合理；
②外力作用</td><td>井架不能移到预定井位</td><td rowspan="13">①合理安装；
②规范操作；
③定期维保</td></tr>
<tr><td>下底座</td><td>①提供安装井口装置的空间；
②承受钻井工作荷载及设备的自重荷载</td><td rowspan="3">①结构锈蚀、裂纹及变形；
②紧固件松动</td><td rowspan="3">①操作不合理；
②工作液及环境腐蚀；
③外力作用</td><td rowspan="3">井架底座整体结构失稳</td></tr>
<tr><td>上底座</td><td>承受钻井工作荷载及设备的自重荷载</td></tr>
<tr><td>钻台</td><td>提供钻修井作业操作平台</td></tr>
<tr><td rowspan="4">井架主体</td><td>伸缩油缸</td><td>实现井架上体伸缩</td><td rowspan="2">液缸渗漏</td><td rowspan="2">密封部件老化</td><td>井架上体不能伸缩就位</td></tr>
<tr><td>起升油缸</td><td>实现井架的立起和放倒</td><td>井架无法起立或放倒</td></tr>
<tr><td>主体结构</td><td>①支撑天车；
②悬挂顶驱、游车等起升设备</td><td rowspan="2">①结构锈蚀、裂纹及变形；
②紧固件松动</td><td rowspan="2">①操作不合理；
②环境腐蚀；
③外力作用</td><td rowspan="2">井架结构失稳</td></tr>
<tr><td>承载机构</td><td>将井架上体承受的所有荷载传递给井架下体</td></tr>
<tr><td rowspan="5">二层台</td><td>撑杆</td><td>支撑、固定二层台结构</td><td>结构锈蚀、裂纹及变形</td><td>环境腐蚀</td><td>二层台结构失稳</td></tr>
<tr><td>挡风墙</td><td>遮挡二层台部位横风</td><td>紧固件松动</td><td>①井架振动；
②环境荷载作用</td><td>高空落物</td></tr>
<tr><td>走台</td><td>井架工通往操作台的通道</td><td>台面锈蚀、磨损</td><td>环境腐蚀</td><td>高处坠落</td></tr>
<tr><td>操作台</td><td>井架工上卡、解卡及排放立根的工作台</td><td>结构锈蚀、裂纹及变形</td><td>①环境腐蚀；
②游车等外力作用</td><td>①高处坠落；
②高空落物</td></tr>
<tr><td>指梁</td><td>约束立根盒中的立根</td><td>结构锈蚀、磨损、裂纹及变形</td><td>立根等外力作用</td><td>高空落物</td></tr>
</table>

续表

子系统	元件	功能	故障类型	故障原因	故障影响	措施
天车	防碰装置	避免游车大钩直接撞上天车，起缓冲作用	功能失效	①控制系统故障； ②防碰枕木缺失	顶天车事故	①合理安装； ②规范操作； ③定期维保
	天车台	①安装天车滑轮组和快绳滑轮； ②供维修或安装天车的工作台	结构锈蚀、裂纹及变形	①顶天车事故； ②结构过载； ③环境腐蚀	①天车结构失效； ②高处坠落	
	滑轮组	承受最大钩载和快绳、死绳的拉力，并把这些荷载传递到井架和底座上	滑轮槽磨损，轴承磨损	①设备老化； ②工作频率大	①钢丝绳跳槽； ②游车坠落	
	升沉补偿装置	解决深水钻井平台的升沉运动补偿问题，保持井底钻压的稳定和提高钻井效率	功能失效	动作频繁	井底钻压异常	
附属设备	笼梯	用于人员到达二层台和天车顶部实施作业或检修	锈蚀、变形	①环境腐蚀； ②外力作用	①高处坠落； ②高空落物	
	栏杆	防止人员坠落	松动、变形	①环境腐蚀； ②外力作用	①高处坠落； ②高空落物	
	防坠器	防止在井架高空作业人员发生高处坠落安全装置	功能失效	①环境腐蚀； ②使用不合理	高处坠落	
	逃生器	供井架二层台的工作人员在钻井作业中遇到紧急情况时逃生之用	功能失效	①环境腐蚀； ②使用不合理	高处坠落	
	绷绳	防止井架倾倒	锈蚀、磨损	环境腐蚀	井架失稳	

FMEA 明确了井架及底座常见故障类型及故障原因，分析结果可为其优化设计、升级改造、维护保养及风险辨识等方面提供参考。

4.6.2 FMEA 应用案例

渤海某平台修井选用液压举升装置进行作业，并为其专门设计了底座。为确保该底座首次使用的安全性，参照 FMEA 表进行了安全评估，并采用专家打分法进行风险等级的评定。底座 FMEA 分析结果如表 4－12 所示，相关故障(隐患)部位如图 4－31 所示。

表 4 –12　某液压举升装置底座 FMEA 表

子系统	元件	故障类型	故障原因	对系统影响	故障等级	措施
底座	滑移系统	滑鞋处没有垫片	设计不合理	底座无法固定	Ⅲ（临界性）	增加垫片。在滑鞋移动时将垫片插入，上紧螺栓；在修井作业时，将垫片抽出，上紧螺栓
	下底座	两根主梁的四块腹板的拼接焊缝在同一截面上，并且是垂直焊缝	设计不合理	结构破坏	Ⅱ（严重性）	确认此处是否是拼接焊缝。如是腹板拼接焊缝，校核设计计算书中主梁在此处的强度
	上底座	防喷器安装后，一侧支撑横梁无法安装，降低了底座结构移定性	设计不合理	结构失稳	Ⅱ（严重性）	在比原位置更高一些部位加装横梁
	钻台	操作台与上底座的连接及固定效果差	安装不合理	操作台倾覆	Ⅲ（临界性）	选用合适的连接方式及连接件，确保操作台与上底座连接牢固

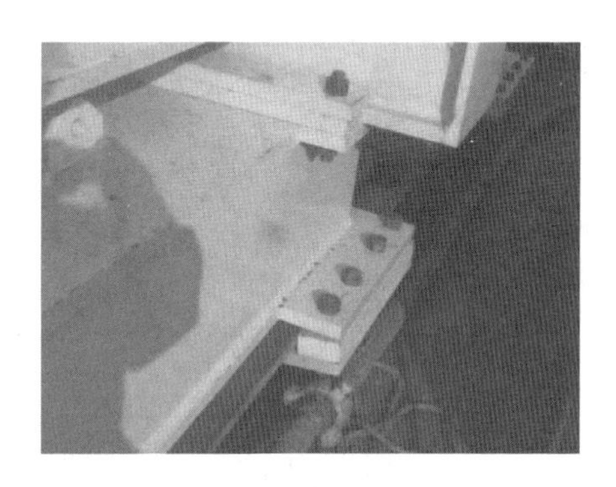

(a)滑移系统滑鞋缺少垫片

(b)下底座主梁焊缝位置不合理

(c)上底座横撑未安装

(d)操作台与上底座连接不合理

图 4 –31　某修井用液压举升装置底座隐患示意

依据液压举升装置底座 FMEA 分析结果，设计单位、平台方及作业者等相关方代表进行了讨论，对隐患分等级制订了限时整改措施。

4.7 事故树分析

井架所覆盖范围属于海洋钻修机高风险区域，该区域易发生因井架存在的隐患而引起人身伤害事故。在此，基于现场安全检查的隐患类型的特点，参照井架 FMEA 的结果，对井架易引起的事故作为顶事件进行 FTA 分析，以期发现由于井架引起事故的原因，预防同类事故的再次发生。

4.7.1 井架高处坠落 FTA

在常规起下钻作业过程中，井架工每日要多次爬、下井架，并长时间在二层台进行上卡、解卡及排放立根等操作；在设备停用期间，井架工也会在井架、二层台、天车等位置进行维保作业。此外，在非作业期间，进行井架及底座结构检验检测及维修改造时，专业工程师也会在井架高处进行相关作业。井架高处作业稍有不慎即有可能发生高处坠落事故，为分析事故原因，在此以在井架高处坠落作为顶事件建立事故树模型，如图 4 – 32 所示。

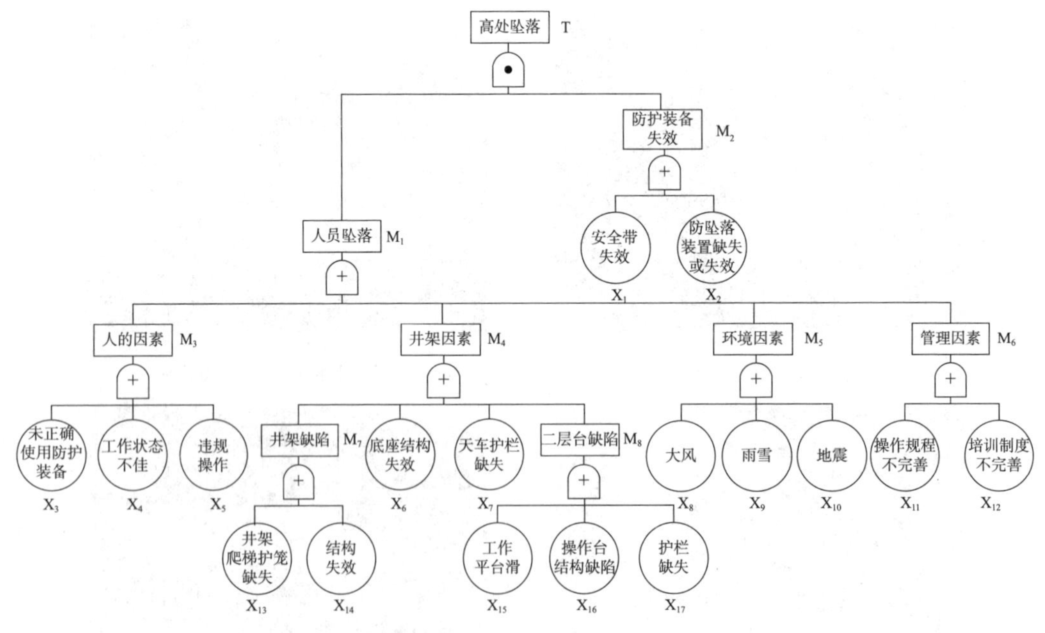

图 4 – 32 高处坠落事故树

由井架高处坠落事故树可见：若要预防井架高处坠落事故的发生，除了要确保井架配备的防护装备安全有效外，更重要的是要减少作业人员发生坠落的风险。可以从人员、井架本身、环境及管理角度多方面采取措施，其中重点是要确保井架本身不存在结构缺陷。

4.7.2 井架高空落物 FTA

在海洋石油钻修井作业时，钻台是完成连接井下工具、调试设备等工序的主要作业区域，也是作业人员长期暴露的区域。井架如果存在零部件松动现象或存在其他可坠落物，很容易引起高空落物事故，进而砸到钻台区域的作业人员或设备。为了分析井架高空落物事故原因，在此以在井架高空落物作为顶事件建立事故树模型，如图 4 - 33 所示。

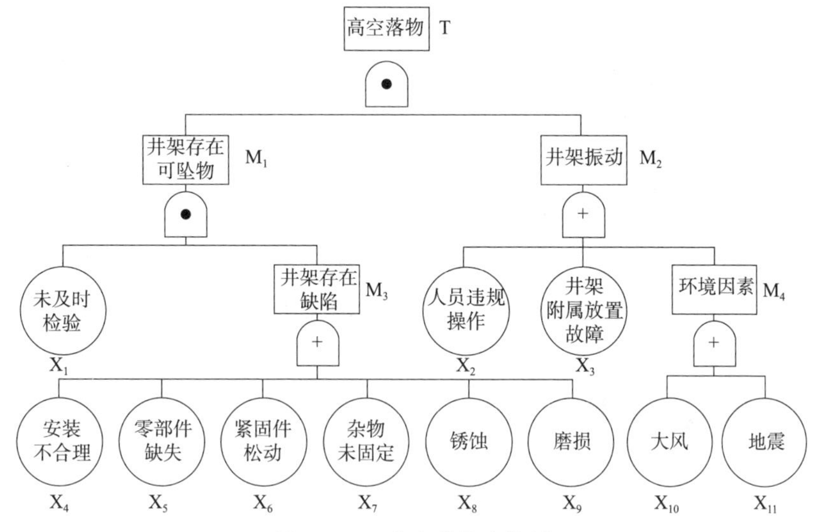

图 4 - 33 高空落物事故树

由井架高空落物事故树可见：若要预防井架高空落物事故的发生，除了环境因素不可控外，可以从及时检验确保井架设备状态安全及规范人员操作两个大的方向进行风险管控。

4.7.3 井架失效倒塌 FTA

井架作为空间钢架结构，长期承受大钩荷载及海洋环境荷载等组合作用。随着服役时间的延长，结构部件逐渐老化，增大了井架结构服役期间失效的可能性，进而引起整体倒塌，造成严重的工程事故。为分析出井架倒塌可能发生的原因，预防井架倒塌事故的发生，在此以井架失效倒塌作为顶事件建立事故树模型，如图 4 - 34 所示。

由井架失效倒塌事故树可见：若要预防井架倒塌事故的发生，需要从两个方面采取措施。一方面是要避免井架的异常荷载：针对环境荷载，需要在有异常天气或地质状况时提前停止作业，并采取甩立根或井下悬挂钻具等适当的技术措施来克服环境荷载对结构带来的不良影响；而对于人员误操作及井下异常造成的过载，则需要加强司钻等作业人员的培训及优化施工工艺来避免。另一方面是要确保井架本身不存在影响结构强度的缺陷，这需要加强日常维保来提高井架的本质安全性。

通过对井架高处坠落、井架高空落物及井架失效倒塌进行 FTA 分析可见：井架结构本身的缺陷及故障均是三类事故发生的主要隐患。因此，在海洋钻修机井架服役期间，需要重点加强维保及检验，确保井架的本质安全。

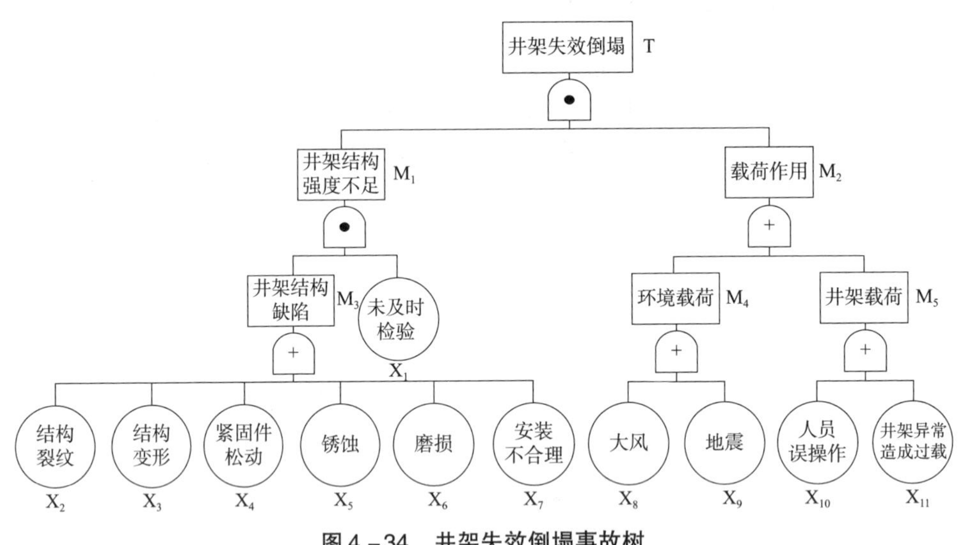

图 4-34　井架失效倒塌事故树

4.8　模糊综合评价

当前，钻修机井架作为钻完修井作业主要承载结构装备，普遍服役年限较久，使得各方对其服役安全现状也越重视，经常进行定期或不定期的检验评估工作。在工程实际中，井架检验检测的方式有八大件年检、作业前安全检验评估、井架应力检监测等。其中八大件年检、作业前安全检验评估并不能给出井架量化评估值，无法对井架进行分级；而应力检监测虽然可以给出井架的具体等级，但最终评级只是考虑了基于应变测试计算的剩余承载能力，并没有充分结合结构的完整性，考虑因素不够全面。这使得在实际井架检测工作中，多次出现过井架老化严重而现有荷载等级评级较高的情况，使得资产所属单位在使用中有所顾虑。

鉴于此，需要提出一个更加完善的钻修机井架安全分级方法来指导现场对其进行合理的分级管控。通过调研分析梳理出影响钻修机井架安全性能的主要因素，采用层次分析法确定了影响因素的权重，并建立了适用于海洋钻修机井架的模糊综合评价模型。以渤海油田 H 平台老旧修井机井架为例进行了实际应用，量化评估出了该井架的安全等级。

4.8.1　井架结构安全性能影响因素分析

钻修机井架作为长期服役于复杂工况下的钢结构，影响其安全性能的因素较多，其中最主要的为现有承载能力、结构损伤、腐蚀锈蚀、服役年限四个影响因素。

(1) 现有承载能力

钢结构最严重的失效形式是承载能力不足。在钻、完、修井作业时，如若井架大钩荷载接近或超出井架现有实际承载能力，可能会造成结构件塑性变形，持续下去会引起整体结构失稳倒塌。

(2)结构损伤

在结构传力方面如果存在影响其承载性能的损伤，如结构及构件的变形、裂纹和材料劣化等缺陷，会改变钢构件原有的受力状态，甚至产生脆性破坏倾向。

(3)腐蚀锈蚀

由于钢质井架长期在海洋大气环境下服役，不可避免地会产生腐蚀及锈蚀现象。其中均匀腐蚀会造成结构件壁厚减薄，腐蚀锈蚀严重还会造成杆件穿孔的严重情况，产生应力集中现象。如果壁厚减薄或锈蚀穿孔部位处于结构主承载件上，将会对整体结构的安全性造成重要影响。

(4)服役年限

井架主体是由各种型钢通过焊接、拴接等多种方式连接组合而成的。即便海洋钢结构都经过了结构耐久性的设计，但随着服役年限越长，疲劳失效的可能性就越大，结构各种功能下降亦不可避免。因此，在老旧钻修机设备资料缺失无法准确获知井架累计作业量(进尺)的情况下，井架服役年限数据对评价井架的安全性就显得格外重要。

4.8.2 井架模糊综合评价模型建立

(1)层次结构划分

结合钻修机井架安全性影响因素分析，选取服役年限、腐蚀及锈蚀、结构损伤、现有承载能力四个指标进行模糊综合评价模型建立。利用层次分析法建立海上钻修机井架安全等级评价指标体系，如图4－35所示。

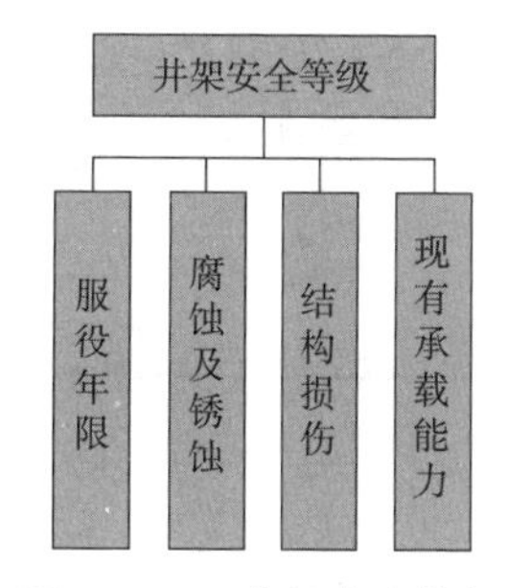

图4－35 井架安全等级评价指标

(2)建立评语集

本次将评价对象钻修机井架安全等级分为A、B、C、D四个级别，建立评语集V＝(安全，不显著影响安全，显著影响安全，已严重影响安全)，并对其赋值为：V＝(4，3，2，1)。评级标准如表4－13所示。

表4－13 井架的安全性评级标准

级别	分级标准	是否采取措施	具体措施
A	安全	不必采取措施	—
B	不显著影响安全	可不采取措施	定期检验
C	显著影响安全	应采取措施	消除缺陷、加固维修
D	已严重影响安全	必须立即采取措施	报废或升级改造

在表4－13中已结合钢结构及钻修机通常管理做法简要给出不同等级井架所需要采取的对应措施，但对于不同影响因素造成的井架安全等级降低还需要区别处理。如：井架服役年限较久，需要密切关注结构件老化程度；腐蚀现象严重则需要及时进行防腐处理；遇结构损伤问题可维修或局部更换部件；承载力不足需将井架及时报废，当业主不建议报废时可经升级改造后重新进行全面评估或降级使用，满足要求后方可继续使用。

(3)指标权重计算

采用“1－9标度法”邀请相关领域专家对钻修机井架安全性能影响因素进行权重赋值。为确保赋值的客观性及全面性，确定专家人选时充分考虑了专家的擅长领域及专家人数。最终从钻修机使用单位、钻修机设计及生产厂家，第三方检验咨询机构以及钻修机维保单位等领域选定了共计15位专家。专家打分确定的最终井架安全性能影响指标权重如表4－14所示。

表4－14　井架安全性能影响指标权重

参数	重要度排序	权重平均值
现有承载能力	1	0.5285
结构损伤	2	0.2638
锈蚀及腐蚀	3	0.1246
服役年限	4	0.0831

(4)评价隶属度矩阵确定

本次在建立隶属度矩阵时充分参照相关的标准条目量化确定，使得分级结果更加客观。

①现有承载能力分级依据

依据SY/T 6326—2019《石油钻机和修井机井架承载能力评定方法及分级规范》8.1中的规定，井架现有承载能力分为四级：其中评定为D级的井架应报废。分级准则如表4－15所示。

表4－15　现有承载能力分级准则

等级	说明
A	测评钩载≥设计最大钩载的95%
B	设计最大钩载的85%≤测评钩载＜设计最大钩载的95%
C	设计最大钩载的70%≤测评钩载＜设计最大钩载的85%
D	测评钩载＜设计最大钩载的70%

②结构损伤分级依据

依据标准SY/T 6408—2018《石油天然气钻采设备 钻井和修井井架、底座的检验、维护、修理与使用》6.2的规定，对钻修机结构检查期间发现的损坏定义为“严重”“中等”“轻微”三类。结构损伤分级准则定义如表4－16所示。

表4－16　结构损伤分级准则

等级	损坏程度	说明
A	完好	无任何破损
B	轻微损坏	辅助设备的损坏或变形，如梯子、二层台、人行通道、大钳悬挂器等
C	中等损坏	非主承载部件的损坏或变形
D	严重损坏	主承载件发现明显的几何变形或结构损坏，包括起升总成、大腿、铰接点和天车

③腐蚀锈蚀分级依据

目前，在钢结构领域有多个关于涂层质量分级的参考标准。钻修机井架作为典型的高耸钢结构，可结合标准 GB 51008—2016《高耸与复杂钢结构检验与鉴定标准》，确定钢结构件腐蚀及锈蚀分级准则如表 4－17 所示。

表 4－17 腐蚀锈蚀程度分级准则

等级	说明
A	防腐涂层面层和底层均完好，钢材表面无腐蚀
B	防腐涂层局部脱落，面积不超过 5%，底层基本完好，钢材表面无锈蚀或仅有少量点状锈蚀
C	防腐涂层脱落和鼓包面积超过 5%，钢材表面呈麻面状锈蚀，大范围锈蚀深度不超过板件厚度 5%
D	腐蚀涂层大面积脱落损害，钢材锈蚀严重，平均锈蚀深度超过板件厚度 5%

④服役年限分级依据

目前国家及行业层面还没有出台针对钻修机结构分年限定级的标准，在此可充分参考借鉴同行单位的常用做法。《中国石油天然气集团公司钻井设备判废管理》规定，符合下列条件的钻机应整体报废：对应 600kN 和 900kN 的钻机报废年限为 18a；对应 1350kN 和 1800kN 的钻机报废年限为 20a；对应 2250kN、3150kN 和 4500kN 的钻机报废年限为25a；对应 6750kN 和 9000kN 的钻机报废年限为 30a。其中，钻井设备使用 8～12a 的，在此使用期内至少评估一次，超过 12a 的每两年评估一次。钻井设备达到报废年限后确需继续使用，须经第三方检验合格，最多可延长使用 3a，且每年必须检验。而 Q/SH 0207—2008《钻机判废技术条件》9.3 规定，钻机使用达到 150 台月或出厂年限达到 20a 以上时应判废。此外，通过咨询多家钻修机生产厂家，获知钻修机井架设计寿命普遍为 20a 左右。综合以上调研及分析数据，并充分考虑到海洋石油的特殊性，建议海洋钻修机井架服役年限分级准则如表 4－18 所示。

表 4－18 服役年限分级准则

等级	说明			
	设计最大钩载≤900kN	900kN＜设计最大钩载≤1800kN	1800kN＜设计最大钩载≤4500kN	设计最大钩载＞4500kN
A	服役年限≤8a			
B	8a＜服役年限≤12a			
C	12a＜服役年限≤18a	12a＜服役年限≤20a	12a＜服役年限≤25a	12a＜服役年限≤30a
D	服役年限＞18a	服役年限＞20a	服役年限＞25a	服役年限＞30a

4.8.3 安全分级实例

为验证该安全分级模型的适用性，选取渤海 C 油田 H 平台老旧修井机井架进行安全评级应用。为全面了解该修井机服役现状，通过资料梳理分析结合现场检验检测对其进行评估。

(1)数据获取

①井架服役年限

通过查阅修井机原设计资料及出厂文件、历史检验评估报告及维修改造报告等，结合现场调研可获取该修井机井架的基本参数如表4－19所示。据表4－19中数据计算，截至本次分级评估时，该井架服役年限为18a。依据表4－18的服役年限分级准则，井架服役年限分为C级。

表4－19　修井机井架基本参数

型号	厂家	投用时间/a	设计最大钩载/kN	结构形式	高度/m	钻台高度/m	满立根时最大风速/节	无立根时最大风速/节
HXJ158	第四石油机械厂	2004	1580	伸缩式K型井架	33	7.5	93	107

②结构损伤情况

通过对井架结构整体的目检宏观普查可发现结构明显变形及裂纹：对于存在局部凹凸、翘曲、磕碰等明显缺陷的，应采用钢尺或游标卡尺测量并记录其位置；构件表面裂纹的检测应包括裂纹的位置、长度、宽度、形态和数量。对于细微的变形可借助专业的测量工具实现，微小裂纹可采用无损检测的方式进行。现场检验过程中，要重点关注在服役期间曾发生过结构损伤或维修的部位，逐一进行核实。通过对H平台修井机井架现场检验检测发现，井架上段有横梁及爬梯发生变形，如图4－36所示。由于该横梁主要起拉筋的作用，并非主承载结构，故结合表4－16的结构损伤分级准则，该井架结构损伤分为C级。

(a)井架上段某横梁变形

(b)井架上段爬梯变形

图4－36　井架主要结构损伤

③井架腐蚀及锈蚀现状

井架结构件表面防腐质量的检测包括钢构件(节点)锈蚀程度检测和防腐涂层检测。应对整体结构件进行防腐涂层外观质量检测，并对具有代表性的部位进行厚度检测。检查腐蚀损伤程度以及检测厚度时，应清除积灰、油污、锈皮等。防腐涂层外观质量检测可采用目测法，检查内容应包括涂层的粉化、开裂、起泡和脱落等不良状况。对于防腐涂层外观

质量较差的位置，宜采用钢尺测量其范围并加以记录。通过全数目测观察检测后发现的重点锈蚀区域，宜选择严重锈蚀部位采用测厚仪测量构件厚度，至少选取 3 点测量，取其最小值作为锈蚀后的构件实际厚度。

通过现场检验检测可知，该井架主结构部分位置防腐层锈蚀严重，且存在大面积面漆脱落现象，部分腐蚀锈蚀状态如图 4－37 所示。测厚数据显示井架主承载杆件并没有明显壁厚减薄。综合评估目前井架防腐涂层脱落和鼓包面积超过 5%，钢材表面呈麻面状锈蚀，大范围锈蚀深度不超过板件厚度 5%。依据表 4－17 的分级准则，井架腐蚀及锈蚀评价级为 C。

(a)主结构防腐层锈蚀严重

(b)主结构面漆大面积脱落

图 4－37　井架结构表观状态

④井架现有承载能力

依据 SY/T 6326—2019《石油钻机和修井机井架承载能力评定方法及分级规范》进行应变测试(图 4－38)，通过结构校核计算该井架目前实际承载能力为 1539kN，井架当前实际承载能力为该井架设计最大钩载的 97.41%，结合表 4－15，该井架荷载等级评为 A 级。

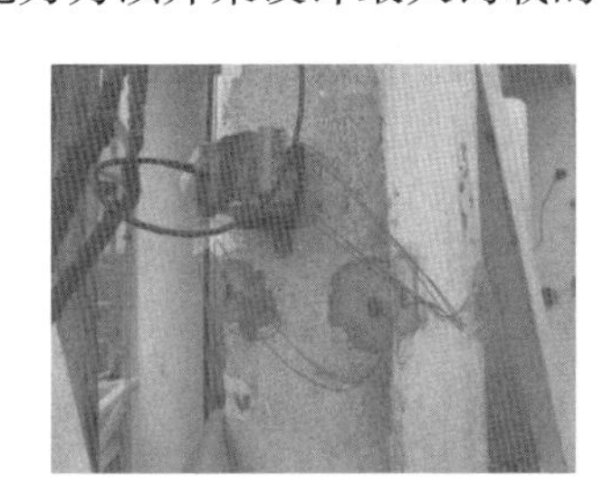

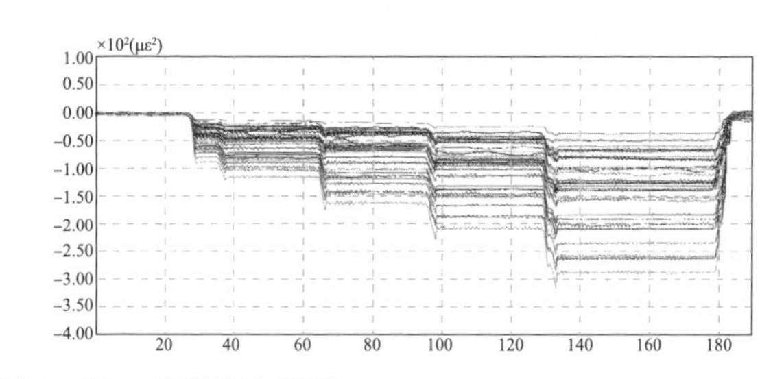

图 4－38　井架应变测试

为了避免资源浪费及过度检查，如果最近的修井机年检报告及井架应力测试报告在有效期内，可不必在现场进行大范围的检验检测，通过查阅相关报告即可获取关键影响因素的具体数据，这也提高了分级工作效率并降低了成本。但对于报告与现场踏勘中有明显不符的情况，需要进行再次核查确认。

(2)安全分级

依据分级准则，结合获取的钻修机井架结构状态数据，将H平台修井机井架结构进行安全等级量化分级，模糊综合评价程序如表4－20所示。通过矩阵计算出量化评估值为3.057，依据最大隶属度原则可知该井架安全等级为B(不显著影响安全)，具体的措施是后续确保井架结构定期检验。由此可见，采用多因素模糊综合评价方法的评级结果(B级)与单纯依据应变测试评级结果(A级)稍有差别，由于模糊综合评价法考虑了包含应变测试分级结果在内的更多影响因素，因此安全定级更加全面客观。

表4－20　井架安全等级模糊综合评价

指标	权重	安全等级				量化评估值
		A	B	C	D	
现有承载能力	0.5285	1	0	0	0	3.057
结构损伤	0.2638	0	0	1	0	
腐蚀及锈蚀	0.1246	0	0	1	0	
服役年限	0.0831	0	0	1	0	

为了使井架评级更加客观及全面，后续可在分级模型中充分结合结构的安全性、适用性及耐久性，在评级指标中加入振动、疲劳、位移等可量化因素，进而提高评估结论的可靠性。

4.9　本章小结

本章在结合海洋石油钻修机结构安全管理及检验检测现状的前提下，采用多种技术手段综合评判井架及底座的安全现状，形成了一整套全面的钻修机结构安全评估技术。通过技术研究及现场应用，提高了井架及底座的安全评估效率，丰富了井架及底座的安全评估方法，实现了井架及底座评估方式向智能化、标准化的转变，促进了钻修机结构安全评估技术的发展。

5　钻修井钢丝绳安全评估

5.1　钻修井钢丝绳简介

钻修机游动系统所用的钢丝绳称为钻修井钢丝绳，也称钻修井大绳。它起着悬持游车、大钩、井中全部钻具及传递绞车动力的作用，是钻修机游动系统的重要组成部分。

5.1.1　钻修井钢丝绳工作原理

钻修井钢丝绳的一端缠绕和固定在滚筒上，另一端交替绕过天车和游车滑轮，最后固定在死绳固定器上。穿绳方法如图5－1所示。

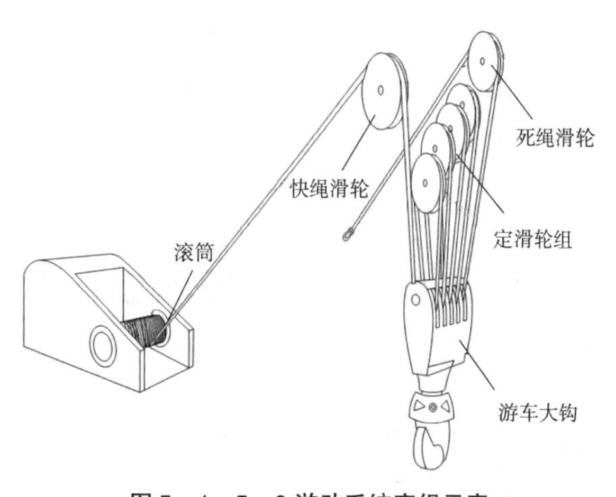

图5－1　5×6游动系统穿绳示意

钻修机游动系统绳数指钻修机天车和游车的滑轮数目、提升系统有效工作绳数。例如：ZJ70D钻机游动系统为6×7，即天车7轮游车6轮，除快绳、死绳以外的有效工作绳数为2×6＝12。表5－1与表5－2列出了钻机及修井机推荐的钢丝绳技术参数。

表5－1　GB/T 23505推荐的石油钻机钢丝绳参数表

钻机级别	最大钩载/kN	游动系统绳数		钢丝绳公称直径	
		钻井绳数	最多绳数	mm	in
ZJ10/600	600	6	6	19，22	¾，⅞
ZJ15/900	900	8	8	22，26	⅞，1
ZJ20/1350	1350	8	8	26，29	1，1⅛
ZJ30/1800	1800	8	10	29，32	1⅛，1¼
ZJ40/2250	2250	8	10		
ZJ50/3150	3150	10	12	32，35	1¼，1⅜
ZJ70/4500	4500	10	12	35，38	1⅜，1½
ZJ80/5850	5850	12	14	38，42	1½，1⅝
ZJ90/6750	6750	14	16	42，45	1⅝，1¾

续表

钻机级别	最大钩载/kN	游动系统绳数		钢丝绳公称直径	
		钻井绳数	最多绳数	mm	in
ZJ120/9000	9000	14	16	48、52	$1\frac{7}{8}$、2
ZJ150/11250	11250	16	18		

表5－2　GB/T 23505推荐的石油修井机钢丝绳参数表

修井机级别	最大钩载/kN	修井绳数	修井钢丝绳公称直径/mm
XJ350	350	4	22
XJ600	600		
XJ700	700	6	
XJ900	900		26
XJ1100	1100	8	
XJ1350	1350		
XJ1600	1600	8、10	26、29
XJ1800	1800		29、32
XJ2250	2250	10	32

5.1.2　钻修井钢丝绳结构形式

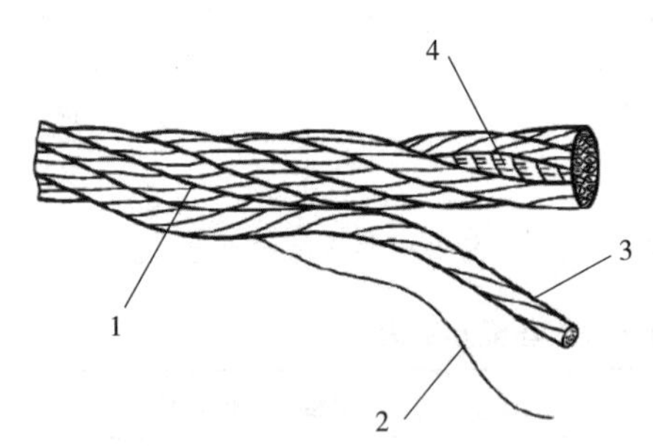

图5－2　钢丝绳结构组成

1—钢丝绳；2—钢丝；3—股；4—芯

常用钢丝绳结构构成如图5－2所示。

股：钢丝绳组件之一，通常是由一定形状和尺寸的钢丝绕一中心沿相同方向捻制一层或多层的螺旋状结构。

芯：圆钢丝绳的中心组件、多股钢丝绳的股或缆式钢丝绳的单元钢丝绳围绕中心组件螺旋捻制。

钢丝绳标记系列应由下列内容组成：

(1)尺寸；(2)钢丝绳结构；(3)芯结构；(4)钢丝绳级别，适用时；(5)钢丝绳表面状态；(6)捻制类型及方向。某型钢丝绳标记示意如图5－3所示。

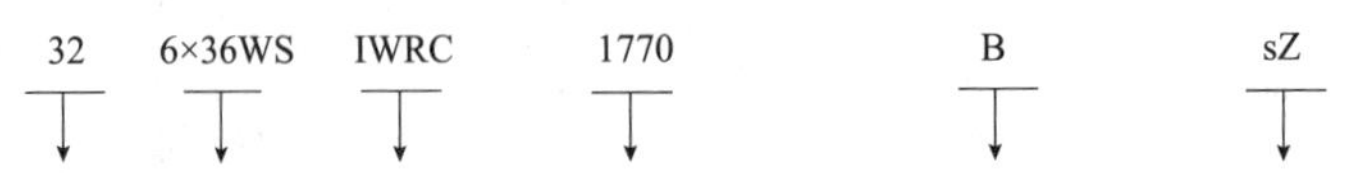

图5－3　钢丝绳标记示意

5.1.3　钻修井钢丝绳常见型号

我国钻修井钢丝绳的选用及维保均参照API RP 9B(对应SY/T 6666)执行，其推荐的典型结构和尺寸如表 5－3 所示。

表 5－3　SY/T 6666 推荐的钻井绳典型结构和尺寸

用途	钢丝绳直径/in	钢丝绳直径/mm	钢丝绳技术描述
钻修井用绳	7/8 ~ 2¼	22 ~ 57	6 × 19 类 RR IWRC
			8 × 19 类 RR IWRC
	1½ ~ 2¼	38 ~ 57	6 × 36 类 RR IWRC
			8 × 36 类 RR IWRC

注 1. IWRC—绳式钢芯，RR—右交互捻。

2. 这些是一般情况下的推荐，由于操作条件，钻修井设备的需求和/或钢丝绳的特点不同，可能有所变化，可以向钢丝绳供应商寻求帮助。

5.2　钻修井钢丝绳安全检查

5.2.1　钻修井钢丝绳常见隐患

当游车上下运动时，钢丝绳运动频繁、速度快、负荷大，长期承受弯曲、扭转、挤压、冲击及振动等复杂工况的作用。因此，钻修井钢丝绳在具体作业过程中会出现以下常见隐患。

5.2.1.1　钢丝磨损

钻修井钢丝绳工作条件恶劣，在滑轮工作区域经受反复剧烈的冲击、摩擦、挤压，造成磨损。

(1)磨损

磨损导致钢丝表面磨平。由于钢丝绳与接触物体间的滑动，钢丝圆形的顶部被磨损掉成为平钢丝面。磨损是钢丝绳最常见且最严重的一种损伤形式。

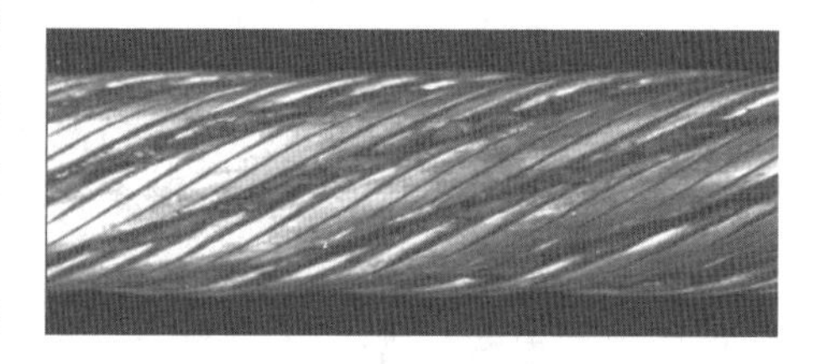

图 5－4　钢丝绳磨损示意

磨损可分为内部磨损、外部磨损和局部磨损。内部磨损是钢丝绳因股丝间承受荷载不同、相互挤压等原因产生内层钢丝磨损的现象；外部磨损是钢丝绳因与滑轮、滚筒及硬物等接触而引起的外层钢丝磨损的现象；局部磨损是钢丝绳因局部挤压、滑轮剧烈振动冲击或因滑轮与滚筒中心偏斜等引起的钢丝磨损的现象。钢丝绳磨损示意如图 5－4 所示。

(2)撞击

撞击引起钢丝表面压扁。由于钢丝绳与另一物体的撞击或“拍击”，金属流动形成钢丝表面压扁。

5.2.1.2　断丝

断丝是钢丝绳使用状态的一个重要标志，断丝根据起因不同可分为不同类型。所有类型的断丝都对降低钢丝绳的剩余强度有重要影响。下面给出最常见断丝类型的说明。

(1)顶部断丝

顶部断丝发生在钢丝绳外层股的顶部，通常与钢丝上的磨损或磨损与疲劳共同作用有关。钢丝绳检查中很容易发现顶部断丝。

(2)谷部断丝

谷部断丝发生在相邻股间的接触点上或股与钢丝绳的绳芯的接触点上。谷部断丝的起因与接触点上高的接触应力造成的钢丝裂纹有关。裂纹是应力集中源，导致钢丝疲劳断丝。因为检测谷部的断丝难度较大，对于谷部断丝的更换原则更为严格。

(3)损伤断丝

断丝或钢丝绳外表面钢丝移位等损伤都不应被看作正常的损坏形式。刮擦是钢丝断丝的一个常见原因。

部分钢丝绳断丝示意如图5－5所示。

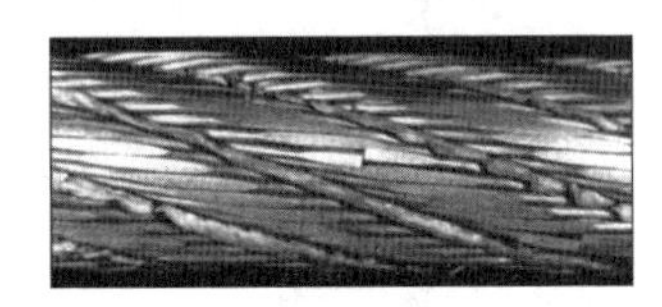

(a)磨损断丝

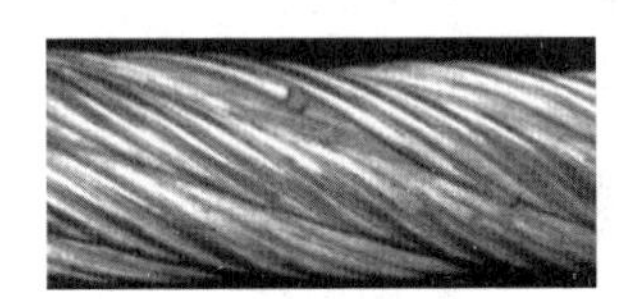

(b)锈蚀断丝

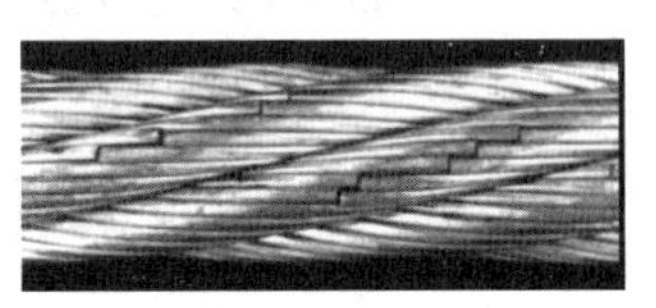

(c)疲劳断丝

图5－5 钢丝绳断丝示意

5.2.1.3 滚筒磨损

所有缠绕在滚筒上的钢丝绳都遭受弯曲疲劳，在滚筒上多层缠绕的钢丝绳要经受疲劳、摩擦和挤压。钢丝绳经受的这些发生在“缠绕层”处，“缠绕层”是指每一层钢丝绳顺着下一层两个相邻钢丝绳外表面的谷部之间的接触层。钢丝绳缠绕不受控制或不顺“缠绕层”缠绕时，钢丝绳将会发生快速恶化。钢丝绳错误缠绕时设备不应使用。

(1)刮擦

当一层钢丝绳(除了底层钢丝绳)碰触到先缠绕在下一层的钢丝绳之间的谷部时就会发生刮擦。正在进入滚筒上的钢丝绳碰到已经缠绕到滚筒上的钢丝绳，会发生滑动或刮擦，进入滚筒上的钢丝绳的接触应力传递到滚筒上、下层的谷部。刮擦接触发生在钢丝绳的一侧，能够引起损坏、错位和/或断丝，但不会显著影响钢丝绳的圆度。

(2)挤压

挤压发生在钢丝绳长度上与刮擦相同的位置，不同的是挤压发生在钢丝绳的顶部和底部。当缠绕期间钢丝绳由在谷部的两条钢丝绳的接触线过渡到跨越一个接触点时，接触压力达到两倍。在交叉点处引起钢丝绳挤压，这将使钢丝绳失圆并且损坏单根钢丝。除了这个损坏之外，还将会阻止钢丝绳和股的自由移动而影响到钢丝绳的疲劳寿命。滚筒上钢丝绳层数越多，挤压越可能发生。在某些使用情况下，挤压可能发生位于谷部的静绳上。

(3)缠绕层间接触点变化

缠绕层间接触点变化发生在一层的末端，即钢丝绳从一层到下一个高层处。如果没有钢丝绳导向块，钢丝绳被“楔紧”在先缠绕的绳与滚筒轮缘之间来迫使它到下一层。这种压

紧的状况能够引起钢丝损坏和钢丝绳失圆。

5.2.1.4 腐蚀锈蚀

钻修井钢丝绳的锈蚀及腐蚀指其金属表面受周围化学、电化学介质以及其他腐蚀性物质的腐蚀而产生的破坏，主要是因为钢丝绳一般呈裸露的状态工作于较恶劣的环境之中。在使用的过程中钻修井钢丝绳的锈蚀及腐蚀现象非常普遍，主要分为以下几类：

(1)内部腐蚀

钢丝绳绳芯吸附水分或腐蚀性介质造成内部钢丝被腐蚀的现象，严重时腐蚀碎屑会从绳股缝隙间溢出。

(2)表面锈蚀

钢丝表面受使用环境中介质作用引起的化学或电化学腐蚀现象。轻微的表面氧化能够擦净，重度的表面手感粗糙，严重的表面出现麻坑甚至钢丝松动。钢丝绳表面锈蚀示意如图5－6所示。

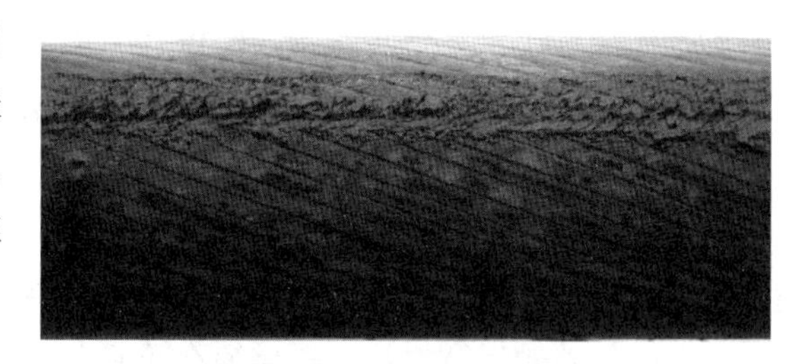

图5－6 钢丝绳表面锈蚀

(3)点状腐蚀

如果清洁钢丝绳表面后，钢丝表面不再光滑和光亮，出现凹陷。钢丝表面已有“麻点”锈蚀应更换钢丝绳。

(4)磨损腐蚀

钢丝绳的磨损腐蚀是干燥的钢丝和绳股之间持续地相互摩擦产生钢质微小颗粒，发生氧化形成干粉状内部碎屑的现象。

(5)绳端腐蚀

绳端腐蚀特别危险，因为钢丝上的腐蚀影响疲劳寿命。因阻止振动，绳端是常见的疲劳点，腐蚀会在这里加速。如果腐蚀位于绳端并且钢丝绳具有足够的长度，可以去除受影响的区域并且制作新的绳端。

5.2.1.5 常见损坏

(1)扭结

由于钢丝绳的局部过捻或松捻，在钢丝绳上会出现扭结现象。钢丝绳一旦形成扭结，破断拉力明显下降。尽管有些扭结的钢丝绳经过修复，表面上看不到明显的痕迹，但其内部还是留下了伤痕，容易造成局部磨损和断丝。

(2)永久弯曲(“狗腿”)

钢丝绳的永久弯曲是指钢丝绳卸载时在这个部位发生了受力方向改变而产生的。与扭结类似，此处的钢丝已经发生塑性变形，但是在这个部位的钢丝绳长度没有发生变化。永久变形会是损坏和疲劳加速的部位。如果扭曲大于30°应更换钢丝绳。永久弯曲会引起绳槽和缠绕的问题。

(3)弯折

钢丝绳的局部受到冲击可能形成弯折现象，这种损伤会使钢丝绳局部弯曲产生永久变形。弯折使钢丝破断拉力下降，弯折程度越大，拉力下降程度越大，使用中越容易破断。

(4)波浪形

钢丝绳的波浪形是钢丝绳由于受到突然的冲击或撞击，产生的沿其纵向轴线呈现波浪形状的现象。轻微的波浪形不会引起操作问题。在有槽滚筒使用时，如果波幅大于钢丝绳公称直径的110%，或在无槽滚筒上使用时，波幅大于钢丝绳公称直径的13%，钢丝绳应报废。

5.2.1.6 捻距变化

钢丝绳的捻距是外层股绕钢丝绳旋转一周的距离。钢丝绳的捻距应保证所有钢丝和股能分担荷载。

(1)钢丝绳伸长

在正常负载下钢丝绳伸长可被分为结构伸长和弹性伸长。初始加载和初始使用时，钢丝绳的钢丝和股在钢丝绳轴心周围调整间发生结构伸长。结构伸长是正常的、不可恢复的伸长，会导致捻距轻微增加。钢丝绳在正常荷载下发生弹性伸长，当荷载去除时，钢丝绳回到预加载长度。正常作业情况下，这些伸长类型不会引起钢丝绳的强度损失。

(2)钢丝绳旋转

钢丝绳在承载情况下会发生旋转，这种旋转会终止于连接绳环，或终止于绳在自然荷载下提升的某一单独段。由于钢丝和股与钢丝绳的轴向呈一定角度，因此，轴向荷载会引起钢丝绳中的扭矩。除非专门设计的钢丝绳，荷载会引起扭矩和钢丝绳自由端旋转，导致钢丝绳旋转。这会造成独个钢丝和股承载情况的变化，导致钢丝绳破断拉力显著降低。除了阻旋转钢丝绳外，应在钢丝绳不发生旋转的情况下进行作业。

5.2.1.7 直径减小

测量钢丝绳直径是钢丝绳检测的基本评估手段之一。对比和测量在钢丝绳的最大磨损部位进行。之后的每项检测应有相同位置的直径测量结果，并应观察直径变化情况。

(1)钢丝绳异位

钢丝绳“异位”使初始直径减小，发生在钢丝绳最初投入使用时，此时结构伸长被取消，钢丝绳直径有轻微缩减。

(2)钢丝绳磨损

钢丝绳磨损引起钢丝绳直径的减小，同时伴随着外层丝直径的减小。

(3)钢丝挤伤

个别钢丝的挤伤发生在股和股或者股和钢芯之间的接触点，围绕着滑轮和滚筒的加载和弯曲导致了这些接触点磨损，极端的荷载、小直径的滑轮或者具有窄沟槽的滑轮将会加剧这种磨损，这些钢丝绳内部接触点的磨损将会导致钢丝绳直径的减小。

(4)绳芯支撑力失效

绳芯支撑力失效是常见的钢丝绳损坏形式，当钢丝绳直径显著减小或变化，且无明显

的外部原因时，钢丝绳应报废。

5.2.1.8　热损伤

高温造成的热损伤导致钢丝绳不同部位的一系列问题。

(1)纤维芯高温损伤

纤维芯(尤其是聚丙烯)不应在温度高于82℃的工况中使用，高温将导致绳芯恶化及绳芯支撑失效。如果温度高于这个值，应报废纤维芯钢丝绳。

(2)润滑剂高温失效

标准的钢丝绳润滑剂将在82℃熔化，如果一根绳子所受温度高于该值时，继续使用前应检测钢丝绳腐蚀及进行适当局部润滑。

(3)钢丝绳所用钢材高温失效

钢丝绳所用的钢材是经受了冷加工所需强度的非合金高碳钢。温度超过200℃，钢丝绳性能(强度及抗疲劳性能)受到影响。钢丝绳不应用于温度高于该值的场合，超过该温度时，钢丝绳应报废。

(4)电弧损伤

当电流通过钢丝绳或从钢丝绳到达另一个物体时会发生电弧损伤。这产生了一个可以改变钢丝绳性能的、受热的局部区域。在钢丝绳使用中，尚无有效的方法可以测量或检测这个区域。任何钢丝绳一旦被怀疑经受过电弧损伤应报废。常见的电弧损坏原因与带电钢丝、闪电电击或用钢丝绳为电焊机接地相关。钢丝绳受到异常高温、电弧(如焊接引线接地)或雷击(图5－7)的影响，也会造成钢丝表面颜色变化、油脂消失甚至金属熔化。

图5－7　钢丝绳雷击损伤

5.2.1.9　异常损坏

事实上，在钢丝绳的使用过程中，上述缺陷的产生都属于正常现象，它们之间的产生和发展是相互影响的，例如锈蚀会加剧磨损，磨损将导致断丝，而且有时锈蚀会直接导致断丝的产生。

钢丝绳日常操作中，在钢丝绳上会发生非常见的磨损、损伤和变形形式，这是由于钢丝绳被误用、设备其他部件故障造成的。所有检查者应警惕“异常事件”，一经发现，应评估并决定钢丝绳是否继续使用。评估应在有钢丝绳检测知识和经验的人员指导下进行，当不能肯定时应报废钢丝绳。

在正常使用中，所有钢丝绳最终都会因为反复承受荷载而报废。而很多时候，尽管钢丝绳使用正常且结构选用合理，但是恶劣的使用条件会大大缩短钢丝绳使用寿命。表5－4给出了钢丝绳在油田使用中产生的故障及其原因，这些故障导致钢丝绳过早损坏并更换，具体原因很可能是表里这些情况中的一个或几个。

表 5-4 油田中钢丝绳产生的故障及其原因

故障	可能的原因
钢丝绳断裂（全部股断开）	使用时的猛烈冲击引起钢丝绳超载、打扭、损坏、局部磨损、一股或几股受损、严重锈蚀或失去弹性，使钢丝绳在使用中经受弯曲时钢丝绳断裂，减少钢丝绳内金属断面积
钢丝绳中一股或多股断裂	钢丝绳超载、打扭、与其他部件的摩擦、局部磨损或处于严重锈蚀条件下、疲劳、超速、打滑或运转时过于松弛，使振动集中在静滑轮上或死绳固定器上
过度锈蚀	钢丝绳缺乏润滑；使钢丝绳暴露于盐雾、腐蚀气体、酸性水、泥浆或污垢之中；钢丝绳存放期间缺乏足够的保护
搬运钢丝绳时，由于操作粗心使钢丝绳损坏	从障碍物上滚动绳轮或摔落绳轮；用起重链直接捆绑在钢丝绳上，或用撬杠直接抵在钢丝绳上；用钉子把钢丝绳钉在轮缘上
钢丝绳绳套不合适而损坏	捆扎不当，使一股或多股反向转动，导致钢丝绳松弛；装绳套的方式不当或装绳套的工艺不良，钢丝绳在绳套中来回转动或从绳套中伸出
钢丝绳打扭	把钢丝绳从绳轮或绳卷上拉出方法不正确
永久弯曲（“狗腿”）或其他扭曲	在滚筒上缠绕不正确，固定不正确，钢丝绳从绳轮或绳卷上拉出时放置不合适，钢丝绳穿过小滑轮或障碍物时，处于受力状态
钢丝绳在打捞作业中损坏或疲劳	打捞作业时钢丝绳使用不当，引起损坏或疲劳
钢丝绳捻距伸长和直径减少	由于钢丝绳旋转（单独部分或绳套中的钢丝绳死绳端）或某种类型的过载造成，诸如超载引起的纤维芯塌陷导致钢丝绳损坏
钢丝绳上有严重的磨损斑点	在滚筒上开始转动和变换缠绕层的部位安装和使用钢丝绳时操作不当，使钢丝绳打扭或弯折；其他部位摩擦、沿套管或硬地层磨损，或打斜井时形成磨损，甚至对工作端的切除次数频繁也能引起局部的磨损
钢丝绳编接磨损	编接的钢丝绳不可能像整根绳那样，在编接处容易发生松动而产生不规则的磨损
钢丝产生线性划伤和断裂、抽股或散股，快速疲劳而失效	倒绳时穿过加紧装置时导致损坏
钢丝绳破断拉力降低	不注意把钢丝绳靠近火源或电弧，使钢丝绳过分受热；服役期间的钢丝绳的磨损和恶化都会降低钢丝绳的强度
钢丝绳变形	夹紧装置或绳卡夹得不合适，使钢丝绳损坏滚筒破裂
钢丝绳鼓包	倒绳时穿过了夹紧装置、捆扎不当；上绳慢或连接不当；打扭、永久变形（“狗腿”）及芯子鼓出
钢丝绳磨损	缺乏润滑；倒绳时夹紧装置未松开；在沙子或硬渣处工作；沿固定的物体或有研磨作用的表面摩擦；线性故障；绳槽及滑轮尺寸小于规定的尺寸；常规作业超时
钢丝绳疲劳破坏	不良的钻井条件，即高速起下和钢丝绳打滑，产生额外的振动，振动集中于死绳或死绳固定器上，也可能加速正常磨损；绳槽和滑轮小于规定的尺寸及钢丝绳结构选择不当

续表

故障	可能的原因
钢丝绳螺旋形或卷曲(“猪尾”)	在安装和作业时，允许钢丝绳在钻杆、井架底座大梁或其他任何物体上拖拽或摩擦，在安装钢丝绳时，未达到“滑车滑轮直径应大于或等于钢丝绳直径的16倍”的要求
钢丝绳过分挤扁或压坏	过分超载、在滚筒上缠绕松散或交叉缠绳
钢丝绳出现灯芯状或芯子鼓出	钢丝绳突然卸载，例如：高速下降碰到液体，不恰当的钻井动作或产生剧烈振动的行为；使用的滑轮直径太小或绕急弯穿绳
钢丝绳抖动	钢丝绳轻载高速运转；振动波；没有平衡器和导线的运转
钢丝绳在滚筒上挤咬	在滚筒上缠绕没有足够的张力；旋转钻井钢丝绳的切除和更换方案选择不当；滚筒绳槽或钢丝绳转向轮选择不当或磨损

5.2.2 检查及报废要求

检查要求应根据钢丝绳的实际用途有所不同，用于钻修井作业的钢丝绳和其他用途或用作固定结构的钢丝绳相比，有着不同的检查要求。

5.2.2.1 检查要求

(1)日常目测检查

日常检查应在作业前进行。首先，在钢丝绳作业现场检查钢丝绳恶化的明显标志、重要变化；其次，观察之前已经确认的接近报废的区域及检查钢丝绳的穿绳及其在滚筒上的缠绕，这是检查人员在每一次提升作业开始前进行的一项典型检查，并且在清单上记录。

(2)月度检查

月度检查更为详细，此时，钢丝绳具备了有效伸长(钢丝绳经历了张力)。月度检查应检测正常钢丝绳磨损进展、钢丝绳中特定位置的损害或损伤的演变。这些包括测量钢丝绳直径，统计集中断丝数，检查预知磨损位置的钢丝绳，查看钢丝绳结构破坏及检查腐蚀。检查报告需要存档。

当设备进行再安装并投入使用前，应对所有钢丝绳进行月度检查。钻井平台上的钢丝绳拆除、运输及重新安装，有可能造成钢丝绳损伤或安装不当，因此有必要对钢丝绳进行更为细致的检查。

(3)年度检查

年度检查应在外部第三方检测公司或具有能力的专业公司指导下进行，并可能需要一些应用程序或监管机构，应将第三方或具有能力的专业公司的检查报告和设备维护记录一起存档。

检查时可参照作业现场的安全检查大纲来执行。为实现现场钻修井钢丝绳检查内容的全面性，依据相关适用标准，可梳理出专用的钻修井钢丝绳安全检查表供使用。

5.2.2.2 更换原则

(1)缩颈

钢丝绳公称直径减少≥5%。

(2)断丝

钢丝绳更换原则取决于断丝数、断丝所处位置及钢丝绳类型：

①多层股钢丝绳，同层股的一个股中顶部断丝达3根或同层股中顶部断丝达6根时；

②阻旋转钢丝绳，6倍钢丝绳直径的一个长度内顶部断丝数达2根或30倍钢丝绳直径内顶部断丝达4根时；

③如果钢丝绳的工作长度内有2根谷部断丝时；

④单捻钢丝绳，临近绳端断丝数多于1根时。

注：应特别关注空转滑轮上或邻近空转滑轮的钢丝绳以及绳端处的疲劳断丝。

(3)腐蚀

点状腐蚀和摩擦腐蚀的现象，应特别关注绳端处。

(4)热损伤

钢丝绳已经受到热损伤或电弧作用的任何现象。

(5)捻距变化

钢丝绳捻距变化出现加速的现象(多次测量值的比较)，如果属于绳芯失去支撑，则会在一个固定范围内捻距伸长；也有别的原因引起的较大范围内的捻距伸长。

(6)钢丝绳变形

摩擦、挤压、波浪状或永久变形的现象。

(7)打扭

打扭应通过退捻消除，或更换钢丝绳。

注：在一些用途中，如果需要更换的状况是局部的并且靠近钢丝绳一端，达到更换条件的部分可被切除，留下的钢丝绳可继续使用。

5.3 钻修井钢丝绳滑移切割

在钻修机游动系统中，天车及游车各滑轮的受力和转动速度各不相同，钻修井钢丝绳与滑轮间的摩擦磨损量各段也不相同，钢丝绳在游动系统中较长时间固定位置的摩擦，必然加大钢丝绳磨损的不均衡性。滑移的主要目的就是不断分散关键磨损点，尽可能使整条钢丝绳的磨损达到均匀，以避免关键磨损点长期作用于同一位置而造成钢丝绳局部损伤，从而影响整条钢丝绳的寿命。但滑移钢丝绳不会影响滚筒上的特殊拐点，为了避免钢丝绳上的某一点一直作用在拐点位置，就需要进行钢丝绳滑移切割作业。即在钢丝绳做功达到一定程度后，需要将做功最多的那一段快绳段缠绕在滚筒上(滑移大绳)，或将该靠近活绳头的一定长度的快绳割掉(切割大绳)。

5.3.1 累计做功

目前钻修井钢丝绳的滑移切割参照 API RP 9B 标准执行。该规则根据起下钻作业、钻进作业、取心作业及下套管作业等过程中钢丝绳承受的荷载与工作行程计算出钢丝绳的工作量，即已经消耗的寿命，当该段钢丝绳的工作量达到额定寿命时就应该切除。

(1)总工作量

钻修井钢丝绳在整个工作过程中的评价应考虑到钢丝绳在不同的钻井作业时(钻井、取岩心、打捞、下套管等)所完成的总工作量，以及按诸如在增加和降低负荷时所产生的振动力、钢丝绳与滚筒和滑轮表面接触时产生的摩擦力，以及其他不确定的负荷等因素来评价。然而，对于某些用途的评价，则仅仅估计进行起下钻作业时，钢丝绳提升和下降施加的荷载所完成的工作量，以及在钻井、取岩心、下套管、短起下钻作业时，钢丝绳所完成的工作量。其工作量以钢丝绳承受的荷载与其移动距离的乘积累计值表示。

(2)一次起下钻作业

钻修井钢丝绳的多数工作是包括把钻柱下入井眼和把钻柱提出井并排成一列的一次起下钻作业(或半起下钻作业)。一次起下钻完成的总工作量由公式(5-1)决定：

$$T_r = \left[\frac{W_m(L_s + H)}{1000000} + \frac{M + \frac{1}{2}C}{250000}\right] \cdot H \qquad (5-1)$$

式中 T_r——一次起下钻完成的总工作量，t·km；

H——钻井深度，m；

L_s——钻杆立根长度，m；

W_m——钻杆公称质量，kg/m；

M——游车—吊卡总成的总质量，kg；

C——在钻井液中的钻铤与同在钻井液中相同长度钻杆的质量差，kg。

(3)钻井作业

在钻井作业时完成的工作量，以一次起下钻作业时完成的工作量为单位来表达。由于一次起下钻作业有直接的影响，所以要用下述钻井作业周期来表达：

①钻进方入；

②方余；

③划眼方入；

④续接单根或双根时，方钻杆的提起量；

⑤方钻杆放入鼠洞；

⑥提起单根或双根；

⑦把钻杆下入井眼；

⑧提起方钻杆。

上述对作业周期的分解适应于任何一口井。①和②的总和等于一次起下钻作业；③和④的总和等于另一次起下钻作业；⑦和⑧的总和等于一次起下钻作业之半：⑤⑥和⑧在这种情况下的总和等于一次起下钻作业之半。因此，钻井时所完成的工作量等效于三次钻到井底的起下钻作业。其关系式如下：

$$T_d = 3(T_2 - T_1) \tag{5-2}$$

式中 T_d——钢丝绳钻进工作量，t·km；

T_1——在深度为H_1(深度H_1 是下入井眼后的开始钻井深度)时，钢丝绳一次起下钻作业的工作量，t·km；

T_2——在深度为H_2(深度H_2 是回到井口之前的停止钻井深度)时，钢丝绳一次起下钻作业的工作量，t·km。

如果省略③和④，则公式(5-2)可写为：

$$T_d = 2(T_2 - T_1) \tag{5-3}$$

如果采用顶部驱动，则公式(5-2)可写为：

$$T_d = T_2 - T_1 \tag{5-4}$$

如果采用顶部驱动进行划眼作业，则公式(5-2)可写为：

$$T_d = 2(T_2 - T_1) \tag{5-5}$$

(4)取岩心作业

取岩心作业时所完成的工作量如同钻井作业一样，是以一次起下钻作业所完成的工作量为单位来表达的。由于有直接影响，所以要按下述取岩心的作业周期来描述：

①岩心筒在取岩心时的方入；

②方余；

③把方钻杆放入鼠洞；

④拉起单根；

⑤把钻杆下入井眼；

⑥拉起方钻杆。

对作业的分解表明：对于任何一口井，①和②的工作量总和等于一次起下钻工作量；⑤的工作量等于一次起下钻工作量之半；在这种情况下，③④和⑥的工作量总和等于另一次起下钻工作量之半。因此，钻井所完成的工作量，等效于两次钻到井底的起下钻作业。关系式如下：

$$T_c = 2(T_4 - T_3) \tag{5-6}$$

式中 T_c——取岩心时钢丝绳的工作量，t·km；

T_3——在深度为H_3(深度H_3是在下入井口之后取岩心的起始钻井深度)时，钢丝绳一次起下钻作业的工作量，t·km；

T_4——在深度为H_4(深度H_4是在回到井口之前取岩心的终止钻井深度)时，钢丝绳一次起下钻作业的工作量，t·km。

注：一般不会遇到持久的取岩心作业。

(5)下套管作业

计算钢丝绳下套管时的工作量时，应与一次起下钻作业对钻杆的要求一样，但公称质量为钻杆公称质量之半。这是因为下套管是单程作业(1/2 起下钻作业)。下套管时的工作量可由公式(5－7)决定。

$$T_s = \left[\frac{H(L_{cs} + H) W_{cm}}{1000000} + \frac{H\left(M + \frac{1}{2}C\right)}{250000} \right] \times \frac{1}{2} \tag{5-7}$$

由于不需要考虑钻铤附加质量，公式(5－7)可以改写为：

$$T_s = \left[\frac{H(L_{cs} + H) W_{cm}}{1000000} + \frac{HM}{250000} \right] \times \frac{1}{2} \tag{5-8}$$

式中 T_s——钢丝绳下套管的工作量，t · km；

L_{cs}——套管单根长度，m；

W_{cm}——套管在钻井液中的公称质量，kg/m，可按公式(5－9)算出：

$$W_{cm} = W_{ca}(1 - 0.00015B) \tag{5-9}$$

式中 W_{ca}——套管在空气中的公称质量，kg/m；

B——钻井液密度，kg/m^3。

(6)短起下钻作业

在短起下钻作业时，钢丝绳完成的工作量与钻井和下套管作业一样，也是以一次起下钻作业为单位来确定。对短起下钻时钢丝绳所完成工作量的分解表明：它等于两个深度的一次起下钻作业的工作量之差，可表示如下：

$$T_{ST} = T_6 - T_5 \tag{5-10}$$

式中 T_{ST}——短起下钻时钢丝绳工作量，t · km；

T_5——深度为 H_5 时，钢丝绳一次起下钻作业的工作量(较浅深度)，t · km；

T_6——深度为 H_6 时，钢丝绳一次起下钻作业的工作量(较深深度)，t · km。

(7)其他作业

在计算累计作业量时，还应考虑钻修井钢丝绳的其他作业，包括下运动补偿装置、升降套管、连顶节坐放套管、振击解卡、提拉解卡和下导管。

(8)使用评价

对于钻修井钢丝绳，用单位长度钢丝绳工作量进行评价。单位长度钢丝绳工作量即为所有作业的工作量除以订货长度减去穿绳长度的值。

(9)钻修井钢丝绳工作量计算

钻修井承包商和钢丝绳制造者应向用户提交按照相关公式计算各种井场作业钢丝绳工作量的计算方法。

(10)钻修井钢丝绳使用记录表

表 5－5 是钻修井钢丝绳使用记录表的一个示例。这种记录表应根据钻修井承包商的需要进行修改。

表 5-5　钻井钢丝绳使用记录表示例

<table>
<tr><td colspan="5">钻井公司：</td><td colspan="5">绞车滚筒：</td><td colspan="5">钢丝绳制造商：</td><td colspan="4">钢丝绳切除时每英尺目标寿命：</td></tr>
<tr><td colspan="5">设备号：</td><td colspan="5">滚筒直径：</td><td colspan="5">钢丝绳直径和长度：</td><td colspan="4"></td></tr>
<tr><td colspan="5">测井系统：</td><td colspan="5">井架高度：</td><td colspan="5">钢丝绳强度级别：</td><td colspan="4"></td></tr>
<tr><td colspan="5">井场：</td><td colspan="5">天车滑轮直径：</td><td colspan="5">钢丝绳轮编号：</td><td colspan="4"></td></tr>
<tr><td colspan="5"></td><td colspan="5">游车滑轮直径：</td><td colspan="5">钢丝绳使用日期：</td><td colspan="4"></td></tr>
<tr><td colspan="5"></td><td colspan="5">游车重量：</td><td colspan="5">钢丝绳更换日期：</td><td colspan="4"></td></tr>
<tr><td rowspan="2">日期</td><td rowspan="2">起下钻次数</td><td rowspan="2">起下钻深度/m</td><td rowspan="2">钢丝绳根数</td><td rowspan="2">显示重量读数</td><td rowspan="2">设计系数</td><td colspan="2">钻杆</td><td colspan="3">钻铤</td><td rowspan="2">钻铤影响重量系数</td><td rowspan="2">总重量系数</td><td rowspan="2">起下钻工作量/(t·km)</td><td rowspan="2">钻井工作量/(t·km)</td><td rowspan="2">本次起下钻总工作量/(t·km)</td><td rowspan="2">上次切除工作量/(t·km)</td><td rowspan="2">计算累计工作量/(t·km)</td><td colspan="2">长度</td><td rowspan="2">备注</td></tr>
<tr><td>尺寸</td><td>每米重量</td><td>尺寸</td><td>每米重量</td><td>米数</td><td>切除</td><td>剩余</td></tr>
<tr><td></td><td></td><td></td><td></td><td></td><td></td><td></td><td></td><td></td><td></td><td></td><td></td><td></td><td></td><td></td><td></td><td></td><td></td><td></td><td></td><td></td></tr>
<tr><td></td><td></td><td></td><td></td><td></td><td></td><td></td><td></td><td></td><td></td><td></td><td></td><td></td><td></td><td></td><td></td><td></td><td></td><td></td><td></td><td></td></tr>
</table>

当做功达到割绳标准时，累计滑绳长度应该恰好等于 API 推荐的割绳长度。割绳后，累计功从零开始重新计算，准备下一轮次的滑绳与割绳。

5.3.2　特殊情况

(1)一般来说，在下套管前、处理卡钻事故前后，都可以考虑滑移切割大绳，也就是在进行重负荷作业前后根据情况考虑是否滑移/切割大绳。

(2)任何时候发现大绳有断丝、变形，应该考虑尽快滑移/切割大绳。

5.4　钻修井钢丝绳无损检测

API RP 9B 用计算及查表的方法估计一般工况下钻修井钢丝绳的寿命，这种方法只根据计算数值决定钢丝绳的滑移与切割，而不考虑钢丝绳的实际损伤状况，所以，对具体工况下钢丝绳的损伤情况和寿命无法准确评定。这就可能造成两种极端情况：一是对钢丝绳寿命消耗估计过少，导致钢丝绳断裂；二是对钢丝绳寿命估计过多，造成过早切除浪费。因此，需要找到定量评定方法以补充 API RP 9B 推荐的钻井钢丝绳滑移切割的判定方法。

鉴于以上现状，引入了钻修井钢丝绳检验检测相应技术。一种方式是通过加强日常检查来分析和评估钢丝绳的安全性，这种方式简单易行，但受到人为因素影响较大，且存在

内部损伤难以发现的局限性。另一种方式是通过无损检测来发现钢丝绳安全隐患，这种方式对设备要求很高，投入费用也较高，但可以检测到钢丝绳内部微观缺陷。目前，最合理的方式是将两种方式充分结合起来，可以弥补彼此的不足，实现对钻修井钢丝绳高效、准确的安全评估。

5.4.1 无损检测原理

根据钢丝绳损伤的性质和特征，其在使用过程中主要会出现以下两大类缺陷：

(1)LF(Localized Fault)型缺陷

LF 型缺陷亦称为局部缺陷，是指在钢丝绳局部产生的损伤，主要包括断丝、锈蚀、局部变形等，特点是钢丝绳的金属截面积突然减小。断丝是 LF 型损伤中一种最常见的缺陷。

(2)LMA(Loss of Metallic cross－sectional Area)型缺陷

LMA 型缺陷亦称为截面积损耗缺陷、金属截面积损失，主要包括磨损、长距离锈蚀、绳径缩细等，特点是钢丝绳的金属截面积在较长范围内普遍减小。

结合上述章节对钻修井钢丝绳常见缺陷的分析，梳理出钢丝绳 LF 型缺陷及 LMA 型缺陷产生的原因，如表 5－6 所示。

表 5－6　钢丝绳不同损伤类型及其原因

序号	损伤类型	缺陷类型	原因
1	局部缺陷(LF)	断丝	磨损、锈蚀、疲劳、超载使用、冲击力
		变形	绳间相互挤压；绳与滚筒(绳槽挤咬)；外力；局部过捻或松捻
		腐蚀/锈蚀	缺乏润滑保养；大气环境
2	截面积损耗(LMA)	磨损	钢丝绳与绳槽(滚筒)之间摩擦；绳间相互挤压；外力作用；绳径与绳槽尺寸不匹配；缺乏润滑
		缩颈	绳芯支撑力失效、磨损、挤伤
		捻距变化	钢丝绳伸长、钢丝绳旋转

现有钢丝绳无损检测主要基于电磁检测技术，如借助铁磁构件因表面破损产生的漏磁场或剩磁场，或借助因内部损伤和疲劳过度产生的局部磁场突变信息等，再利用检测设备完整地提取相关损伤信号信息，运用适当的识别模式及数学模型加以解析，从而反映钢丝绳内部各种损伤和材料异变失效，钢丝绳缺陷显示示意如图 5－8 所示。钻修井钢丝绳无损检测可以实现以下两种功能：(1)定量定位探测；(2)可依据模式识别软件判别钢丝绳内外部疲劳、锈蚀、磨损及断丝等损伤类型。

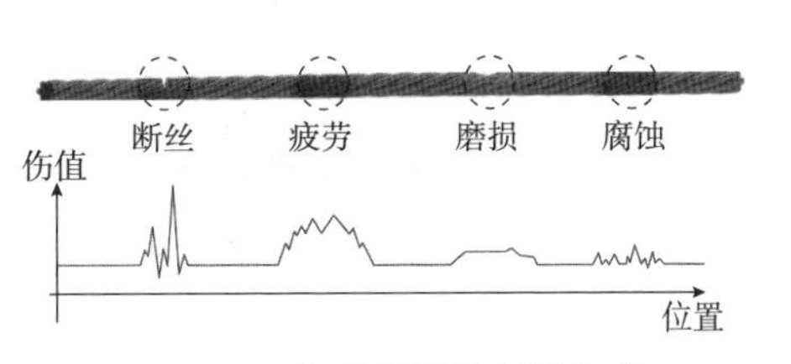

图 5－8　钢丝绳缺陷显示示意

5.4.2 无损检测设备

现场无损检测一般使用便携式钢丝绳探伤系统，设备应适于单人携带即测即离，易于临时安装、方便转移。应用于海洋石油的钻修井钢丝绳无损检测设备还需要满足防爆、防盐雾及防腐蚀等特殊条件。检测设备既可对静止不运动的钢丝绳进行检测，还可对运动中的钢丝绳进行检测；既适合对在役钢丝绳易耗、易损部位定期局部进行探伤，也适合定期、不定期对钢丝绳巡回“点检”的探伤工作。目前，市面上常用的基于电磁原理的钢丝绳无损检测设备如图 5 –9 所示。

图 5 –9 钢丝绳无损检测设备

5.4.3 无损检测应用案例

5.4.3.1 修井钢丝绳无损检测

图 5 –10 钢丝绳磁化和探伤方式示意

Q 平台修井机绞车钢丝绳规格为 6 ×19，直径为 32mm。钢丝绳磁化标定起点位置为将顶驱提到最高位，在滚筒钢丝绳处标定为零点，将顶驱下放到最低点时滚筒处的钢丝绳标定为终点，全长约 200m，从距磁化零点 5 ~10m 处开始检测，检测长度为 191.6m。该套无损检测设备包含两个模块：一个为磁化仪用来对钢丝绳磁化；另一个为探伤仪用来对磁化后的钢丝绳进行探伤。现场检测方式如图 5 –10 所示。

通过检测结果可知：整体钢丝绳损伤个数为 105 个，判定限值为 10%，详见表 5 –7。

表 5 –7 损伤数据表

损伤级别	损伤量值/%	损伤位置/m
最大损伤	5.25	161.52
第二大损伤	4.27	161.92
第三大损伤	3.96	51.99

由表5－7可见，当前Q平台修井机绞车钢丝绳最严重的两个损伤点位于161.52m和161.92m处，损伤当量分别为5.25%和4.27%，损伤类型为综合损伤和压伤。根据检测起点计算，这两个最大损伤点位于绞车滚筒内层钢丝绳与滚筒接触处，可能是由于钢丝绳与绞车滚筒边缘的挤压、摩擦点造成的。结合检测数据，对绞车滚筒进行检查，在滚筒边缘处发现与钢丝绳磨损较严重位置(图5－11)，应在作业过程中对该点加强监测，大吨位作业前仔细检查，及时对钢丝绳进行滑移切割，防止事故发生。

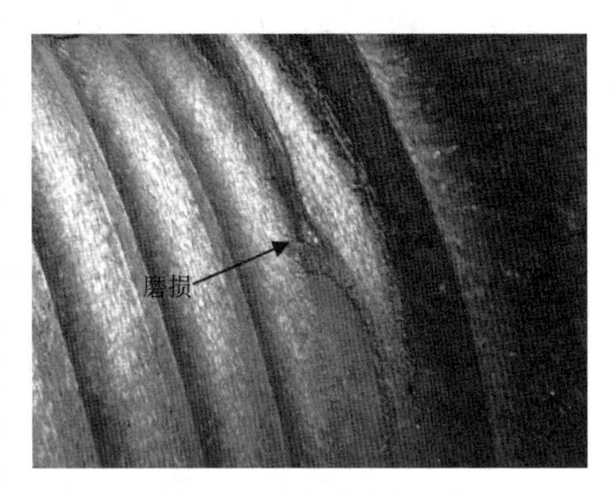

图5－11 绞车滚筒磨损部位

依据检测设备自带软件规定的钢丝绳损伤分级准则：最大损伤量值小于判定上限30%的，属一级损伤，可以继续使用；最大损伤量值在判定上限30%～60%的，属二级损伤，需要加强保养；最大损伤量值在判定上限60%～80%的，属三级损伤，需要加强监测；最大损伤量值在判定上限80%至判定上限间的，属四级损伤，需要近期更换；最大损伤量值达到或超过判定上限的，属五级损伤，应停止使用。

结合表5－8损伤分级说明及建议，当前Q修井机绞车钢丝绳属于二级损伤，建议加强保养。

表5－8 钢丝绳损伤分级统计表

序号	损伤度	量级统计/处
1	一级损伤	99
2	二级损伤	6
3	三级损伤	0
4	四级损伤	0
5	五级损伤	0

通过表5－9可知：在所有损伤点中，超过60%的损伤类型判定为锈磨，与海上空气潮湿及长时间服役有关，应阶段性进行保养。

表5－9 钢丝绳损伤类型分析表

序号	参考类型	量级统计/处	最大损伤当量	位置/m
1	断丝	—	—	—
2	压伤	3	2.78	98.83
3	疲劳	10	1.44	110.62
4	锈磨	65	4.27	161.92
5	综合	27	5.25	161.52

根据钢丝绳无损检测结果，通过图5－12所示数据曲线发现，检测段42～53m和

106～113m 两段出现阶段性的连续损伤，结合测量起始点、滚筒尺寸等数据计算，两段分别位于绞车滚筒第二层钢丝绳与滚筒两侧接触段。因此，判断钢丝绳与滚筒的长期接触摩擦造成了钢丝绳的损伤与磨损。

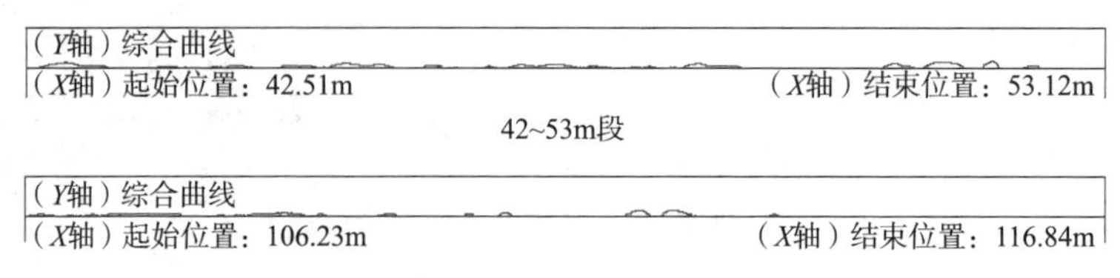

图 5－12　部分关键探伤数据曲线

现场无损检测显示被检钢丝绳整体情况良好，在加强保养的基础上满足继续使用的要求。

5.4.3.2　钻井钢丝绳无损检测

利用钢丝绳无损检测系统对某半潜式钻井平台钻井钢丝绳进行了无损检测。首先利用磁化仪对钢丝绳进行磁化，使钢丝绳上不规则的磁场变成有序的磁场，再利用探伤仪对磁化后的钢丝绳内部外的断丝、磨损、锈蚀、疲劳、压伤等各类损伤导致的金属应力截面积的损伤百分率进行定量测量，最后对检测数据进行分析处理。

图 5－13　钻井钢丝绳现场检测

钻井钢丝绳规格为 6×31－52.78mm，钢丝绳磁化标定起点位置为将顶驱提到最高位，在滚筒钢丝绳处标定为零点，将顶驱下放到最低点时滚筒处的钢丝绳标定为终点，全长约 630m，从距磁化零点约 10m 处开始检测，检测长度 616m，检出累计损伤数量 3274 个。

检测示例如图 5－13 所示，具体检测数据如表 5－10～表 5－12 所示。部分关键探伤数据曲线如图 5－14 所示。

表 5－10　钻井钢丝绳检测概况

损伤级别	损伤量值/%	损伤位置/m
最大损伤	6.83	614.32
第二大损伤	6.7	557.64
第三大损伤	6.4	615.38

表 5－11　钻井钢丝绳损伤分级统计表

损伤度	量级	备注(判定上限为 10%)
一级损伤	3219	判定上限的 15%～30%
二级损伤	52	判定上限的 30%～60%
三级损伤	3	判定上限的 60%～80%
四级损伤	0	判定上限的 80%～上限
五级损伤	0	大于或等于判定上限

表 5－12 钻井钢丝绳损伤类型分析表

探伤类型	数量/处	最大损伤当量	位置/m
断丝特征	165	1.60	566.42
疲劳特征	269	1.79	387.04
压伤特征	—	—	—
锈磨特征	2562	4.80	474.95
综合特征	278	6.83	614.32

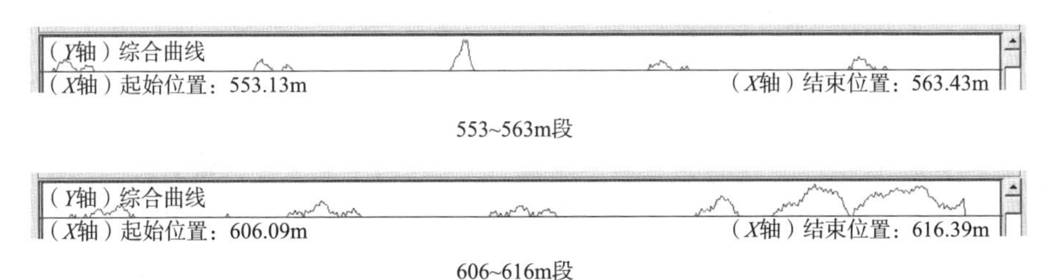

图 5－14 部分关键探伤数据曲线

结合检测数据综合分析可知：右舷绞车滚筒墙板磨损，与钢丝绳剐蹭，易造成钢丝绳早期磨损和排绳乱，建议在使用过程中加强对钢丝绳的检查，并且在有条件时进行修复或更换。

5.5 钻修井钢丝绳在线监测

目前便携式钢丝绳无损检测设备及技术已趋于成熟，但由于现有常规无损检测方式需要待检设备停机，在特殊的工况下才能进行检测；此外，在定期或不定期检测空档期间，无法实时获知钢丝绳损伤情况。鉴于此，有必要应用钢丝绳实时在线监测技术。

5.5.1 技术原理

钢丝绳实时在线监测的核心原理仍然是基于电磁检测技术。通过励磁装置对钢丝绳进行磁化后，某些磁畴会改变随机取向而保持新的取向，在钢丝绳表面产生剩磁效应。当钢丝绳中无缺陷时，剩磁感应强度比较微弱；当钢丝绳存在缺陷时，缺陷被励磁装置磁化后，自身会形成磁回路，缺陷位置的磁力线会泄漏到钢丝绳表面并绕回钢丝绳内部，剩磁效应增大，则利用铁磁性钢丝绳的剩磁特性，采用探伤装置内的传感器探头可测定钢丝绳内剩磁场的变化，从而实现对缺陷的检测。剩磁检测原理示意如图 5－15 所示。

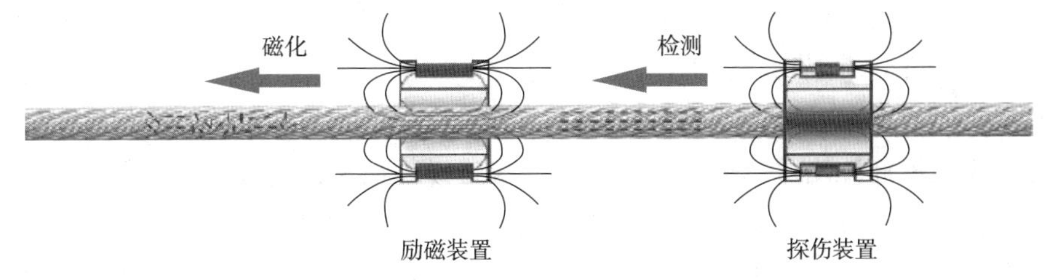

图 5－15 剩磁检测原理示意

钢丝绳在线监测其本质与手持式(便携式)无损检测无异，可简单理解为将手持式无损检测设备利用专用装置固定在待检钢丝绳的适当部位，再融合数据处理软件系统进行实时反馈及分析，确保钢丝绳运行过程中监测设备全程实时监测。

5.5.2 在线监测系统

(1)监测系统总成

目前，功能较为全面的钻修井钢丝绳在线监测系统主要由监测装置、行程计量装置、数采转换工作站、无线/有线信号发送与接收模块、主站、司钻房显示终端(选配)及报警装置等部分组成。系统组成示意如图5－16所示。

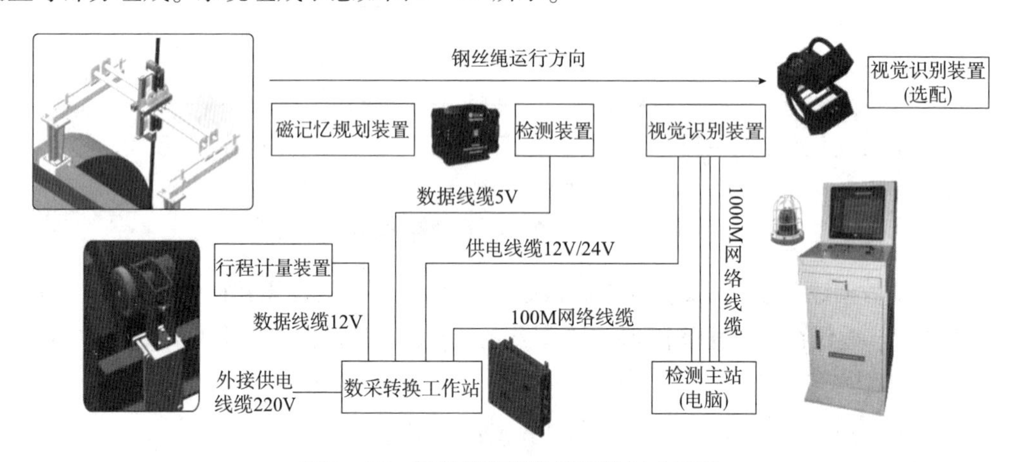

图5－16 钢丝绳在线监测系统组成示意

其中：数采转换工作站安装在监测点附近，完成数据的转换传输功能。智能型多通道信息双向自动交互模式，模块化多功能单元组合配置，便于后期升级更新；高精度行程计量装置采用光电编码器的同步传输，能够对测试目标长度精确测量及对目标位置精确定位；工控主站系统采用工业计算机放置在队长办公室，主站和数采转换工作站之间可根据现场实际工况，通过采用无线/有线网络连接，能够对收到的检测信息进行全面的综合分析，为用户提供钢丝绳的实时状态数据及损伤变化趋势；司钻房设置报警装置，与队长办公室的主站进行连接，通过实时报警模块，在钢丝绳数据异常状态下向现场发出声光报警，并可通过移动数据信号实现短信报警功能；安装结构支架可根据现场考察设计图纸进行定制化制作，辅助随动机构可极大限度解决排绳、抖动影响，支架及辅助随动装置如图5－17所示。对于钢丝绳在特殊工作条件下需要暂时移除在线监测系统或系统需要进行维修时，设备配置了上线及下线功能。当钻修机不进行作业时，可以将设备调到下线功能，尽量减少设备对于现场作业的影响。

(2)监测系统特点

系统主要电气部件均需达标防爆产品；连接线缆均需采用防爆铠装线缆，并使用防爆快速插接装置连接，方便安装与维护，满足海洋石油平台作业现场防爆及防护等级要求。所用设备需通过交变湿热及振动等实验并对检测探头和出线装置做加强设计，以满足海上

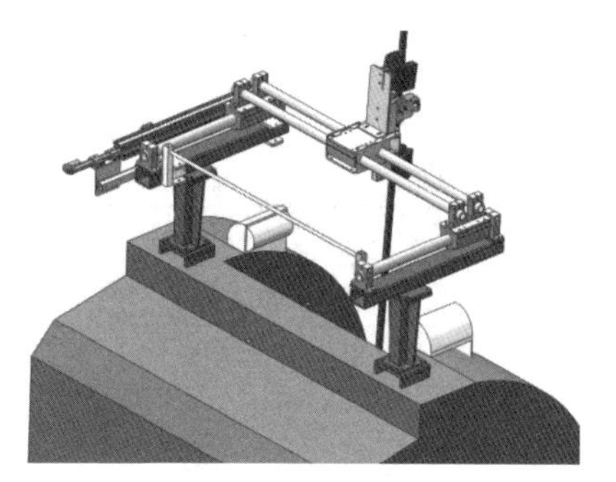

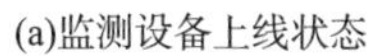
(a)监测设备上线状态

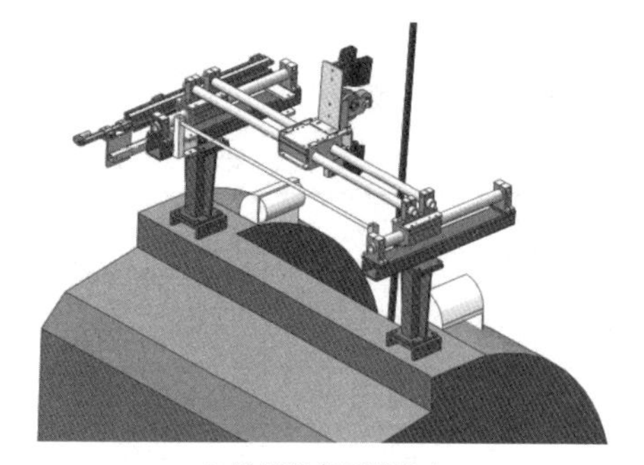

(b)监测设备下线状态

图 5-17　支架及辅助随动装置

高湿度、高盐度、高温差、高振动的情况。此外，行程计量装置摩擦轮磨损位置需要定期检查维护。

5.5.3　应用案例

依据调研情况，海洋石油钻修井钢丝绳正常作业过程中存在绳速快、振动幅度大等工况，对于具体情况，针对在线监测机械装置、磁化采集设备及分析软件等进行适用性升级改进。

(1)检测模块外侧用钢板进行了加强，使得夹持轮系吸收钢丝绳抖动产生的能量不再直接传导至检测模块，而是通过整体的支架进行了能量吸收。

(2)夹持轮系使用两组四个轮子对钢丝绳在检测模块内部的位移进行了前后限位，水平方向的抖动通过滚珠滑块进行了能量吸收，解决了高速时钢丝绳打探头的问题。

(3)检测支架进行了模块化的设计，解决了不同型号钻修机绞车尺寸不一致的问题。

经过针对性的设计，开发出在线监测装置如图 5-18 所示。

(a)在线监测装置设计图

(b)在线监测装置实物

图 5-18　钻修井钢丝绳在线监测装置

通过待检设备的尺寸测量、专用支架的加工及安装，将整套钻修井钢丝绳在线监测装置在某钻机上进行了工程应用。经过现场 40 余天的持续跟踪显示，该套装置可以满足作业复杂工况 24h 实时监测，监测范围为 0～8.3m/s(最高可达 12m/s)；起下钻、负载作业等工况运行平稳，监测效果良好。在某次监测中发现了断丝提示，监测数据如表 5－13 所示。经去除表面油污观察确认(图 5－19)，监测报警准确。

表 5－13 钻井钢丝绳监测情况

钢丝绳情况					
钢丝绳直径	36mm	钢丝绳规格	6x19S + FC	钢丝绳数量	1 根
钢丝绳安装日期	2020 年 9 月	总使用时长	12 月	钢丝绳总长度	600m
上次切绳日期	2021 年 8 月	已使用时长	1 月	上次切绳长度	40m
导绳	3000t/km	切绳	5000t/km	下次计划切绳	230m
检测设备参数					
可检测绳长	380m	设备安装基准日	2021 年 9 月	报废上限(金属截面积损失率)	10%
依据标准	SY/T 6666，GB/T 8918，GB/T 5972，QHS 4004				
钢丝绳检测数据分析					
检测时间	2021 年 9 月 17 日	检测长度	377.2m	检测绳速	6m/s
检测起始位	大钩下放至最低	检测方向	上提	检测匀速	0.5m/s
损伤信息					
损伤数	10	最大损伤量值	2.5%	最大损伤程度	轻度
损伤编号	损伤位置	损伤量值	损伤程度	损伤特征	查验结果
1	108.87m	2.5%	轻度	断丝、疲劳	捻距内，外层同股顶部，断 2 丝
2	137.70m	1.0%	轻微	断丝、疲劳	
3	191.44m	0.9%	轻微	锈蚀、疲劳	
4	253.90m	1.6%	轻微	断丝、锈蚀、疲劳	表面无断丝；可见明显锈斑；内部有锈断
5	254.19m	1.9%	轻微	断丝、锈蚀、疲劳	
6	254.47m	1.5%	轻微	断丝、锈蚀、疲劳	
7	275.63m	1.0%	轻微	锈蚀、疲劳	
8	337.94m	0.8%	轻微	锈蚀、疲劳	
9	348.61m	1.0%	轻微	锈蚀、疲劳	
10	355.40m	0.9%	轻微	锈蚀、疲劳	
钢丝绳状态评估	同层股的一个股中顶部断丝 2 丝；16d(d 为钢丝绳直径)范围内，内部锈蚀并包含 3 处锈断；应谨慎使用，尽快切绳、换绳				
检测波形图					

图 5-19　钢丝绳断丝（108.87m 处）

由于该钢丝绳也即将达到 t/km 的滑移切割节点，故井队及时将该段钢丝绳进行了切除处理。

5.6　本章小结

本章节分析了海洋钻修井钢丝绳工作原理及常见问题，并详细介绍了安全检查及滑移切割的要求。针对现有管理及检验评估手段的不足，重点介绍了无损检测及实时在线监测技术在钻修井钢丝绳安全评估中的应用，完善了海洋钻修井钢丝绳安全监管手段，给海上钢丝绳智慧监管提供了新的思路。

6　井控装备安全评估

6.1　井控装备简介

井控装备能够在钻修井作业过程中对油气井的压力进行有效的控制，使压力尽可能地保持平衡，是防止井喷失控、避免发生井喷事故的专用设备，也是实现钻修井作业安全的可靠保证。井控装备是钻修井设备中必不可少的系统装备，它包括一整套专用设备、管汇、仪表和工具。常见井控装备包括以下几类：

(1)防喷器组和控制系统，包括闸板防喷器、环形防喷器、控制系统、井口装置和钻井四通等。

(2)阻流压井管汇，包括阻流压井管线、阀门及控制系统、固井管线等。

(3)内防喷工具，包括钻具内防喷器、方钻杆上下旋塞、顶驱安全阀、投入式止回阀和钻头浮阀等。

(4)钻井液处理设备，包括液气分离器、除气器、加重装置、灌注泵、计量罐等。

(5)井控仪器、仪表，包括钻井液池液位计、密度计、泵冲仪、气体探测仪等监测仪器，立管和套管压力表等。

(6)隔水管和分流装置，包括转喷器、隔水管鹅颈管、分流器及控制装置等。

(7)特殊作业设备，包括强行起下钻加压装置、旋转防喷器等。

井控系统组成示意如图6－1所示。

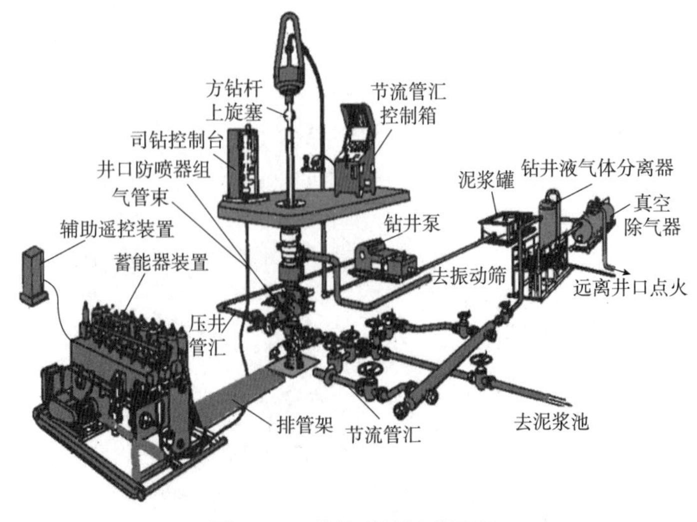

图6－1　井控系统组成示意

6.1.1　防喷器组

6.1.1.1　防喷器组构成

(1)环形防喷器

环形防喷器又称为万能防喷器，可封闭任意形状和尺寸的钻具，一般在井控作业时先行使用。它具有承压高、密封可靠、操作方便及开关迅速等优点，特别适用于密封各种形状和不同尺寸的管柱、电缆及钢丝等，也可全封闭井口。

环形防喷器由液压控制系统操作。关闭时，工作液进入活塞下面的关闭腔，推动活塞上行推挤胶芯。由于受顶盖的限制，胶芯上行受阻，只能被挤压变形，储存在胶芯加强筋之间的橡胶因加强筋相互靠拢而被挤向中心，直至抱紧管柱封闭环形空间或封闭空井，达到封井的目的。打开时，工作液进入活塞上面的开启腔，推动活塞下行，作用在胶芯上的挤压力消除，胶芯在自身弹性力的作用下逐渐复位，井口打开。

环形防喷器主要由顶盖、胶芯、活塞、壳体及密封件等部件组成。环形防喷器根据胶芯形式不同，主要分为球形胶芯环形防喷器和锥形胶芯环形防喷器，如图6－2所示。

(a)球形胶芯环形防喷器

(b)锥形胶芯环形防喷器

图6－2　环形防喷器

(2)闸板防喷器

闸板防喷器开关动作迅速，使用方便，安全可靠。井内有钻具时，可用与钻具尺寸相应的半封闸板封闭井口环形空间；当井内无钻具时，全封闸板能全封闭井口；井内钻具需要剪断全封井口时，可用剪切闸板剪切井内钻具全封井口；某些闸板防喷器的闸板允许承重，可用以悬挂钻具；闸板防喷器的壳体上有侧孔，可使用侧孔节流泄压；闸板防喷器可用来长期封井。

当工作液进入左、右液缸的关闭腔时，液压推动活塞及活塞杆，使挂在活塞杆头上的左、右闸板沿着闸板腔内导向杆(筋)限定的轨道，分别向井孔中心移动。闸板包住钻具，密封钻具外环形空间，达到封井的目的。当工作液进入左、右液缸的开启腔时，左、右两个闸板在活塞和活塞杆的推动下分别向离开井口中心的方向移动，达到开井的目的。

闸板防喷器主要由壳体、侧门、油缸、活塞与活塞杆、锁紧轴、端盖、闸板等部件组成。按闸板的功能分为半封闸板、变径闸板、盲板和剪切闸板防喷器。闸板防喷器按其闸板数量分为单闸板、双闸板和三闸板防喷器，如图 6－3 所示。

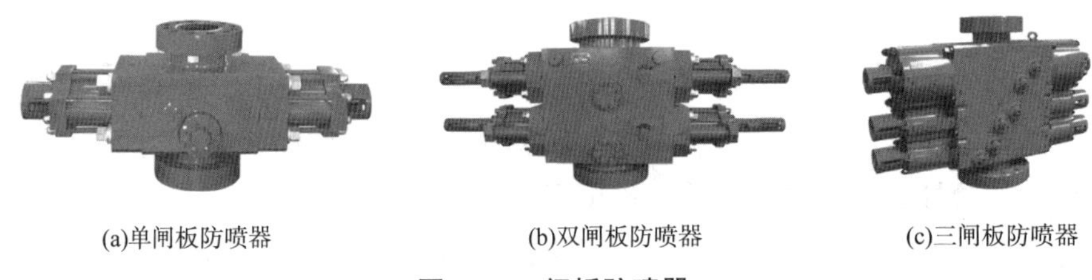

(a)单闸板防喷器　(b)双闸板防喷器　(c)三闸板防喷器

图 6－3　闸板防喷器

(3)钻井四通

钻井四通是安装于防喷器组合之间的承压件，在组合间形成主侧通道，如图 6－4 所示。通过侧孔可安装节流压井管汇，进行压井、节流循环、挤注水泥及释放井内压力等作业。

图 6－4　钻井四通

6.1.1.2　海上防喷器常见组合形式

防喷器根据其工作环境可分为水上防喷器和水下防喷器。

(1)水上防喷器

水上防喷器是安装于水面井口上方用于控制井筒压力的设备，该设备包括闸板防喷器、四通、环形防喷器、阻流和压井阀门，以及通往阻流压井管汇的高压管线。依据不同的作业设施及作业类型，海洋石油水上防喷器组常见组合形式如图 6－5 及图 6－6 所示。

(a)防喷器组合示意图　(b)防喷器组现场安装图

图 6－5　钻井平台及模块钻机钻井作业防喷器组合

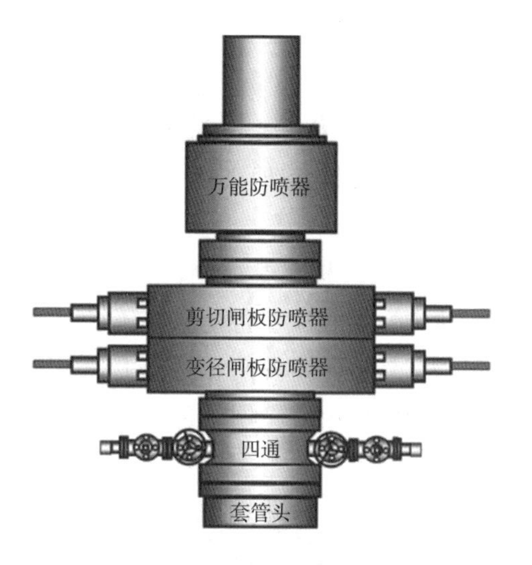

(a)防喷器组合示意图

(b)防喷器组现场安装图

图 6－6 修井机井下作业防喷器组合

(2)水下防喷器

水下防喷器是半潜式钻井平台进行海洋石油勘探开发与作业的关键单元设备，深水钻井平台水下防喷器组由闸板防喷器和环形防喷器两种规格防喷器组合而成，结合水下控制箱、节流压井管线等其他设备实现水下钻井作业的井控功能。

为了便于起下和固定，通常用框架将水下防喷器组合成一个整体，在上、下环形防喷器之间装有快速连接器，以便应急解脱。水下防喷器组由防喷器组和隔水管插入总成两部分构成。图 6－7 为目前国内现有半潜式钻井平台使用的典型水下防喷器组配置型式。

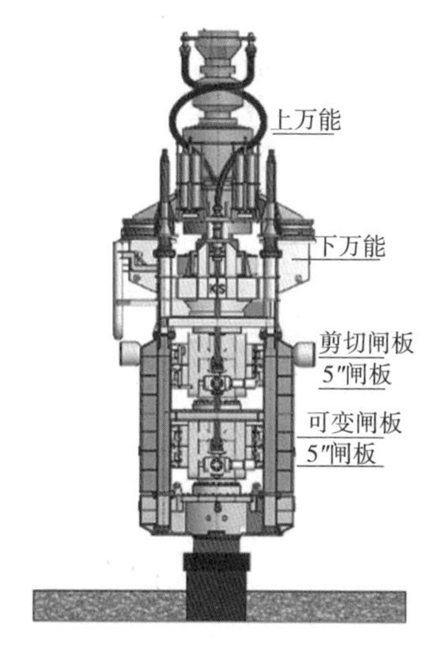

(a)防喷器组合示意图

(b)防喷器组现场实物图

图 6－7 水下防喷器组合

6.1.2 防喷器控制系统

防喷器控制系统用于对防喷器组上各设备进行控制(开关)操作，系统包括泵、阀门、管汇管路、储能瓶组，以及用于打开和关闭防喷器设备所需的其他必须附属设备(控制面板、指示/报警装置等)。

防喷器控制机组通常有一个主机组并配有两个控制盘，即司钻控制盘和辅助遥控盘。主机组通常安装在主甲板或生活区附近，由油箱、泵组、储气瓶、管汇和液压换向阀等组成，用于储备能量、提供动力和直接开关防喷器组。司钻控制盘安装在钻台上，主要用于在钻台上关井和控制溢流。遥控盘一般安装在生活区内的值班室，用于司钻控制盘失效时的关井控制溢流。

当发生井喷或井涌时，一般是依靠地面防喷器控制装置的远控系统控制防喷器动作，达到控制井喷的目的。控制装置预先制备与储存足量的液压油并控制液压油流向，使防喷器迅速开关。在防喷器控制装置的高压储能瓶中预先储存有足够量的高压控制液，需要关井时高压控制液迅速释放高压能量，短时间内实现一系列关井动作。当开关井动作使储能瓶压力降到一定程度时，控制系统会自动启动电泵或气泵向高压储能瓶中补充控制液，使控制液的存量和压力始终保持在要求范围内。防喷器控制装置按其控制原理可分为液控液、电控液和气控液方式三种。自升式平台通常采用气控液方式，如图6－8所示。浮式钻井平台常采用电控液方式，其防喷器控制机组示意如图6－9所示。水下防喷器组通常带有部分水下储能器瓶和两个水下控制盒，地面控制机组将高压液储存到水下和水上两组储能瓶中，水上采用电控方式将电控信号直接传到水下控制盒处，由水下控制盒直接控制水下储能器实施关井动作。

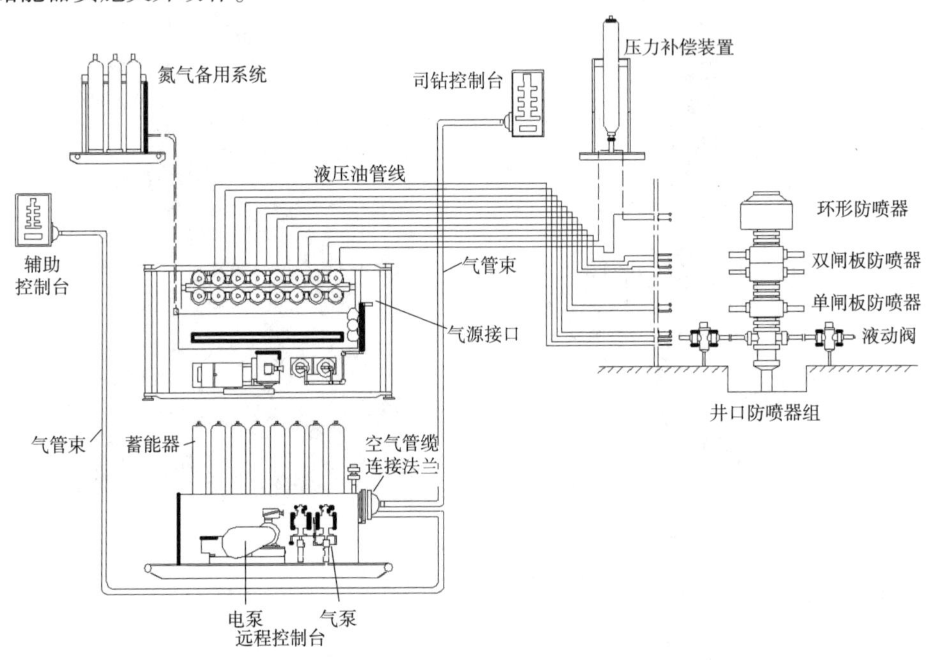

图6－8 自升式钻井平台使用的防喷器控制系统示意

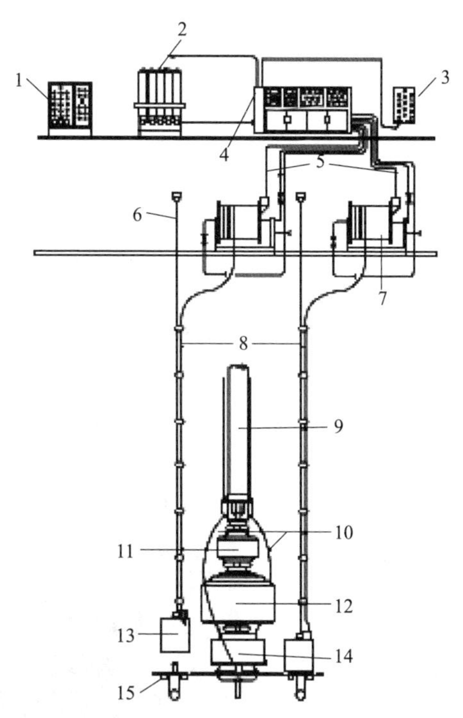

图 6－9　浮式钻井平台使用的防喷器控制系统示意

1—司钻控制台；2—储能器组；3—小遥控台；4—主控制台和动力机组；5—液压控制软管；6—张力钢丝绳；7—软管滚筒；8—液压控制软管；9—隔水管；10—压井、防喷管线；11—球接头；12—万能防喷器；13—水下控制盒；14—隔水管连接器；15—插座(装于防喷器上)

6.1.2.1　远程控制台

远程控制台主要由蓄能器组、气泵、油箱、电泵等组成，是制备、储存和调节高压液压油并控制液压油流动方向的液压系统，是控制装置的主要组成部分。典型的远程控制台如图 6－10 所示。

图 6－10　远程控制台

蓄能器用来储存一定压力的液压油，可以为井口防喷器及液动阀工作时提供动力。蓄能器具有储存能量、稳定压力、减少功率消耗、补偿渗漏、吸收压力脉动和缓和冲击力等多种作用。

囊式蓄能器由若干个钢瓶组成，每个钢瓶中装有胶囊，胶囊中预充(7 ±0.7)MPa 的氮气。蓄能器主要利用胶囊中气体的压缩、膨胀来储存和释放能量。通常情况下，为保证作业现场的安全，将防喷器组中全部防喷器关闭液量及液动放喷阀打开液量增加 50% 的安全系数作为蓄能器组的可用液量。

电动油泵或气动油泵将 7MPa 以上的压力油输入瓶内，瓶内油量逐渐增多，油压升高，胶囊里的氮气被压缩，直到瓶中油压达到(21 ±0.7)MPa 为止。在防喷器开关动作用油时，胶囊氮气膨胀将油挤出，瓶内油量逐渐减少，油压降低，通常油压降至(18.5 ±0.3)MPa

时，电动油泵自动启动向瓶内补充液压油，使油压恢复到(21±0.7)MPa为止。注意：控制系统正常工作时，液控系统最低工作压力为8.5MPa。

6.1.2.2 司钻控制盘

司钻控制盘(图6-11)是使远程控制台上的三位四通换向阀动作的遥控系统，间接操作井口防喷器开关。司钻控制盘安装在钻台上司钻岗位附近。

6.1.2.3 辅助遥控盘

辅助遥控盘(图6-12)具有压力显示、转阀换向控制及报警等功能。由于体积小，便于放置在值班房或队长办公室内，作为应急的遥控装置备用。

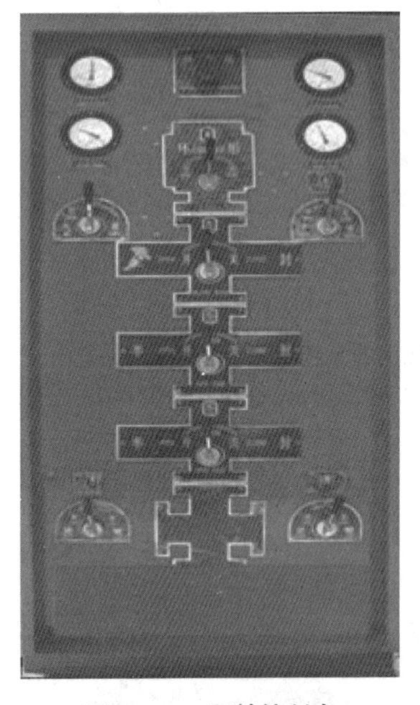

图6-11　司钻控制盘

图6-12　辅助遥控盘

6.1.2.4 水下防喷器控制系统

水下防喷器控制系统是一套对水下防喷器组进行迅速操作和控制的装置，可以在几十秒内把水下防喷器打开和关闭，在紧急情况下能将水下隔水管组与防喷器组及时脱开和回接，能有效控制水下井口连接器和压井节流阀等。简单来说就是作业人员操作防喷器组操作平台上的控制面板，将控制信号转化为电流信号或者液压信号，然后传递到防喷器控制箱，控制箱通过控制相应的液压阀，从而控制防喷器的开关。目前，海上钻井作业可根据不同的钻井水深，将水下防喷器组的控制系统划分为四种，即直接液压、先导液压、单路电液和多路电液控制系统。控制系统有两套，涂成黄、蓝两色(简称黄蓝盒)，以示区别，在水下防喷器处由梭子阀隔开，一套工作时，另一套备用。典型的水下防喷器控制系统如图6-13所示。

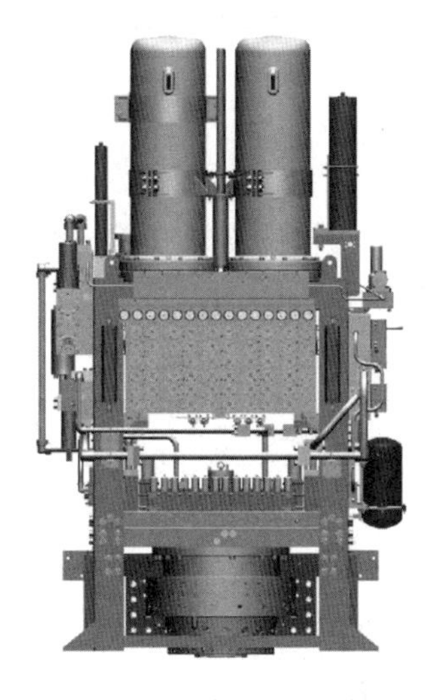

(a)水下防喷器控制系统示意图

(b)防喷器控制系统实物

图 6-13　水下防喷器控制系统

6.1.3　节流压井管汇

节流压井管汇(图 6-14)是必不可少的井控设备，用于在防喷器关闭后对井内流体排出量和压力进行控制。节流压井管汇由高压管线、高压阀门、手动节流阀、液动节流阀控制盘和压力表按照一定方式安装连接组成，是一套装有可调节流阀、平板阀的专用管汇。在钻井过程中，当泥浆经过钻杆向下循环的正常方法不能使用时，通过该设备可直接向井筒中泵入泥浆，达到控制油气井压力的目的。在发生井涌和溢流的初期，可用于控制井涌和溢流。该设备通过和防喷器连接，能够有效地控制井喷。除此之外，节流管汇还可以用于洗井等作业。

图 6-14　节流压井管汇

6.2　防喷器组安全评估

6.2.1　防喷器组检验检测

6.2.1.1　安全检查

为确保防喷器组在安装及使用过程中的合规性，及时发现设备隐患并进行整改，需要进行防喷器组的安全检查。检查内容及要求可依据 Q/HS 14035《海上井控设备检验规范》

及 SY/T 6962《海洋钻井装置井控系统配置及安装要求》等相关标准来执行。

6. 2. 1. 2　磁粉检测

防喷器组结构件在使用过程中，由于井内压力大，且防喷器反复受碰撞、冲击等工况，壳体等部件会形成不同类型的裂纹缺陷。可采用磁粉检测方式来检测其表面结构完好性。对某双闸板防喷器组侧门螺栓磁粉检测的结果如表 6 -1 所示。

表 6 -1　侧门螺栓磁粉探伤

样品名称	双闸板防喷器	检测部位	侧门螺栓
检测仪器型号	CDX - Ⅲ	检测仪器编号	4752
标准试块	—	灵敏度试片	A_1—30/100
磁粉类型	黑磁粉	磁化方法	磁轭法
磁悬液	油基	喷洒方法	喷洒
提升力	≥45N	焊缝条数	—
安匝数	—	检测比例	100%
磁化时间	1 ~3s	磁化电流	交流电
检测标准	NB/T 47013. 4—2015《承压设备无损检测　第 4 部分：磁粉检测》		
检测部位及缺陷位置示意：			
检测结果	未发现应记录缺陷，评为 I 级		

6. 2. 1. 3　渗透检测

防喷器各密封面的密封质量是至关重要的，任何细微的缺陷都不允许存在。在防喷器的侧门密封槽、钢圈槽和堆焊防腐蚀合金的闸板腔等部位的检测中，可应用渗透检测方法。在自然光线条件下，使用着色渗透探伤剂显示结果更加清晰且保持性好。在不便于观察和一些磁粉检测无法检测到的复杂结构部位，如水下防喷器壳体侧法兰内孔这样的细长孔结构，使用荧光水洗法渗透，结合使用工业内窥镜进行渗透后的检测，可以达到稳定清晰的渗透显示结果。对某环形防喷器及钻井四通钢圈槽进行渗透检测如表 6 -2 及表 6 -3 所示。

表6-2 环形防喷器上钢圈槽渗透检测

样品名称	环形防喷器	检测部位	上钢圈槽
检测方法	渗透检测	检测比例	100%
对比试块	镀铬试块	环境温度	17℃
观察方式	目视、放大镜	清洗剂型号	DPT-5
显像剂型号	DPT-5	渗透剂型号	DPT-5
检测标准	NB/T 47013.5—2015《承压设备无损检测 第5部分：渗透检测》		

检测部位及缺陷位置示意：

检测结果	未发现应记录缺陷，评为Ⅰ级

表6-3 钻井四通渗透检测

样品名称	钻井四通阀门组	检测部位	上、下钢圈槽
测试方法	渗透探伤	检测比例	100%
对比试块	镀铬试块	环境温度	27℃
观察方式	目视、放大镜	清洗剂型号	DPT-5
显像剂型号	DPT-5	渗透剂型号	DPT-5
检测标准	NB/T 47013.5—2015《承压设备无损检测 第5部分：渗透检测》		

探伤部位及缺陷位置示意：

探伤结果	对钻井四通阀门组上、下钢圈槽进行渗透探伤，经探伤未发现应记录缺陷，评定为Ⅰ级

6.2.1.4 硬度测试

API Spec 16A 中 8.5.1.4 规定：用碳钢、低合金钢及马氏体不锈钢制成的零件的硬度应等于 NACE MR 0175 规定的最大值或不低于表 6－4 中的最小硬度要求。

表 6－4　最小硬度要求

API 材料代号	36K	45K	60K	75K
布氏硬度	HB140	HB140	HB174	HB197

对某双闸板防喷器及钻井四通壳体进行硬度测试，结果如表 6－5 及表 6－6 所示。

表 6－5　双闸板防喷器壳体硬度检查情况

设备名称	里氏硬度计	设备型号	DHT－100	设备编号	A000－1815
材料代号	75K	单位	HBHLD	—	—
测点部位	实测值				硬度值
壳体	198	196	201	209	199	201
侧门	206	197	211	197	206	203
测试结果	对双闸板防喷器硬度检测结果符合标准 API Spec 16A 第 8.5.1.4 条硬度检测 API 材料代号 75K 硬度的要求					

表 6－6　钻井四通壳体硬度检查情况

设备名称	里氏硬度计	设备型号	DHT－100	设备编号	A000－1815
材料代号	75K	单位	HBHLD	—	—
测点部位	实测值				硬度值
壳体	208	209	208	215	212	210
测试结果	测试结果符合 API Spec 16A 第 8.5.1.4 条硬度测定 API 材料代号 75K 材质的要求					

6.2.1.5　声发射检测

防喷器组内部结构复杂、零部件繁多，在使用过程中，其本体内部可能会在遭受多种工况作用下产生裂纹缺陷，给钻修井作业带来安全隐患。由于防喷器本体较厚，故磁粉和渗透方法均不能检测出壳体内部的缺陷。而声发射技术作为一种动态的无损检测技术，已被广泛应用于防喷器组内部缺陷检测中。它的优点是即时性和全面性，可以检测防喷器组壳体在承压过程中裂纹的产生和扩展。

(1)声发射测试要求

SY/T 6160—2019《防喷器检验、修理和再制造》第 6.10.2 节对声发射试验要求如下：

防喷器声发射试验按 GB/T 18182 所规定进行。在第一次加压过程中，任何声发射事件或声发射计算数率迅速增加时，应要求保压。若在保压过程中上述两种迹象中任一种继续出现，则应将压力降至大气压并查找原因。防喷器试验过程中应无渗漏。

在第二次加压过程中，第一次加压过程中的要求仍然适用，且不应出现以下的声发射指示：

①在保压过程中出现声发射事件；

②任意一个产生多于 500 个计数或产生一个相当于 500 个计数的特征的声发射事件；

③任意一个直径等于焊缝厚度或25mm(1in)(取其大者)的圆面积上出现三个或三个以上的声发射事件;

④任意一个直径等于焊缝厚度或25mm(1in)(取其大者)的圆面积上出现两个或两个以上的声发射事件，且该面积在第一次加压过程中出现多个声发射事件。

防喷器产生有疑问的声发射响应信号(即声发射检测人员无法解释的声发射信号)时，应按GB/T 20174—2019《石油天然气钻采设备 钻通设备》中8.5.1.15.2的规定通过射线检测进行评定。若防喷器的结构不宜采用射线检测时，可按GB/T 20174—2019中8.5.1.15.3的规定进行超声波检测。适当时，防喷器最终结果的评定应取决于射线检测或超声波检测的结果。

(2)钻井四通声发射测试案例

声发射试验的部位为整个钻井四通的壳体，该钻井四通体积不大，而且外观规则，因此，一次测试就可以包含整个四通。为了能将探伤范围覆盖整个钻井四通，采用8个传感器，声发射检测传感器布置如图6-15所示。

图6-15 声发射检测传感器布置图

通过模拟源对该方案进行测试和校准，测试结果显示信号定位准确、幅度高，且声波在壳体表面的传播特性好，适合用于该型号钻井四通的声发射试验。

该钻井四通额定工作压力为35MPa(5000psi)，由于此钻井四通无出厂日期等相关资料，检测时采取分级加压的方式进行。检测数据如表6-7及图6-16~图6-18所示。

表6-7 声发射检测结果

测评设备	Micro-Ⅱ(8)通道声发射测试系统、试压监控系统	试验介质	清水
材料牌号	—	额定工作压力	35.0MPa
前置放大器	2/4/6型	门槛值	40dB
前放增益值	40dB	耦合剂	黄油
加载设备	试压泵	压力变送器型号	0~250MPa
检测中重要记事	样品为正立，钻井四通下装试压法兰，上部连接单闸板，关闭单闸板，从下部试压法兰端进行加载。低压压力升至2.19MPa，稳压10min，压降0.39MPa，外观无漏失；高压压力升至35.81MPa，稳压15min，压降0.11MPa，外观无漏失。在钻井四通进行压力试验同时进行声发射检测，检测的部位为钻井四通本体		
评级和结论	该样品在打压期间，产生大量声发射事件，在试验压力下，保压期间未产生有效声发射事件。按照GB/T 18182《金属压力容器声发射检测及结果评价方法》评定方法，声发射检测评为Ⅰ级(建议检测有效期为1年或承受50次压力循环)		

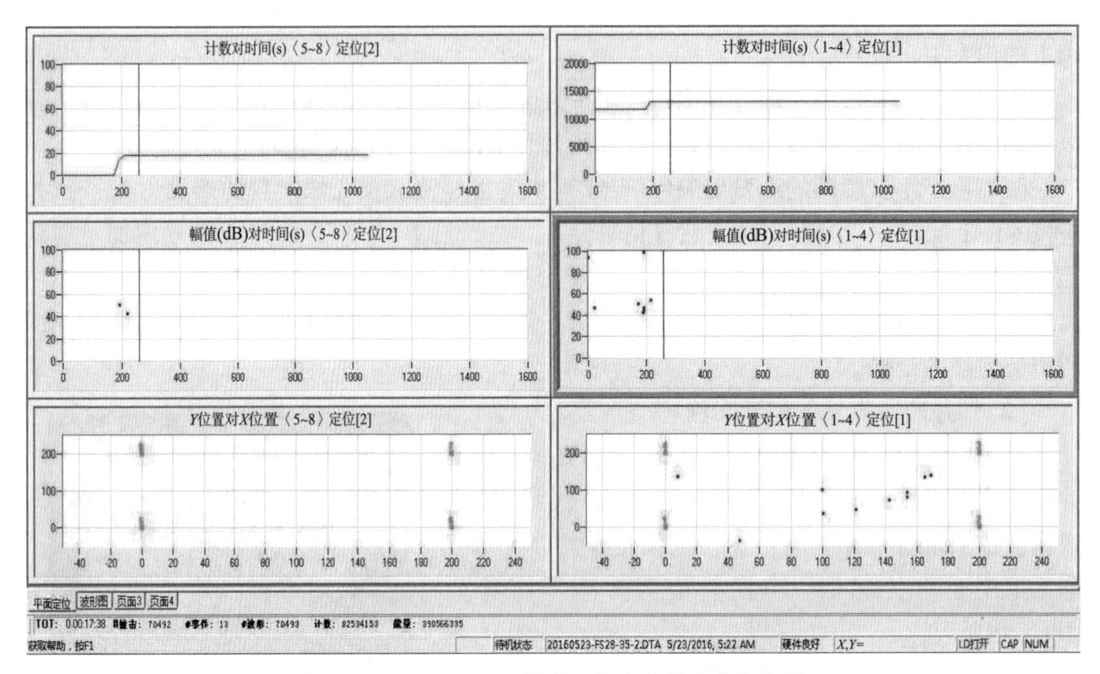

图 6－16　FS28－35 钻井四通声发射试验定位图

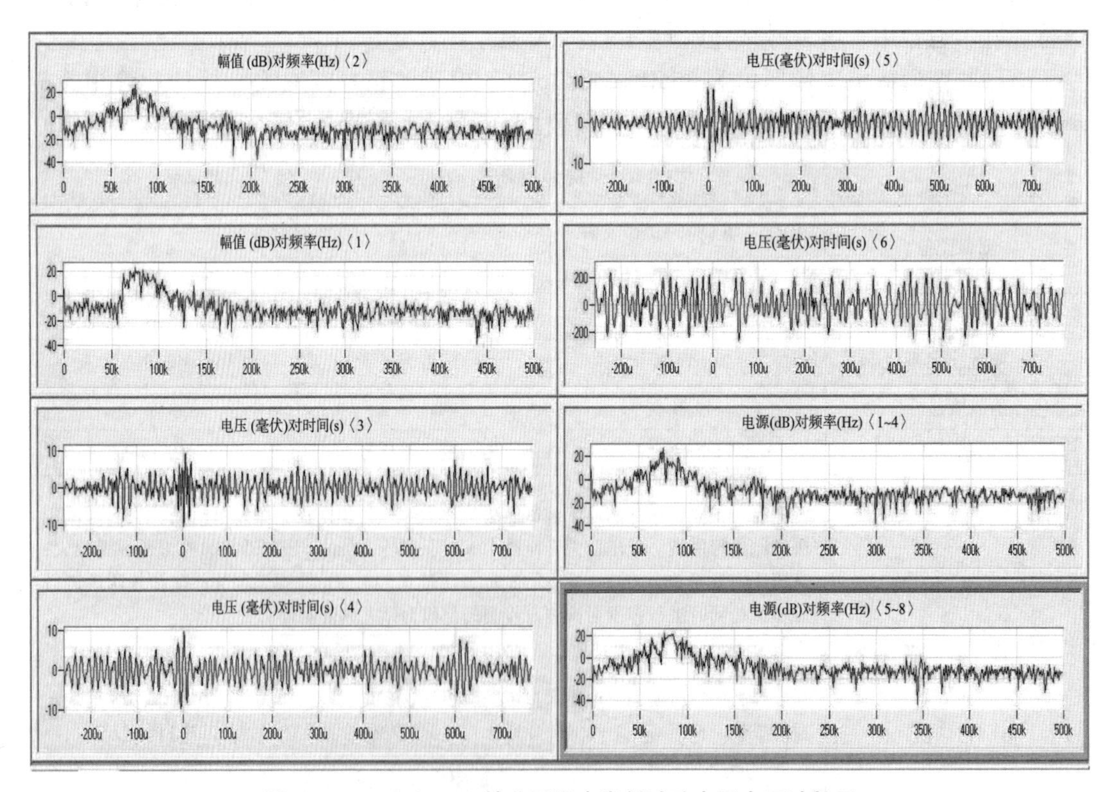

图 6－17　FS28－35 钻井四通声发射试验电源电压计数图

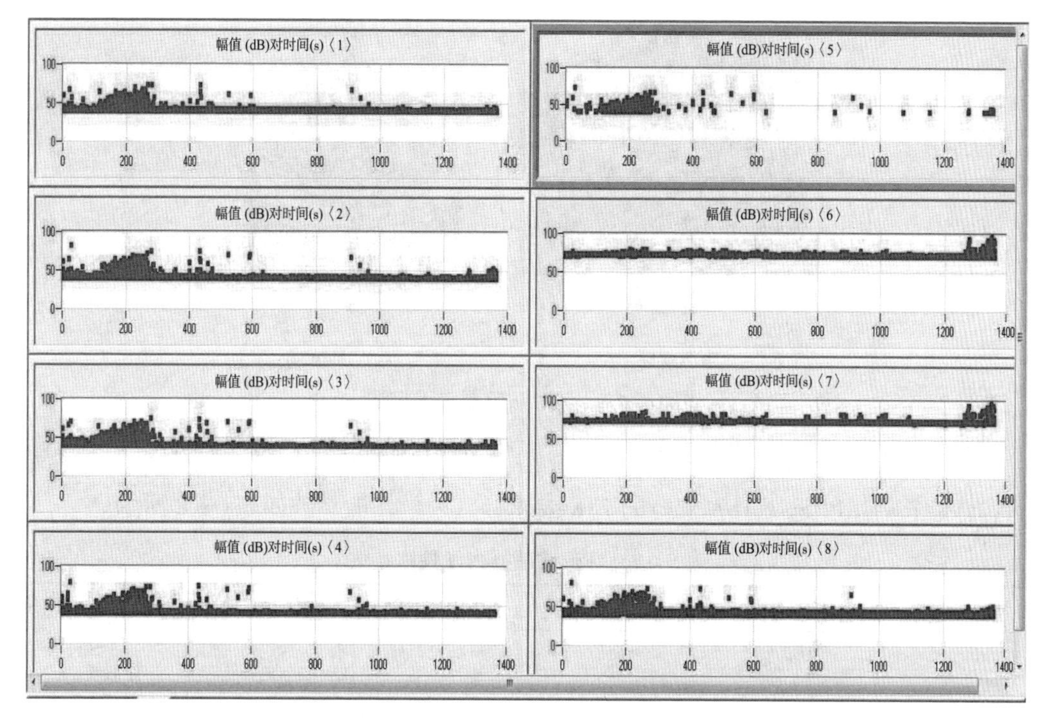

图 6 -18　FS28 -35 钻井四通声发射试验幅度图

6.2.2　防喷器组仿真分析

防喷器安全评估要考虑整体部件的受力情况。而由于防喷器承压件的结构较为复杂，依靠常规的理论公式进行强度校核有一定局限性。因此，可以通过有限元分析的方法，合理建立有限元三维模型，充分考虑各种荷载影响因素，应用 API Spec 16A 规范进行强度校核。此外，采用有限元分析技术对防喷器组进行受力分析，可以预测出防喷器的破坏荷载及破坏规律，从而为防喷器的判废提供参考。

6.2.2.1　强度分析

防喷器作为防喷器组中最重要的承压件，为确保其在役期间安全正常地运行，防喷器壳体必须在承受作业工况压力下满足强度要求。

(1)环形防喷器强度分析

以某型水下环形防喷器为例，依据设计图纸，建立环形防喷器三维模型。为了能够提高运算的效率，在不影响结果的前提下可将部分元素简化，即将模型进行修补或删除。就主壳体及顶盖而言，可以将吊环总成、爪盘、螺栓、螺栓孔等忽略，将法兰盘上的圆角、孔的倒角以及部分倒角简化。建立好的各部件模型如图 6 -19 所示。

但在进行壳体承压能力分析时，为了减少网格数量，提高计算效率，考虑壳体的对称性，对其三维模型进行简化，计算其 1/4 模型即可，同时忽略一些圆角和一部分倒角，忽略并简化了部分螺栓孔，简化后的模型如图 6 -20 所示。

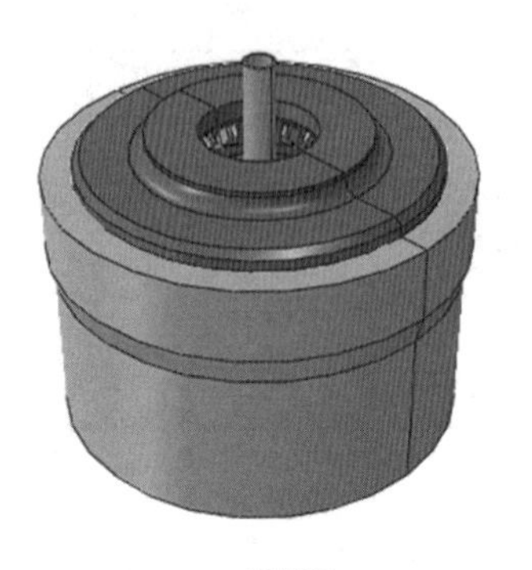

(a)外视图

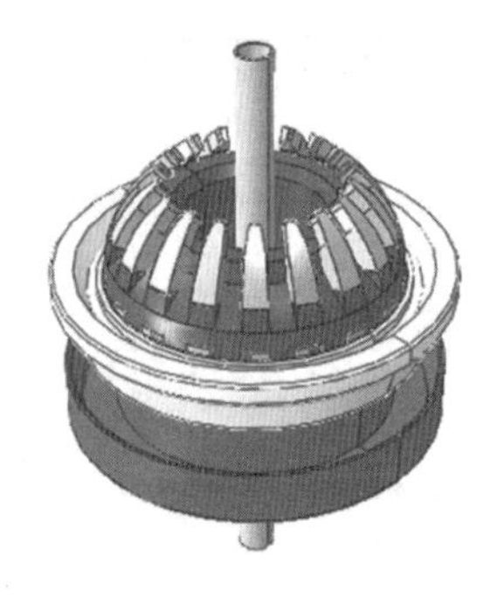

(b)内部结构

图 6－19　环形防喷器三维模型

环形防喷器的壳体、顶盖均采用铸造成型，采用了 ZG25CrNiMo 高韧性低合金钢铸件材料，性能符合 API Spec 16A 规范的 75K 要求，其力学性能参数如表 6－8 所示。

表 6－8　环形防喷器力学性能参数

弹性模量/MPa	泊松比	强度极限/MPa	屈服极限/MPa	延伸率/%	断面收缩率/%
2.06×10^5	0.3	≥655	≥517	≥18	≥35

由于该壳体形状较为复杂，为提高计算精度，模型经处理后进行单元划分，根据结构特点选择计算精度较高的八节点六面体单元类型，并对主要承压部位及可能应力集中较严重的圆角处采用手动加密网格。壳体计算模型共划分单元 49523，节点 14278 个，网格划分结果如图 6－21 所示。

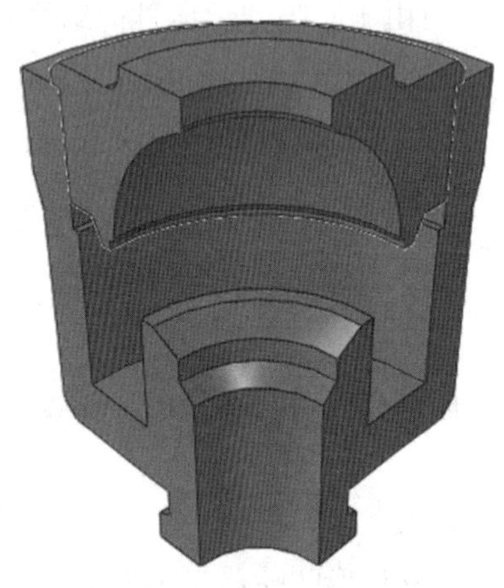

图 6－20　环形防喷器 1/4 模型

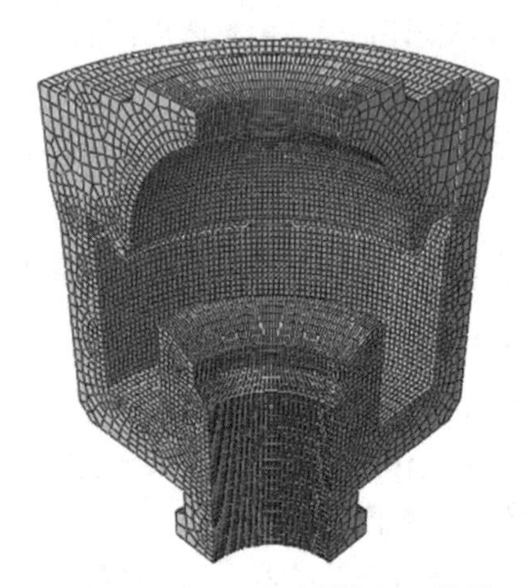

图 6－21　环形防喷器有限元模型

由设计文件可知：顶盖与壳体的连接安装方式是通过爪盘固定，这些细小部件不会对整个壳体及顶盖的受力状态有太大影响。因此，将爪盘及转盘销钉等细部构造进行简化，将爪盘固定的位置通过建立绑定约束的方式进行模拟。此位置有两个接触对，如图 6－22 所示。

在荷载的施加上，壳体、顶盖的内部承压面上施加均布压力。模拟施加的内部荷载包括两个级别，分别为工作状态下额定工作压力(35MPa)及试验状态下1.5倍额定工作压力(52.5MPa)；壳体、顶盖的外面上施加作业水深处的静水压力(10MPa/1000m水深)。顶盖的上表面及壳体的下表面为固定端，加位移约束；壳体的剖面上加对称约束。荷载及约束示意如图6-23所示。

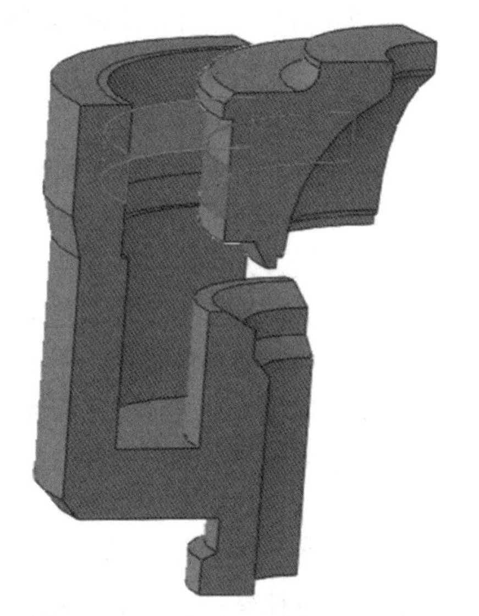

图6-22 环形防喷器爪盘处接触对

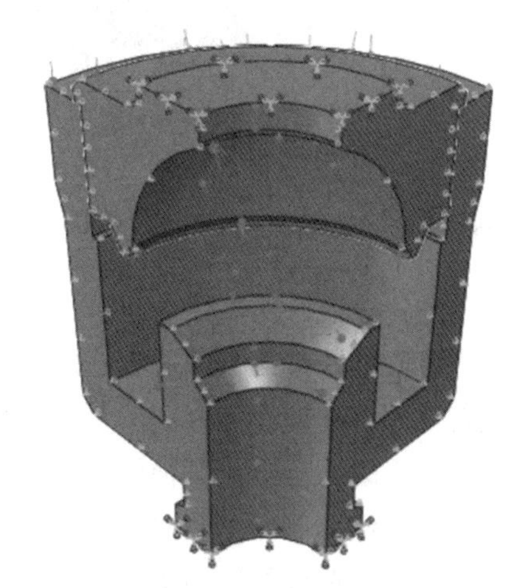

图6-23 环形防喷器荷载及边界条件

在计算过程中作如下假定：不考虑壳体、顶盖本身的质量；荷载为静载，不考虑动态荷载、疲劳；不考虑热应力和温度变化的影响。

强度校核采用API Spec 16A推荐的第二种强度校核的方法进行校核，即防喷器壳体所承受最大等效应力不大于材料屈服强度即满足要求。

由图6-24可以看出，在额定工作压力状态下(35MPa)，最大等效应力为115MPa，发生在壳体油腔转角处，低于屈服极限517MPa，说明在35MPa额定工作压力下，壳体与顶盖整体处于弹性状态，强度符合API规范要求。此外，通过对应力云图分析可知，壳体存在几个较高应力区域、壳体通径壁厚减薄处、壳体油腔内壁处及壳体油腔连接转角处等。需要指出的是，顶盖与壳体连接爪盘处同样有一定的应力集中现象。因为这里是顶盖与下壳体的连接部位，传递了大部分荷载，故引起了应力集中。

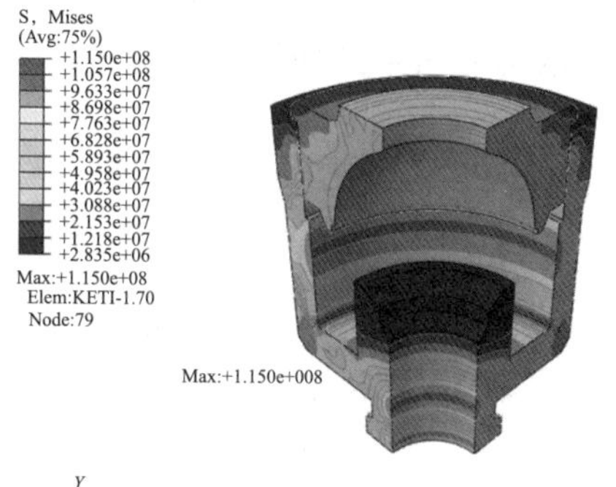

图6-24 环形防喷器应力云图(35MPa)

由图6-25可以看出，在最大静水压状态下(52.5MPa)，最大等效应力为193.1MPa，同样发生在壳体油腔转角处，低于屈服极限517MPa，说明在52.5MPa额定工作压力下，壳体与顶盖整体处于弹性状态，强度符合API规范要求。静水压试验工况下同样出现多处高应力区，产生区域与额定工作压力工况下相同，只是应力绝对值有所增大。

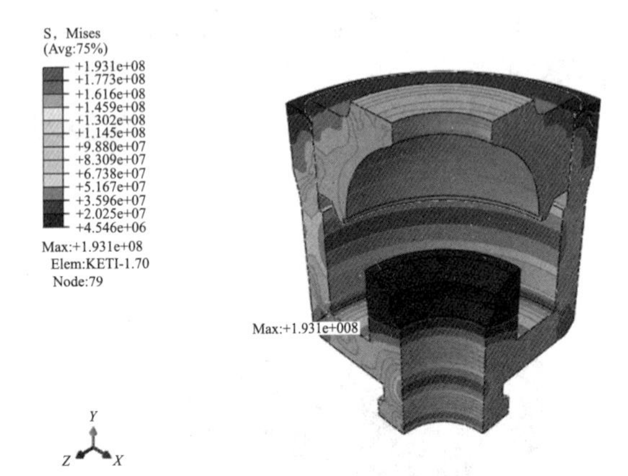

图 6 - 25　环形防喷器应力云图(52.5MPa)

通过环形防喷器壳体应力分布的仿真分析，确定了壳体易出现应力集中的区域，该结果对环形防喷器的承压能力分析、环形防喷器壳体的裂纹扩展位置判断以及在役防喷器的检验检测和判废都将具有指导性的意义。

(2)闸板防喷器强度分析

某型闸板防喷器主要由闸板密封、侧门密封、液压锁紧等结构组成(三维模型如图 6 - 26 所示)，可依据钻井作业需要配置高抗硫剪切全封闸板总成、管柱闸板总成或大范围变径闸板总成；防喷器采用液压开关侧门，实现快速更换闸板；采用液压自动锁紧闸板方式，可同步锁紧与关闭闸板，解锁与开启油路顺序操作；壳体、闸板体、侧门等承压件采用高强度、高韧性低合金的材料，保证防喷器使用安全可靠；与井液接触的密封表面及钢圈槽堆焊耐蚀合金，其他密封沟槽及密封配合表面进行防腐处理，保护密封部位不被海水腐蚀；壳体的闸板腔体采用长圆形截面，腔室结构尺寸小，采用大圆弧光滑连接，减小结构不连续造成的应力集中；闸板体采用长圆形整体结构，前密封和顶密封可根据损坏情况单独更换，底部镶嵌耐磨板，减少闸板与壳体的磨损、拉伤等；侧门密封采用浮动密封结构，减少侧门螺栓的上紧力矩，提高密封可靠性。

在进行壳体强度分析时，为了节省计算空间，提高计算效率，考虑壳体的对称性，采用 1/4 模型进行模拟计算，同时将双闸板防喷器上一些不影响分析结果的结构简化。壳体形状结构较为复杂，在纵向上存在较多的尺寸突变，因此，采用四面体网格，并对承载面和转角处进行单元细化处理。壳体计算模型共划分单元 54796 个，节点 11412 个，网格划分结果如图 6 - 27 所示。

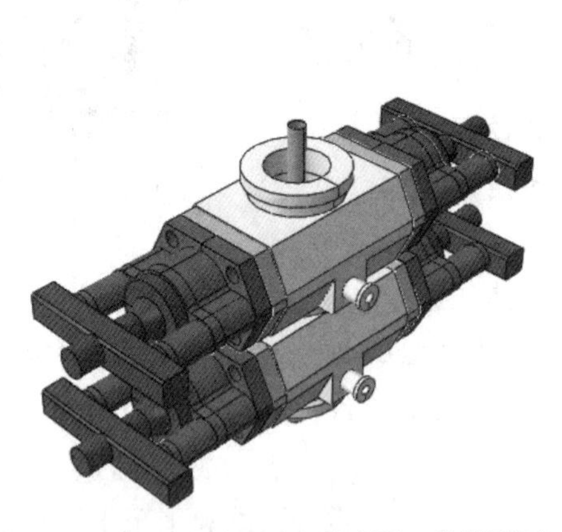

图 6 - 26　双闸板 U 形防喷器三维模型图

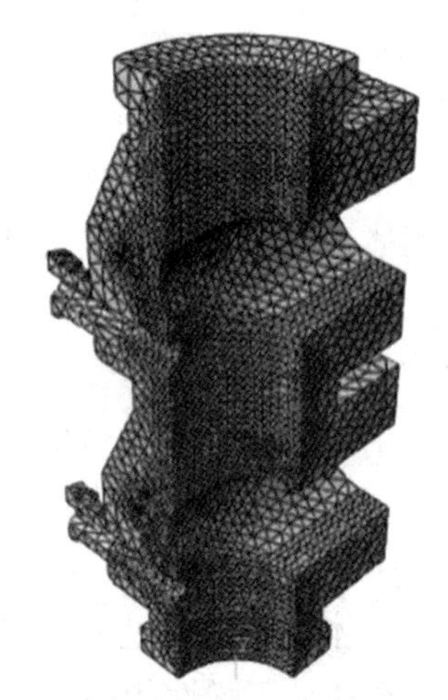

图 6 - 27　防喷器壳体有限元网格

防喷器壳体详细力学参数如表 6 -9 所示。

表 6 -9 防喷器壳体材料力学性能参数

弹性模量/MPa	泊松比	强度极限/MPa	屈服极限/MPa	延伸率/%	断面收缩率/%
2.06×10^5	0.3	≥655	≥586	≥18	≥35

在荷载的施加上，壳体的内部承压面上施加均布压力。模拟施加的内部荷载包括两个级别：工作状态下额定工作压力(70MPa)及试验状态下的 1.5 倍额定工作压力(105MPa)。壳体的外表面上施加作业水深处的静水压力，以此防喷器作业水深 1000m 为例，静水压力值约为 10MPa。防喷器壳体的上下法兰为固定端，将其上、下表面加位移约束；壳体的剖面上加对称约束。

当壳体承受的分别是额定工作压力(70MPa)与静水试验压力(105MPa)时，防喷器壳体承受的最大等效应力为 308.5MPa 与 500.6MPa(图 6 -28)，出现在防喷器壳体通径的内壁部分区域。最大等效应力小于屈服极限 586MPa，说明在额定工作压力及静水压试验工作下，该防喷器的壳体强度满足 API 标准要求。

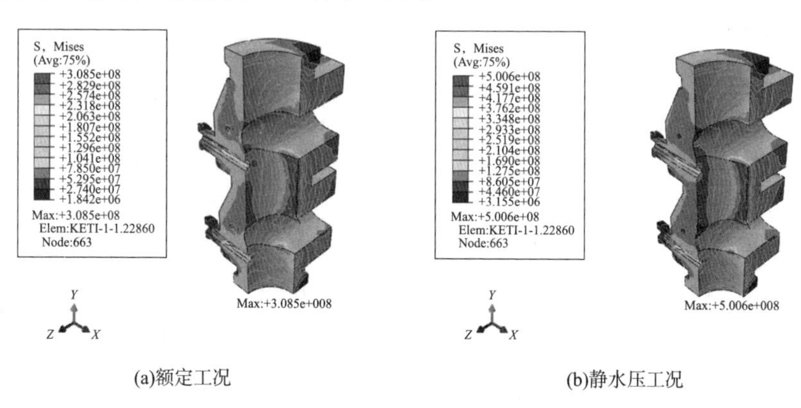

(a)额定工况 (b)静水压工况

图 6 -28 防喷器壳体应力云图

此外，通过上述两种工况的分析可以发现：壳体出现多处高应力区域，主要分布在壳体垂直通孔与闸板腔室孔相贯处、结构突变处以及壳体相对较薄处。防喷器壳体这些部位易发生破坏进而影响使用寿命，需要在防喷器使用及维保过程中重点关注。

6.2.2.2 疲劳分析

作为重要的安全保障设备，井控装备合理的判废是保证海上钻修井作业安全的重要手段之一。然而，目前水下防喷器没有强制判废的标准，也没有强制报废的做法，给现场作业带来很大的安全隐患。

(1)疲劳寿命预测

防喷器在工作时频繁地打压、卸压，加上海上恶劣的工作环境，长时间工作的防喷器有可能发生疲劳破坏。对于无初始裂纹的防喷器壳体，依据有限元分析求出的应力幅并结合 $S-N$ 曲线可预测其使用寿命。

防喷器壳体可以看作压力容器来考虑，因此，疲劳曲线可应用 ASME《锅炉及压力容器规范》第Ⅷ卷第二册附录5中推荐的 $S-N$ 疲劳曲线，如图6-29所示。

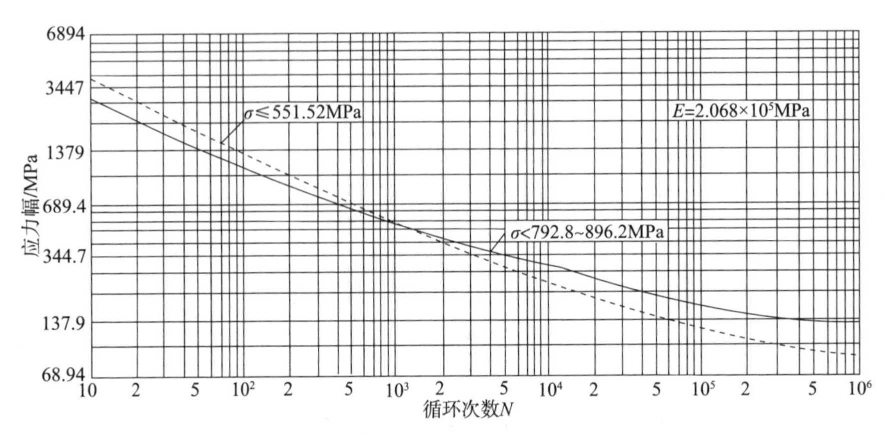

图6-29 ASME标准推荐的 $S-N$ 疲劳曲线

$S-N$ 疲劳曲线数学表达式：

$$\lg N = \lg C - m\lg\Delta\sigma \tag{6-1}$$

式中 N——循环次数；

$\Delta\sigma$——应力幅；

m、C——与材料、裂纹类型等有关的系数，描述材料疲劳裂纹扩展性能的基本参数，由实验确定。而防喷器本体材料未见详细的断裂力学参数，结合《机械工程材料性能数据手册》及ASME标准确定，$m=3$，$\lg C=10.56$。

根据壳体强度分析的计算结果，可以得出防喷器壳体在额定工况下的最大应力值，进而可得出循环应力幅。结合疲劳计算公式，参照ASME标准中疲劳设计，对疲劳寿命安全系数选为20，可计算出防喷器的疲劳寿命(承压次数)。

通过疲劳计算结果可见：假设防喷器每次都是在满负荷情况下(额定工作荷载)工作，双闸板防喷器的疲劳寿命为5571次承压循环。

根据防喷器的使用记录，某年作业10口井，每口井防喷器试压使用的频率为8~10次。即在正常作业中，一年开关防喷器80~100次。按100次承压循环算，双闸板防喷器使用年限为55年。该防喷器疲劳寿命计算结果如表6-10所示。

表6-10 防喷器疲劳寿命计算结果

工作压力/MPa	应力幅/MPa	承压次数/次	使用年限/a
70	154	5571	55

综上所述：以疲劳理论计算出了额定工作压力工况下，防喷器的承压循环次数及工作年限。说明以防喷器普遍的工作强度及频率来讲，实际使用中正常情况下极难出现疲劳破坏情况。影响防喷器壳体使用年限首要考虑的是环境条件造成的壳体腐蚀对寿命的影响，而非壳体承受循环压力作用导致疲劳破坏。

(2)含有裂纹的防喷器壳体疲劳寿命估算

防喷器的疲劳寿命实际上是由疲劳裂纹的扩展速率决定的。断裂力学在防喷器缺陷评定中的应用，使防喷器的剩余寿命可通过对疲劳裂纹扩展规律研究进行预测。

断裂力学的剩余寿命计算主要方法是：获取裂纹的初始尺寸a_0和临界尺寸a_n，根据疲劳扩展公式和疲劳累积算法 Miner 法则计算剩余寿命，研究防喷器壳体剩余寿命时也是采用这一方法。

对于含有初始裂纹的防喷器壳体，当 ΔK 超过了其门槛值时，裂纹开始扩展，壳体进入有限寿命期。每一个周期的加载过程中都会增加裂纹深度，即疲劳裂纹扩展率。此时，将裂纹从初始尺寸 a_0 发展到临界尺寸 a_n 所经历的循环次数 N 称为该裂纹的剩余寿命。

裂纹扩展速率可由 Paris 公式来表示：

$$\frac{\mathrm{d}a}{\mathrm{d}N}=C\left(\Delta K\right)^{m} \tag{6-2}$$

式中 N——应力循环次数；

$\mathrm{d}a/\mathrm{d}N$——裂纹扩展速度，mm/周；

ΔK——应力强度因子幅值，MPa $\sqrt{\mathrm{m}}$；

C、m——描述材料疲劳裂纹扩展性能的基本参数，由实验确定。

当防喷器壳体受等幅荷载作用时，直接对疲劳裂纹扩展公式积分即可得到相应的疲劳寿命。则防喷器壳体的寿命就是由初始裂纹a_0扩展到临界裂纹a_n所需要的荷载循环数N_n，则积分得疲劳寿命：

$$N_n=\int_{a_0}^{a_n}\frac{1}{C\left(\Delta K\right)^{m}}\mathrm{d}a=\frac{2}{(m-2)C\alpha^{m}\pi^{\frac{m}{2}}\sigma^{m}}\left[\left(\frac{1}{a_0}\right)^{\frac{m-2}{2}}-\left(\frac{1}{a_n}\right)^{\frac{m-2}{2}}\right] \tag{6-3}$$

式中 α——与材料、裂纹类型等有关的系数；

σ——截面的应力幅值，MPa。

根据 K 判据，当 $K=K_1c$，可得带裂纹防喷器壳体的临界裂纹a_n：

$$a_n=\frac{K_{1c}^{2}}{1.2544\pi\sigma^{2}} \tag{6-4}$$

式中 K_1c——断裂韧性，MPa $\sqrt{\mathrm{m}}$。

到目前为止，对初始裂纹还没有统一的定义；对于防喷器的初始裂纹，一般是通过无损检测方法确定，将实际测得的裂纹深度，定为初始裂纹尺寸a_0。

(3)含裂纹疲劳寿命计算与分析

相关参数的选取依据 ASME 标准，结合材料机械性能力学手册确定。假定半椭圆形线弹性裂纹，α 取 1.12；$m=3$；$C=1.01\times10^{-10}$；$K_1c=78$MPa $\sqrt{\mathrm{m}}$；$\sigma=308.5$MPa。计算结果如图 6-30 所示。

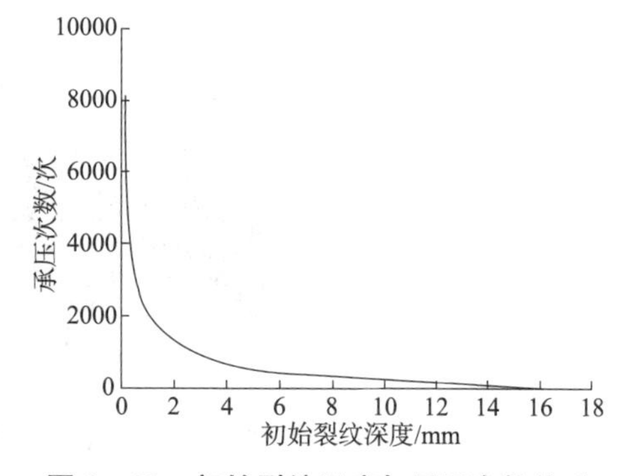

图 6-30 初始裂纹深度与承压次数关系

由图 6-30 可知，随着初始裂纹深度的增加，防喷器壳体的疲劳寿命(承压次数)逐渐降低。在初始裂纹深度小于 1mm 时，承压次数降低速率大，即使很小的尺寸增加都会大幅降低防喷器使用寿命，说明在防喷器的使用中要特别注意检查微小裂纹。通过计算结果可以看出：含有初始裂纹的疲劳寿命远小于未含有裂纹的壳体疲劳寿命，说明初始裂纹的存在对防喷器壳体的寿命有决定性的影响。

标准规定防喷器每三年法定检验进行无损检测。以此防喷器为例，在正常作业中，一年开关防喷器 80 ~ 100 次，即检测周期为 300 个承压循环。因此，按照图 6 – 30 计算结果，理论上防喷器安全使用的允许裂纹深度应该小于 7. 9mm。

6. 2. 2. 3 裂纹扩展分析

裂纹的存在会严重影响防喷器安全使用，因此，防喷器壳体裂纹的扩展研究对判断防喷器如何失效具有重要意义。

应力集中区域或位移较大区域即为产生裂纹的重点区域。考虑到计算机处理能力，根据强度分析结论，截取防喷器壳体受力较大区域作为分析模型。防喷器壳体在内压作用下环向应力为张开型裂纹的主要作用力，张开型的表面裂纹也是防喷器壳体的最主要裂纹形式。假设防喷器壳体通径表面有一个纵向椭圆形裂纹：长度 $2c = 50$mm，深度 $a = 15$mm，将裂纹引入在模型上。建立好的 XFEM 模型如图 6 – 31 所示。

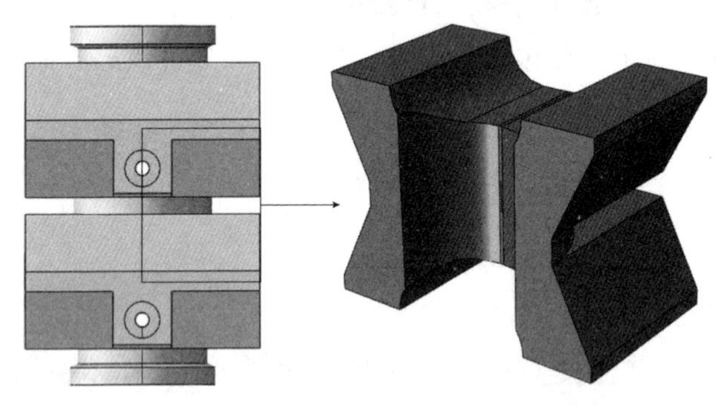

图 6 – 31 防喷器壳体裂纹扩展分析模型

对防喷器壳体模型进行网格划分，裂纹扩展路径范围内是重点分析部位，因此，该区域网格需要细化，并采用六面体网格。采用粗细网格过渡，在远离裂纹扩展路径的其他部分粗化网格，既可保证计算精度，又可节省计算时间。XFEM 模型有限元网格如图 6 – 32 所示。

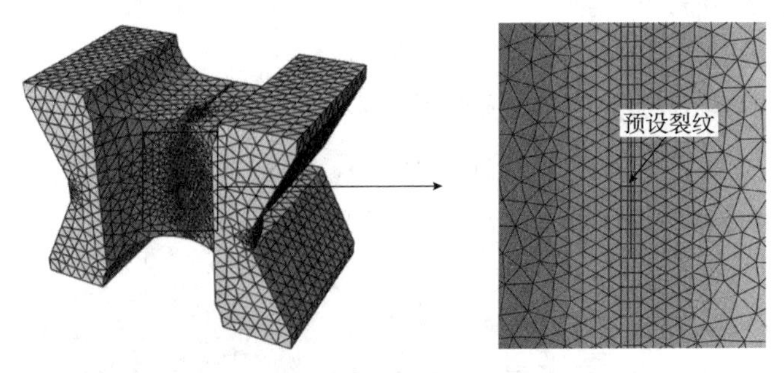

图 6 – 32 裂纹扩展模型有限元网格

防喷器材料参数选取如下，弹性模量 $E = 2.06 \times 10^5$ MPa，泊松比为 0. 3。本书采用的是基于损伤力学演化的失效准则，具体的参数设置如下：最大主应力失效准则作为损伤起始的判据，最大主应力为84.4MPa，损伤演化选取基于能量的、线性软化的、混合模式的指数损伤演化规律，设置断裂能 $G_{1C}=G_{2C}=G_{3C}=43300\text{N/m}$，$\alpha=1$。

内压作用在壳体内壁上时，随着荷载的逐步增大，初始裂纹尖端出现应力集中现象，如图6－33所示。在裂纹扩展过程中是一个积蓄能量的过程，当裂纹尖端附近区域的应力值增加达到了断裂准则中的预设值，结构萌生新裂纹，并发生失稳扩展。由于裂纹的扩展，初始裂纹尖端变为新的裂纹面，该单元的应力集中得以释放，应力值迅速减小，如图6－34所示。当荷载继续增大时，上述过程将一直重复直至结构完全失效。

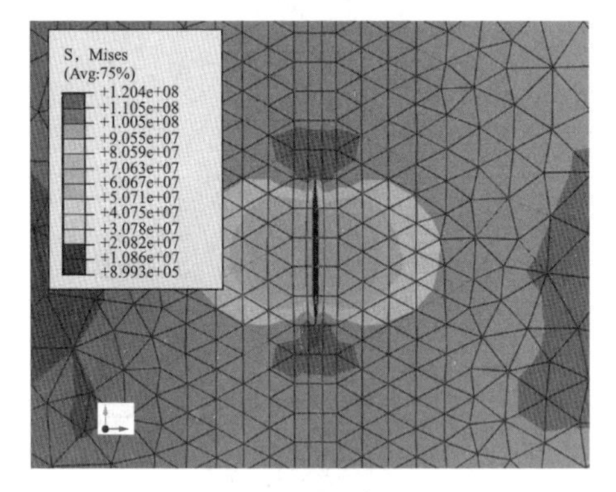

图6－33 裂纹起裂应力云图

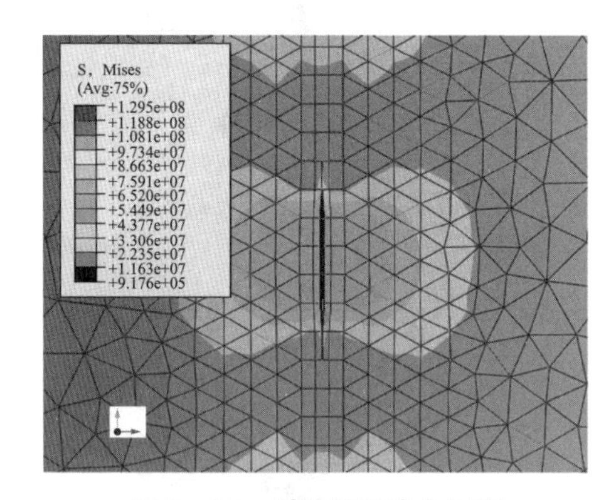

图6－34 裂纹扩展应力云图

用变量STATUSXFEM来描述裂纹的形态。它是表征扩展单元状态的参量，取值范围为0～1(包含0和1)。取1时表示单元完全裂开，所含裂纹是真实裂纹；取0时表示单元未受损伤，不含裂纹；取0～1时表示单元部分裂开，还有一定的抗断能力，所含裂纹是黏性裂纹。

在初始裂纹未扩展之前，真实裂纹即是初始裂纹尺寸，如图6－35所示。随着荷载的增大，真实裂纹的裂尖附近单元的最大主应力达到了 σ_{maxps}，裂尖单元会产生损伤并形成黏性裂纹，如图6－36所示。随着内压的进一步增大，黏性裂纹将扩展，方向与最大主应力垂直。如果荷载足够大，黏性裂纹将完全分离，变为真实裂纹，上述过程将一直重复下去，直至结构的裂纹尺寸达到临界值而失效。

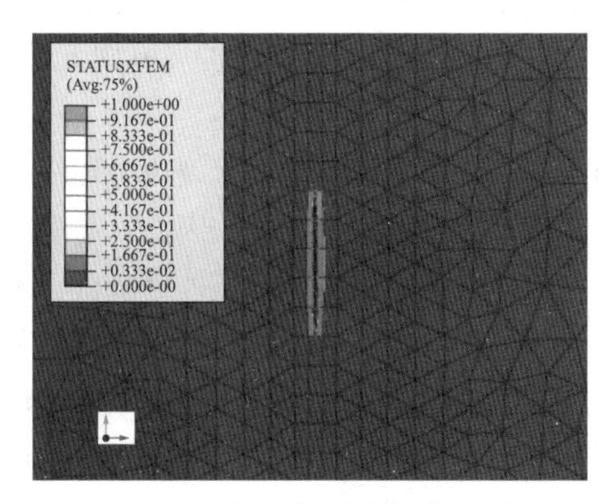

图6－35 裂纹未起裂状态

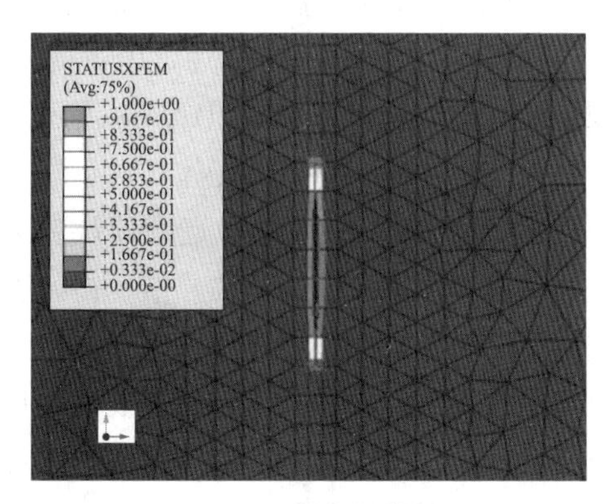

图6－36 裂纹起裂状态

用 PHILSM 来描述裂纹面的位置。为更加直观地观察初始裂纹随内压增加而进行扩展的动态过程，提取其在不同压力荷载下的裂纹面变化情况，如图 6－37 所示。

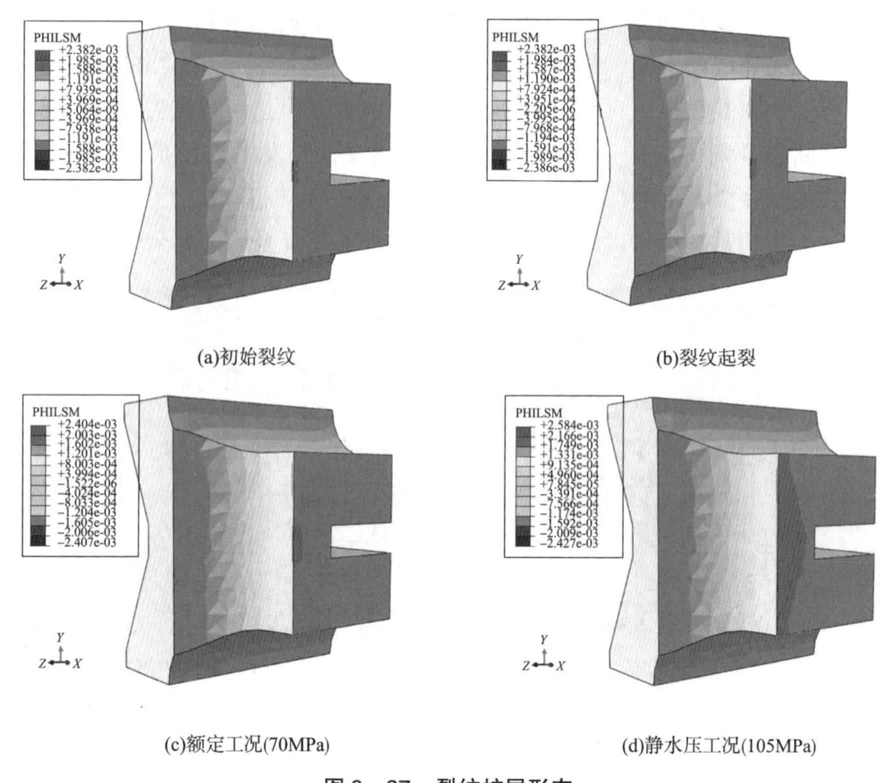

(a)初始裂纹　　(b)裂纹起裂

(c)额定工况(70MPa)　　(d)静水压工况(105MPa)

图 6－37　裂纹扩展形态

加载过程中裂纹形貌演化过程的数值模拟研究结果表明：裂纹前期扩展速率比较小，后期扩展速率比较大。在内压持续作用下，总体裂纹扩展形貌呈椭圆形貌方式向外扩展。从裂纹延伸的方向来看，裂纹扩展初期沿深度方向扩展速率比较大，后期沿裂纹长度方向扩展速率比较大。

为了研究初始裂纹尺寸对裂纹扩展的影响，建立了含不同深度及不同长度初始裂纹的防喷器壳体裂纹扩展模型。一是初始裂纹长度恒定为 50mm，初始裂纹深度分别取 5mm、10mm、15mm、20mm 和 25mm；二是初始裂纹深度恒定为 15mm，初始裂纹长度分别取 30mm、50mm、70mm、90mm 和 110mm。运用 XFEM 方法建立裂纹进行扩展有限元分析，得到裂纹的扩展分析结果如图 6－38 所示。

图 6－38 表明：防喷器壳体在含不同尺寸初始裂纹的情况下，裂纹起裂压力均小于额定工作压力(70MPa)。而裂纹起裂即认为防喷器壳体不能继续安全工作，因此，起裂压力便是防喷器壳体承压能力的临界值。初始裂纹的存在使得防喷器壳体承压能力降低，不能再按照出厂额定工作压力工作，根据分析结论可以评估防喷器壳体在含初始裂纹缺陷下的安全工作荷载。此外，随着初始裂纹的深度或长度的增加，壳体裂纹的起裂压力(承压能力)也逐渐降低。造成这一变化规律的主要原因可能是初始裂纹尺寸(深度或长度)的增加会导致裂纹尖端应力集中增大，从而导致裂纹起裂，并快速扩展，进而导致裂纹起裂所需

的压力减小。

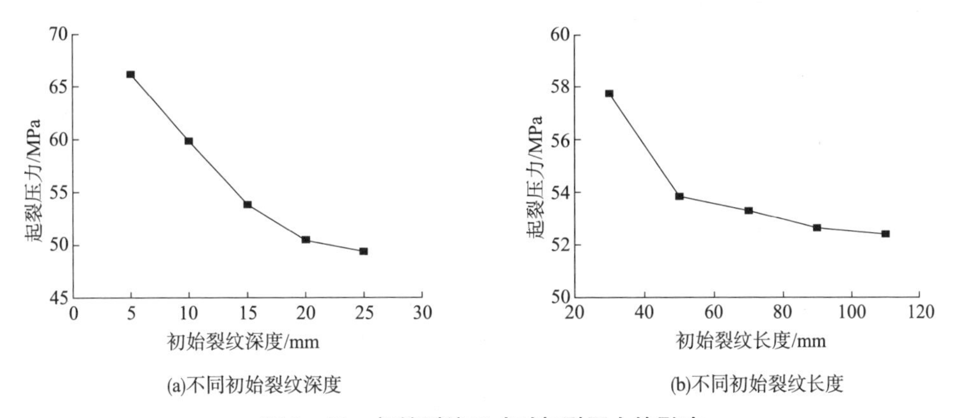

图 6－38　初始裂纹尺寸对起裂压力的影响

6.3　蓄能器氮气瓶强度评估

某井控系统使用蓄能器型号为 FKDQ640－7，技术参数如下：单瓶的公称容积 40L；瓶中胶囊里充氮气，充气压力（7 ± 0.7）MPa；额定工作压力 21MPa；钢瓶设计压力 32MPa；单瓶理论充油量 27L；单瓶理论有效排油量 20L；单瓶实际有效排油量约 17L。蓄能器结构如图 6－39 所示。

6.3.1　超声测厚

运用超声波测厚仪对该蓄能器包含的 16 个钢瓶关键部位进行测厚，测厚位置如图 6－40 所示。该井控系统主要蓄能器气瓶测厚数据如表 6－11 所示。

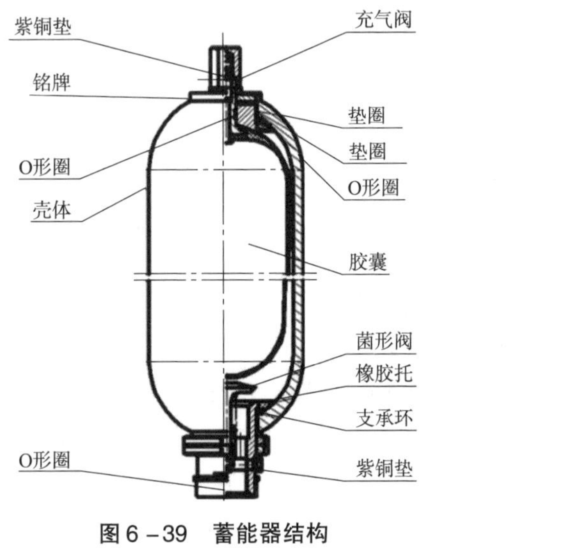

图 6－39　蓄能器结构

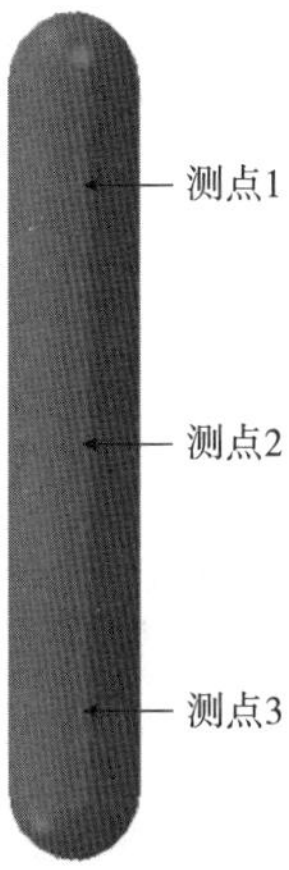

图 6－40　测厚位置

表 6 – 11 蓄能器气瓶测厚数据

瓶号	壁厚/mm		
	测点 1	测点 2	测点 3
1	13.60	13.80	13.55
2	13.25	14.00	13.90
3	13.20	14.20	13.60
4	13.60	13.20	13.20
5	13.10	13.20	13.60
6	13.55	13.60	13.70
7	14.10	13.20	13.50
8	13.60	13.20	13.80
9	14.10	14.00	13.90
10	13.50	13.50	13.60
11	13.80	13.85	13.20
12	13.60	13.55	13.60
13	13.20	13.50	13.20
14	13.90	14.00	13.80
15	13.60	13.40	13.65
16	13.50	13.45	13.20

6.3.2 强度校核

(1)模型建立

由于蓄能器气瓶的结构、荷载及材料的力学性能是一个完全对称体，为减小计算规模，利用有限元软件建立气瓶的 1/8 三维模型。

蓄能气瓶材料参数如表 6 – 12 所示(参照 GB/T 20663—2017《蓄能压力容器》)。

表 6 – 12 蓄能器气瓶材料力学参数

材质	弹性模量/MPa	泊松比	屈服强度/MPa	抗拉强度/MPa
30CrMo	2.06×10^5	0.3	750	880

有限元模型的边界条件是由气瓶的实际约束条件和加载条件决定的。根据高压气瓶底部的结构特征和受力特点，对模型施加边界约束条件：封头接口处施加固支约束，其他端面施加对称约束。瓶底内壁面按分析需要施加均匀压力荷载，其中工作荷载 21MPa，静水压 1.5 倍荷载 31.5MPa。蓄能器壳体模型边界条件及荷载示意如图 6 – 41 所示。气瓶底部结构采用八节点实体单元进行网格划分，网格尺寸 0.005，共计划分 21980 个单元。蓄能器壳体网格划分如图 6 – 42 所示。

图 6-41　蓄能器壳体模型边界条件及荷载示意

图 6-42　蓄能器壳体网格划分

(2)计算分析

JB 4732—1995《钢制压力容器分析设计标准》中规定对复合应力状态采用最大剪应力作为失效理论。蓄能器壳体应力云图如图 6-43 所示。参照 ASME 第八卷第二分册标准要求进行强度校核。结合应力云图，选择三个应力线性化路径分析。A-A 是封头开孔处，B-B 是圆筒与封头连接处，C-C 是圆筒不连续的壳壁。

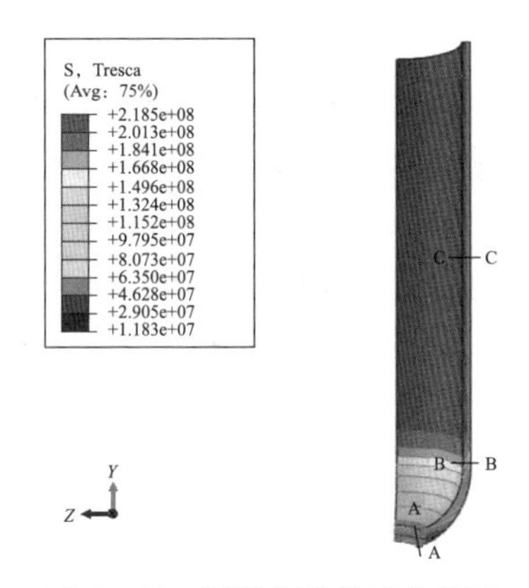

图 6-43　蓄能器壳体应力云图

经过应力分析计算，再将总应力线性化处理后，ABAQUS 按指定的路径列表给出的应力分类有 Membrance (Average) Stress、Membrance plus Bending 和 Peak Stress。识别和提取两种应力是非常重要的，Membrance(Average)Stress 既可以识别为 P_m(一次总体薄膜应力)，也可以识别为 P_L(一次局部薄膜应力)，如 Membrance plus Bending 中既可识别为 P_L+P_b(一次应力强度)，也可识别为 P_L+P_b+Q(一次应力强度+二次应力强度)。所以，在实际强度评定时应根据所选路径的位置和受力情况对其进行准确识别。应力线性化输出结果如表 6-13 所示，依据计算结果得出的蓄能器壳体强度校核结果如表 6-14 所示。

表 6-13　ABAQUS 应力线性化输出结果　MPa

路径	Membrance(Average)Stress	Membrance plus Bending
A-A	56.04	142.76
B-B	93.85	113.60
C-C	185.46	205.34

表 6-14　蓄能器壳体强度校核结果

线性化路径	应力分类	数值/MPa	许用应力	数值/MPa	校核结果
A-A	P_L	56.04	$1.5KS_m$	507	满足
	P_L+Q	142.76	$3S_m$	1014	满足

续表

线性化路径	应力分类	数值/MPa	许用应力	数值/MPa	校核结果
B－B	P_L	93.85	$1.5KS_m$	507	满足
	P_L+Q	113.60	$3S_m$	1014	满足
C－C	P_m	185.46	KS_m	338	满足
	P_m+Q	205.34	$3S_m$	1014	满足

6.4 节流压井管汇安全评估

节流压井管汇在油气井压力控制中发挥着重要的作用，其承压能力直接影响到作业的顺利实施。当前部分管汇服役年限较久，原始资料缺失，仅凭测厚无法得知管汇是否满足作业能力。因此，需要进行相应强度校核计算来评估其承压能力。在此重点利用了管汇的测厚值，将其引入管汇有限元模型中进行了有限元分析，并利用 ASME 标准进行了强度校核。

某设备是按照 API Spec 16C 节流压井系统标准设计的。压井管汇有一条管线与泥浆泵相连，同时有一条可供放喷用主管线。主体部分包括：单流阀、平行闸板阀以及四通、抗震压力表、底架等。该节流压井管汇结构布局如图 6－44 所示。

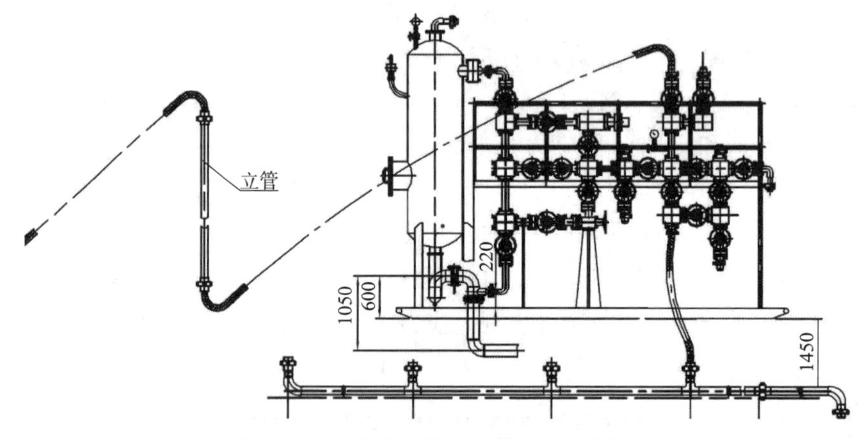

图 6－44　某平台修井机节流压井管汇

6.4.1 管汇测厚

采用超声波测厚仪对立管管汇及节流管汇关键部位进行超声波测厚，测厚示意如图 6－45 所示，测厚数据如表 6－15 及表 6－16 所示。

图 6－45　节流压井管汇超声测厚

表 6－15 立管管汇测厚数据

序号	部位描述	实际厚度/mm
1	2″(直管)	10.05
2	2″(直管)	11.50
3	2″(直管)	11.60
4	4″(直管)	23.20

表 6－16 节流管汇测厚数据

序号	部位描述	实际厚度/mm
1	4″(直管)	17.60
2	4″(直管)	17.30
3	4″(直管)	22.95
4	4″(直管)	22.25

6.4.2 强度校核

对比分析上述章节测厚数据，选择同种尺寸及压力等级的管线壁厚最薄的进行模拟计算。ASME B31.3 标准对管道材料许用应力没有给出明确的计算公式，该标准在附录 A－A 中列出了大量金属材料在不同温度环境下的许用应力值，从附录表 A－1 的材料许用应力值和材料的抗拉强度、屈服强度数据进行对比分析、推导，可得出管道材料许用应力值基本符合以下计算原则：

$$S=\frac{1}{3}S_T \tag{6-5}$$

式中 S_T——材料标准抗拉强度下限值，MPa。

国内海洋修井机高压管道常用的材料为 API Spec 6A 中 75K 等级材料，材料的抗拉强度最小为 655MPa，屈服强度最小为 517MPa，具体材料型号通常选用 ASTM A5194130 或 35CrMo，根据上述管道材料许用应力计算原则，海洋修井机 5000psi 压力等级许用应力值为 218MPa。

通过建立管线局部有限元模型进行承压能力分析，可得出管线最大等效应力值，并将其与管线材料许用应力值比较进行校核。强度校核结果如表 6－17 所示，关键管线的有限元应力云图如图 6－46 所示。

表 6－17 各管线参数及强度校核结果

序号	设备部位	管线参数	实际厚度/mm	许用应力/MPa	最大等效应力/MPa	校核结果
1	立管管汇	2″(直管)	10.05	218	191.9	满足
2	节流管汇	4″(直管)	17.30		225.4	不满足

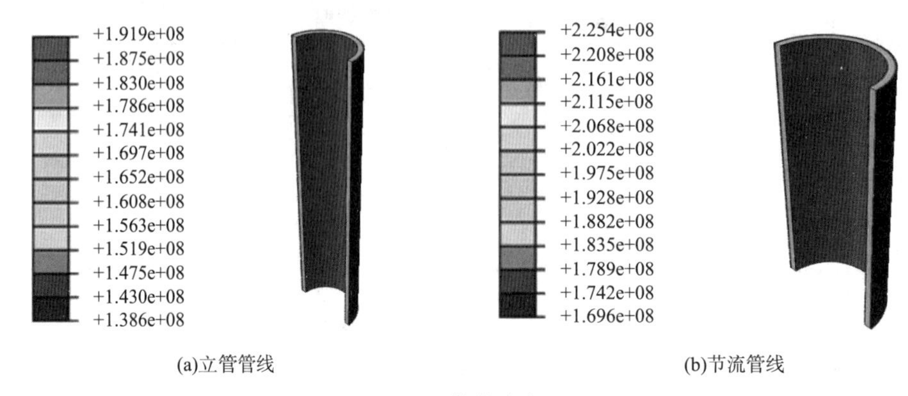

(a)立管管线　　(b)节流管线

图6－46　管线应力云图

通过结合现场测厚数据进行了关键高压管线的有限元计算分析，并利用ASME标准进行了强度校核，校核结果显示部分高压管线不能满足额定压力5000psi的承压要求。需要提示现场在进行作业前及时改造或更换高压管线。

6.5　井控系统安全评估

6.5.1　层次分析法确定井控装备重要度

为提高井控装备安全管控的效率，需要对重要度较高的井控装备进行重点管理。利用层次分析法研究井控系统各装备的相对权重，进而得出井控系统相对关键装备，指导井控装备的日常管理和检测评估工作。

6.5.1.1　层次结构模型

井控系统包含装备较多，是较为复杂的多目标系统，在井控装备重要度研究中利用层次分析法将与总目标有关的指标按照相应的规则划分为不同的层级，建立井控装备层次结构模型，将需研究的复杂系统简化为分析单层级中数个装备的相对权重问题。

(1)井控装备评价指标体系

按照实现功能的不同将井控装备划分为防喷器组、防喷器控制系统、阻流压井管汇、钻井液处理系统及内防喷工具5个必不可少的子系统；另外，根据相关标准，井控装备在运行时必须配置备品备件，因此，在子系统中增加备品备件项。每个子系统中都包含多个井控装备，将各井控装备作为具体的评价对象，根据相关领域专家评分结果构建判断矩阵，求得部件间的相对权重。

(2)建立层次结构模型

按照层次分析法，将评价对象划分为目标层、子系统层及指标层，目标层即求得各装备间的相对权重，子系统层为防喷器组、防喷器控制系统及阻流压井管汇等6个子系统，指标层为22个井控装备，建立的层次结构模型如图6－47所示。

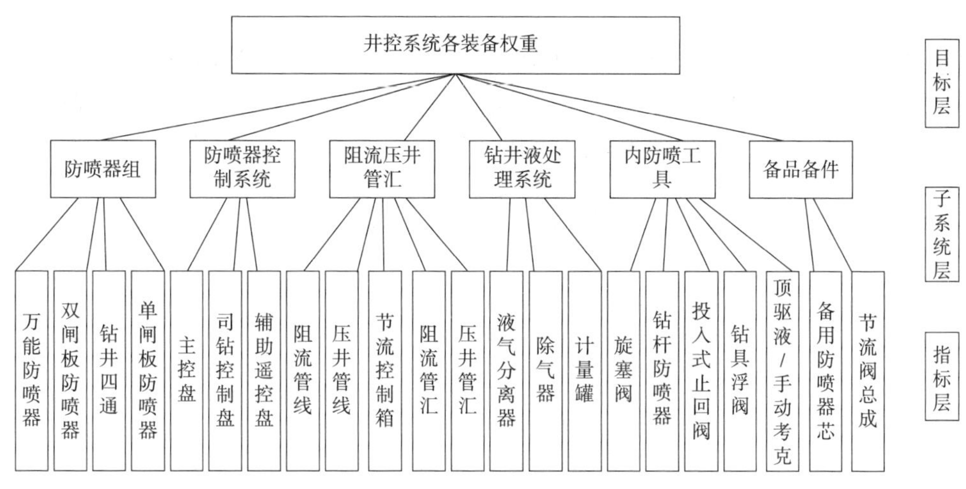

图 6-47 层次结构模型

6.5.1.2 构建判断矩阵

层次结构搭建完成后能够清晰地显示递阶层次及指标所属关系。为确定下层指标相对于上层所属指标的重要程度，采用两两相互比较法，即每次取两个指标进行比较，采用 1-9 标度法对比较结果进行标度，将定性比较转化为定量比较。使用矩阵表示全部比较结果得到判断矩阵，对判断矩阵进行计算可得到各指标的相对权重。

(1)设计专家调查问卷

为避免 1-9 标度法在打分时带来的理解偏差，将传统的 1-9 标度打分表简化的同时转化为调查问卷形式，用选择题的形式进行表示。例如指标 A1 与 A2 进行两两比较，可设置简单易懂的题目“A1 与 A2 相比( )”；为简化打分选项，在满足区分度的基础上将 2、4、6、8 介于中值的标度忽略；1-9 标度用 9 个选项代替：绝对重要、非常重要、比较重要、稍微重要、同等重要、稍微不重要、比较不重要、非常不重要、绝对不重要，以上选项分别对应的标度为 9、7、5、3、1、1/3、1/5、1/7、1/9，在填写答卷时专家可直接根据自己的判断进行选择，省去重要程度和标度之间的转化。

*2.防喷器组与防喷器控制系统相比（ ）

○A 绝对重要
○B 非常重要
○C 比较重要
○D 稍微重要
○E 同等重要
○F 稍微不重要
○G 比较不重要
○H 非常不重要
○I 绝对不重要

图 6-48 问卷示例

限于打分的专家分布地区及岗位较多，传统的纸质问卷或其他函件方式费时费力。问卷采用线上答题的形式。结合项目特点设计了专用的问卷二维码，扫二维码即可参与答题，大幅提高了答题和收集问卷的效率。在调查问卷中要求专家填写本人岗位、职称、专业及工龄信息，以便在对调查问卷进行数据来源统计分析时作为参考，提高问卷结果的科学性及可靠性。该问卷共计 49 个问题，问卷的具体形式如图 6-48 所示。

(2)评价指标判断矩阵

共收集到31位专家的填写问卷，其中有效问卷22份。对每份问卷进行整理，将选项转化为对应的标度，得到判断矩阵。限于篇幅，在此列出其中一位专家的井控系统的子系统判断矩阵(表6-18)及防喷器组各装备判断矩阵(表6-19)。

表6-18　子系统判断矩阵

指标	防喷器组	防喷器控制系统	阻流压井管汇	钻井液处理系统	内防喷工具	备品备件
防喷器组	1	1	3	5	3	5
防喷器控制系统	1	1	1	5	1	5
阻流压井管汇	1/3	1	1	5	3	5
钻井液处理系统	1/5	1/5	1/5	1	1	1
内防喷工具	1/3	1	1/3	1	1	1
备品备件	1/5	1/5	1/5	1	1	1

表6-19　防喷器组各装备判断矩阵

指标	万能防喷器	双闸板防喷器	钻井四通	单闸板防喷器
万能防喷器	1	3	1	3
双闸板防喷器	1/3	1	1	1
钻井四通	1	1	1	1
单闸板防喷器	1/3	1	1	1

(3)判断矩阵一致性检验

为验证判断矩阵是否合理，需通过一致性检验，首先计算一致性指标 $CI=\frac{\lambda_{max}-n}{n-1}$，$\lambda_{max}$为判断矩阵最大特征根，判断矩阵平均随机一致性指标 RI 通过查表获得，1~6阶判断矩阵 RI 值如表6-20所示，此处 RI 取值为0.9。判断矩阵一致性比率 $CR=\frac{CI}{RI}$，当 CR 为零时，判断矩阵具有完全一致性，当 CR 小于0.1时，判断矩阵一致性符合要求，如 CR 大于0.1，即认为判断矩阵不一致性，需调整判断矩阵相应参数。

表6-20　1~6阶判断矩阵 RI 值

1	2	3	4	5	6
0	0	0.58	0.9	1.12	1.24

经计算 $\lambda_{max}=4.15$，$CI=0.051$，最终得到 $CR=0.057<0.1$，满足一致性要求。

6.5.1.3 权重计算

(1)计算各层指标权重

根据层次分析法分别计算各判断矩阵的特征向量，即各部件相对权重。利用方根法计算判断矩阵的特征向量，并进行一致性检验，验证矩阵的合理性。在此以求防喷器组部件相对权重为例。

计算每行指标的行内积：

$$A=\begin{bmatrix}9\\0.33\\1\\0.33\end{bmatrix}$$

求行内积的 n 次方根 B，n 为指标个数：

$$B=\begin{bmatrix}1.73\\0.76\\1\\0.76\end{bmatrix}$$

对行内积 n 次方根 B 进行归一化处理得到矩阵的特征向量 W_i，即每个指标的相对权重：

$$W_i=\begin{bmatrix}0.41\\0.18\\0.24\\0.18\end{bmatrix}$$

W_i 表示二级指标防喷器组中部件的相对重要度，即万能防喷器、双闸板防喷器、钻井四通及单闸板防喷器在防喷器组中权重因子分别为[0.41，0.18，0.24，0.18]。同理可求得其他判断矩阵的权重。

(2)综合权重分析

通过得到的下层指标相对于上层所属指标的权重，可结合以下公式求得组合权重，即得到部件层指标对于顶级目标层的相对权重。

$$组合权重\ W_0=子系统层权重 W_1\times 部件层权重 W_2$$

依据其中一位专家的问卷数据进行计算得到井控系统各装备组合权重如表 6－21 所示。

表 6－21 井控系统各装备组合权重

子系统层	子系统层权重 W_1	装备层	装备层权重 W_2	组合权重 W_0
防喷器组	0.3299	万能防喷器	0.4074	0.1344
		双闸板防喷器	0.1787	0.0589
		钻井四通	0.2352	0.0776
		单闸板防喷器	0.1787	0.0589

续表

子系统层	子系统层权重 W_1	装备层	装备层权重 W_2	组合权重 W_0
防喷器控制系统	0.2288	主控盘	0.7143	0.1634
		司钻控制盘	0.1429	0.0327
		辅助遥控盘	0.1429	0.0327
阻流压井管汇	0.2288	阻流管汇	0.1962	0.0449
		压井管汇	0.2444	0.0559
		节流控制箱	0.2444	0.0559
		阻流管线	0.1575	0.0360
		压井管线	0.1575	0.0360
钻井液处理系统	0.0598	液气分离器	0.6000	0.0359
		除气器	0.2000	0.0119
		计量罐	0.2000	0.0119
内防喷工具	0.0928	旋塞阀	0.1503	0.0139
		钻杆防喷器	0.3619	0.0336
		投入式止回阀	0.1872	0.0174
		钻具浮阀	0.1503	0.0139
		顶驱液/手动考克	0.1503	0.0139
备品备件	0.0598	备用防喷器芯	0.5000	0.0299
		节流阀总成	0.5000	0.0299

由表6－22的计算可以看出，该过程一共涉及7个判断矩阵的计算，需重复进行22次运算，计算过程烦琐、复杂。且其中存在因判断矩阵一致性不合格而进行的数据修正工作，可见计算量庞大。而现有的判断矩阵计算软件不能将数据进行批量导入，在修改数据时需经过多次运算得到一致性计算结果，使计算更加烦琐。鉴于此，利用excel软件根据判断矩阵权重及一致性检验公式制定计算表，通过该计算表可将数据直接导入表中，输入数据能同时得到权重计算及一致性检验结果，在修正数据时结果实时更新，减少修正次数，提高了计算效率。

此外，为避免主观因素带来的偏差，需依据多位专家的问卷调查数据进行权重计算，求22位专家的组合权重平均值，得到井控系统各装备的平均综合权重。对综合权重进行排序，可得到相对关键的井控装备权重，如表6－22所示。

表 6 –22 井控系统各装备平均综合权重

序号	平均综合权重	装备	序号	平均综合权重	装备
1	0.1132	主控盘	12	0.0288	钻具浮阀
2	0.1022	司钻控制盘	13	0.0284	压井管线
3	0.1011	万能防喷器	14	0.0279	节流控制箱
4	0.0905	双闸板防喷器	15	0.0279	计量罐
5	0.0719	钻井四通	16	0.0274	节流阀总成
6	0.0697	单闸板防喷器	17	0.0239	钻杆防喷器
7	0.0408	辅助遥控盘	18	0.0238	投入式止回阀
8	0.0381	阻流管汇	19	0.0236	顶驱液/手动考克
9	0.0371	压井管汇	20	0.0215	备用防喷器芯
10	0.0339	液气分离器	21	0.0207	旋塞阀
11	0.0309	阻流管线	22	0.0167	除气器

通过表 6 – 23 可以看出：主控盘、司钻控制盘、万能防喷器、双闸板防喷器及钻井四通权重相对较大。为验证平均值与单个专家的评分是否存在较大偏差，对每位专家得到的组合权重分别进行排序，对每组数据中权重占比前 5 的装备进行计数得到统计数据，如表 6 – 23 所示。

表 6 –23 每组数据中权重占比前 5 的装备出现频率统计

万能防喷器	双闸板防喷器	钻井四通	单闸板防喷器	主控盘	司钻控制盘	辅助遥控盘	阻流管汇	压井管汇	节流控制箱	阻流管线	压井管线	液气分离器	除气器	计量罐	旋塞阀	钻杆防喷器	投入式止回阀	钻具浮阀	顶驱液/手动考克	备用防喷器芯	节流阀总成
17	18	15	10	19	14	3	1	1	0	0	0	2	0	2	1	0	2	1	0	2	2

通过表 6 – 23 可以看出：在 22 组数据中，权重占比前 5 的装备主控盘出现 19 次，双闸板防喷器出现 18 次，即 22 位专家中有 19 位专家认为主控盘的重要性位列前 5，有 18 位专家认为双闸板防喷器的重要性位列前 5，以此类推可得到井控系统各装备重要度排序为：主控盘、双闸板防喷器、万能防喷器、钻井四通、司钻控制盘等，重要度排序与平均综合权重基本一致。

通过层次分析法得到井控装备各部件的平均综合权重，其中主控盘、司钻控制盘、万能防喷器、双闸板防喷器及钻井四通权重占比较大，可在井控装备日常管理维护及评估检测时进行重点关注。该权重分析结果可为井控装备模糊综合分析提供数据支撑，为井控系统的风险分级提供参考。

6.5.2 基于服役年限的模糊综合评价

6.5.2.1 确定评价指标

结合层次分析，井控系统评价指标主要是子系统下的各装备，包括双闸板防喷器、环形防喷器、钻井四通、单闸板防喷器、主控盘、司钻控制盘、辅助遥控盘、阻流压井管线、阀门及控制系统、固井管线等22个装备指标，在权重计算中得到双闸板防喷器、环形防喷器、钻井四通、单闸板防喷器、主控盘、司钻控制盘为关键装备，它们的安全等级可认为能够最大限度上代表井控系统安全等级。因此，在其他井控装备参数不易获取的前提下，只需对这些装备做评价。建立井控系统安全等级评价指标如图6－49所示。

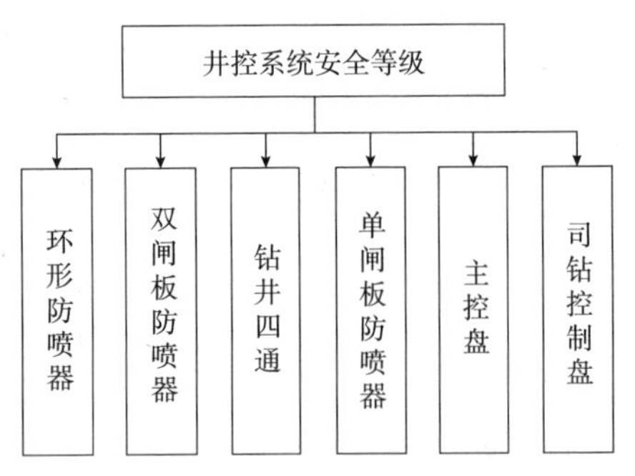

图6－49 井控系统评价指标

6.5.2.2 确定各指标权重

本文运用层次分析法，根据各因素相对重要性，按照“1－9”标度法建立初始权重判断矩阵，对判断矩阵进行一致性检验，验证通过后进行矩阵计算，计算判断矩阵的特征向量。将双闸板防喷器、环形防喷器、钻井四通、单闸板防喷器、主控盘、司钻控制盘的相对权重进行归一化，即可得到这6种装备的相对权重。计算结果如表6－24所示。

表6－24 井控关键装备权重

指标 U	权重 W
环形防喷器	0.2003
双闸板防喷器	0.1544
钻井四通	0.1013
单闸板防喷器	0.1257
主控盘	0.2161
司钻控制盘	0.2021

在装备梳理时发现，部分井控系统的配置中只有双闸板防喷器、环形防喷器、钻井四通、主控盘、司钻控制盘，未配置单闸板防喷器，因此，去除单闸板防喷器再次进行了计算，权重 W 如表6－25所示。

表6－25 井控装备权重

指标 U	权重 W
环形防喷器	0.2291
双闸板防喷器	0.1766

续表

指标 U	权重 W
钻井四通	0.1159
主控盘	0.2472
司钻控制盘	0.2311

6.5.2.3 评估依据

井控装备包括组合形式、型号、生产厂家、出厂日期、通径、处理能力及年检时间等参数，需从中筛选出能够直接影响装备安全性能的参数，用来研究装备的安全等级。为此特邀请井控专家及现场井控装备使用、维保人员进行分析确认。出厂日期反应装备的使用寿命，在一般情况下，随着使用时间的增长，装备因腐蚀、磨损导致性能的下降，存在一定安全隐患。此外，在相关标准中对使用寿命有一定的量化规定，且所有井控装备都标注有出厂时间的参数，能够实现评判标准的统一，为此可将出厂时间作为评判装备安全等级的重要参数。

另外，经查阅相关标准发现海洋石油无井控装备评级的相关参考要求，中国石油有些标准中对井控装备管理的使用寿命有较为明确的规定，如《中石油井控装备判废管理规定》，因此，对相关条款进行整理，确定了以井控装备的使用寿命作为安全等级划分依据，详见表6－26。

表6－26　井控装备年限等级划分依据

系统	部件	年限相关统计	年限等级划分
防喷器	通用	出厂时间满16年时必须报废； 出厂时间总年限达到13年应报废，检验合格后可延长3年； 不超过10年可自检查，超过10年委托第三方	$a \geq 16$ 年；（安全性差） $13 \leq a < 16$ 年；（安全性一般） $10 \leq a < 13$ 年；（安全性较好） $a < 10$ 年；（安全性好）
	钻井四通	生产厂商推荐的使用年限	生产厂商推荐的使用年限
控制装置	通用	出厂时间满18年的强制报废； 防喷器控制装置出厂15年应报废； 第六条 达到报废总年限后确需延期使用的，须经第三方检验并合格，延期使用最长3年。 （一）出厂时间不超过12年的防喷器控制装置自行检验； （二）出厂时间超过12年的防喷器控制装置第三方检验	$a \geq 18$ 年；（安全性差） $15 \leq a < 18$ 年；（安全性一般） $12 \leq a < 15$ 年；（安全性较好） $a < 12$ 年；（安全性好）
井控管汇	通用	出厂满16年的强制判废； 井控管汇13年，须经第三方检验并合格，延期使用最长三年； 出厂时间不超过10年的井控管汇单位自行检验	$a \geq 16$ 年；（安全性差） $13 \leq a < 16$ 年；（安全性一般） $10 \leq a < 13$ 年；（安全性较好） $a < 10$ 年；（安全性好）

6.5.2.4 建立模糊综合评价模型

(1)评价等级论域

依据 QHSE－IM－06HSE 隐患管理规定，将设备安全性划分为差、一般、较好、好四个等级，具体装备的年限寿命划分区间根据相关条款(表 6－26)确定，即防喷器组使用年限 $a \geqslant 16$ 年，设备安全性差；$13 \leqslant a < 16$ 年，安全性一般；$10 \leqslant a < 13$ 年，安全性较好；$a < 10$ 年，安全性好。控制装置使用年限：$a \geqslant 18$ 年，设备安全性差；$15 \leqslant a < 18$ 年，安全性一般；$12 \leqslant a < 15$ 年，安全性较好；$a < 12$ 年，安全性好，详见表 6－27。

表 6－27　年限等级划分表

系统	年限等级划分
防喷器	$a \geqslant 16$ 年；(安全性差) $13 \leqslant a < 16$ 年；(安全性一般) $10 \leqslant a < 13$ 年；(安全性较好) $a < 10$ 年；(安全性好)
控制装置	$a \geqslant 18$ 年；(安全性差) $15 \leqslant a < 18$ 年；(安全性一般) $12 \leqslant a < 15$ 年；(安全性较好) $a < 12$ 年；(安全性好)

将每个等级赋值，设 $V = \{V1, V2, V3, V4\} = \{$好，较好，一般，差$\}$，井控系统的评价集即评价等级的集合，本文取 $V1 = 4$，$V2 = 3$，$V3 = 2$，$V4 = 1$ 为评价等级进行赋值，根据隶属度原则确定等级划分范围。则最后得分在(1，1.5)表示安全性差；(1.5，2.5)表示安全性一般；(2.5，3.5)表示安全性较好；(3.5，4)表示安全性好。评价级别划分原则如表 6－28 所示。

表 6－28　评价级别划分

级别	差	一般	较好	好
区间	(1，1.5)	(1.5，2.5)	(2.5，3.5)	(3.5，4)

(2)确定模糊评估矩阵

一般情况下，评估指标包括定性指标和定量指标两类，在模糊综合评价过程中，用传统的数值定量方法难以准确客观地作出前后一致的评价，从而直接影响到评价结果的科学性和准确性。因为模糊性本身比较复杂，所以确定评估矩阵中隶属度相对比较困难。目前，常用的方法有模糊统计法、专家评判法、对比排序法等。以本文中使用寿命对井控系统安全性影响为例，是难以精确计量的，只能用“好”“较好”“一般”“差”这些带有模糊性的语言来表示。因此，采用模糊理论与参数等级相结合，把难以定量描述的问题利用现有的参数等级进行划分。

上文的各装备即为研究的指标，而隶属度是表示该装备在好、较好、一般及差四个等级中占的比例，如利用专家评判法建立判断矩阵，邀请 10 位专家进行评判，结果为好(3)、较好(5)、一般(2)、差(0)，即 3 位专家认为该装备安全状态为好，5 位专家认为

较好，2位专家认为一般，等级比例分别为30%、50%、20%、0，即该装备安全等级30%隶属于好，50%隶属于较好，20%隶属于一般。而使用的参数评判方法与之类似，区别为隶属比例不可能产生分散，只能100%属于某一等级，更加准确。根据指标参数对每个指标进行评级，依据评级结果中的每个等级所占比重确定因素的等级。

$$R=(r_{ij})_{m\times n}=\begin{bmatrix} r_{11} & r_{12} & \cdots & r_{1n} \\ r_{21} & r_{22} & \cdots & r_{2n} \\ \cdots & \cdots & & \cdots \\ r_{m1} & r_{m2} & \cdots & r_{mn} \end{bmatrix} \quad (6-6)$$

(3)综合评价计算

用以上得到的指标权重向量 W 与评判矩阵 R 行进行计算，即代表了评价对象的等级隶属度集，即

$$B=W\cdot R=[\omega_1,\ \omega_2,\ \cdots,\ \omega_n]\begin{bmatrix} r_{11} & r_{12} & \cdots & r_{1n} \\ r_{21} & r_{22} & \cdots & r_{2n} \\ \cdots & \cdots & & \cdots \\ r_{m1} & r_{m2} & \cdots & r_{mn} \end{bmatrix}=[b_1,\ b_2,\ \cdots,\ b_n] \quad (6-7)$$

综合评价结果 D：

$$D=B\cdot V=[b_1,\ b_2,\ \cdots,\ b_n]\begin{bmatrix} 4 \\ 3 \\ 2 \\ 1 \end{bmatrix} \quad (6-8)$$

式中，b_j 是通过 W 与 R 列计算得到的，其表示对某事物评价模糊子集的关联度，通常采用最大隶属度法则来确定评价结果，即选择隶属度集合中的最大隶属元素所对应的评判语集中的等级。D 为综合评判的计算结果，为等级属性隶属度集合和等级属性赋值的乘积，反映的是评价对象的最终评分，根据评分结合评分等级划分范围，确定评价对象的安全等级。

6.5.2.5　安全分级实例

(1)以D平台井控系统为例进行等级评定示例：

根据出厂日期进行使用寿命(月)的转换(截至2021年6月)，确定评价等级。该平台井控装备服役年限等级如表6－29所示。

表6－29　评价对象参数等级

装备	万能防喷器	双闸板防喷器	钻井四通	单闸板防喷器	主控盘	司钻控制盘
出厂日期	2008/12/1	2009/7/1	2017/12/1	2013/3/1	2014/12/1	2014/12/1
使用寿命/月	150	143	42	99	78	78
等级	较好	较好	好	好	好	好

通过对装备等级的划分，即得到各个指标对应于评语集的隶属度，从而得到了该平台

井控装备单因素评价矩阵。井控装备的单因素评价矩阵为：

$$R=\begin{bmatrix}0&1&0&0\\0&1&0&0\\1&0&0&0\\1&0&0&0\\1&0&0&0\\1&0&0&0\end{bmatrix}$$

井控装备评语定量化如表 6－30 所示。

表 6－30　井控装备评语定量化

因素集合	评语集定量化			
	好	较好	一般	差
环形防喷器	0	1	0	0
双闸板防喷器	0	1	0	0
钻井四通	1	0	0	0
单闸板防喷器	1	0	0	0
主控盘	1	0	0	0
司钻控制盘	1	0	0	0

计算评价结果，评估向量 B 为：

$$B=W\times R=\begin{bmatrix}0.2003\\0.1544\\0.1014\\0.1257\\0.2161\\0.2021\end{bmatrix}\times\begin{bmatrix}0&1&0&0\\0&1&0&0\\1&0&0&0\\1&0&0&0\\1&0&0&0\\1&0&0&0\end{bmatrix}=[0.6453\quad 0.3547\quad 0\quad 0]$$

综合评估结果为评估向量 B 与安全等级赋值 V 的乘积：

$$D=B\times V=[0.6453\quad 0.3547\quad 0\quad 0]\times\begin{bmatrix}4\\3\\2\\1\end{bmatrix}=3.6453$$

综合评价结果为 3.65，属于(3.5，4)的范围内，相应的评估结果为“好”。因此，D 平台井控系统从服役年限角度考虑安全等级评价为“好”。

(2)以 B 平台井控系统为例进行等级评定示例：

根据出厂日期进行使用寿命(月)的转换(截至 2021 年 6 月)，确定评价等级。该平台井控装备服役年限等级如表 6－31 所示。

表 6－31　评价对象参数等级

装备	万能防喷器	双闸板防喷器	钻井四通	单闸板防喷器	主控盘	司钻控制盘
出厂日期	1982/8/1	1980/7/1	2016/6/1	2005/3/1	1985/8/1	1980/7/1
使用寿命/月	466	491	60	195	430	491
等级	差	差	好	差	差	差

通过对装备等级的划分，即得到各个指标对应于评语集的隶属度，从而得到了该平台井控装备单因素评价矩阵。井控装备评语定量化如表 6－32 所示。

表 6－32　井控装备评语定量化

因素集合	评语集定量化			
	好	较好	一般	差
环形防喷器	0	0	0	1
双闸板防喷器	0	0	0	1
钻井四通	1	0	0	0
单闸板防喷器	0	0	0	1
主控盘	0	0	0	1
司钻控制盘	0	0	0	1

结合模糊综合评价计算方法，可得评价结果为 1.3042，属于(1，1.5)的范围内，相应的评估结果为“差”。因此，B 平台井控系统从服役年限角度考虑安全等级评价为“差”。

6.6　井控装备数据库

海上油田井控装备数量繁多，涉及相关数据信息量庞大。为实时掌握井控装备现状，提升井控装备管控能力，以渤海油田井控装备为研究对象，利用 VB 语言开发了一种能够满足管理人员专业性需求、操作简单、易上手的数据管理软件，以协助渤海油田井控装备安全管理，提高工作效率。

6.6.1　确定数据库结构

首先需要开展渤海油田全区块在役修井机、模块钻机、自升式钻井平台的井控装备现状调研工作，全面覆盖井控装备关键要素及参数，包括但不限于井控装备的生产厂家、服役时间、规格型号、耐压等级等。

(1)按照井控装备的装置设施分类，分别统计模块钻机、修井机装备的井控设施和自升式钻井平台上配置的井控设施。

(2)按照井控装备的具体功能，将井控装备分成：防喷器组、防喷器控制系统、阻流压井管汇、钻井液处理系统、内防喷工具、备品备件、其他七个分析单元。

(3)组织专题会议，对参数设置的科学性与合理性进行讨论，根据讨论、分析结果剔除次要参数及重复参数，确定最终数据采集表格。最终数据库结构包含7大系统、22类装备共计41个参数。

基于上述要求，形成的井控装备数据库结构如表6－33所示。

表6－33　井控装备数据库结构

<table>
<tr><th colspan="4">防喷器组</th><th colspan="3">防喷器控制系统</th><th colspan="3">阻流压井管汇</th><th colspan="3">钻井液处理系统</th><th colspan="5">内防喷工具</th><th colspan="2">备品备件</th><th colspan="2">其他</th></tr>
<tr><td>万能</td><td>双闸</td><td>单闸</td><td>四通</td><td>主控盘</td><td>司钻控制盘</td><td>辅助遥控盘</td><td>阻流管汇</td><td>压井管汇</td><td>节流控制箱</td><td>液气分离器</td><td>除气器</td><td>计量罐</td><td>旋塞阀</td><td>钻杆防喷器</td><td>投入式止回阀</td><td>钻具浮阀</td><td>顶驱液/手动拷克</td><td>备用防喷器芯子</td><td>节流阀总成</td><td>泥浆泵</td><td>重晶石罐</td></tr>
<tr><td colspan="4">防喷器型号
组合形式
预留防喷器安装高度
防喷器高度
生产厂家
出厂编号
出厂日期
耐温等级
当前防喷器组重量
防喷器吊额定荷载
最后一次年检时间
最后一次五年检时间</td><td colspan="3">型号
出厂日期
储能瓶容量
最近一次年检时间
最近一次五年检时间</td><td colspan="3">生产厂家
型号
出厂日期
压力等级
通径
最近一次年检时间
最近一次五年检时间</td><td colspan="3">生产厂家
型号
出厂日期
处理能力
液气分离器进排液口高度
计量罐容积
计量罐液面有无直读尺
最近一次年检时间
最近一次五年检时间</td><td colspan="5">生产厂家
型号
出厂日期
压力等级
尺寸</td><td colspan="2">简要描述</td><td colspan="2">泥浆池容积
重晶石罐储存能力</td></tr>
</table>

6.6.2　数据库软件功能介绍

(1)系统登录

登录界面如图6－50所示，启动客户端，出现登录界面，在相应位置输入正确的用户名和登录密码，点击登录按钮即可进入渤海油田井控装备数据库软件，另外输入正确的账号和登录密码后可进入修改密码页修改密码。

(2)主界面

主界面如图6－51所示，左侧上部是按照渤海区域油田划分原则划分为6个作业区，分别用6个按键表示。另外，将渤海区域的自升式钻井平台(钻井船)也单独表示出来，点击对应区域按键即可进入该区域，查询该区域平台的参数。最下部为“组合检索”及“年检预警”，点击按钮即可进入组合检索界面或超过年检日期的设备统计界面。右侧为井控系统示意。

图 6－50　登录界面

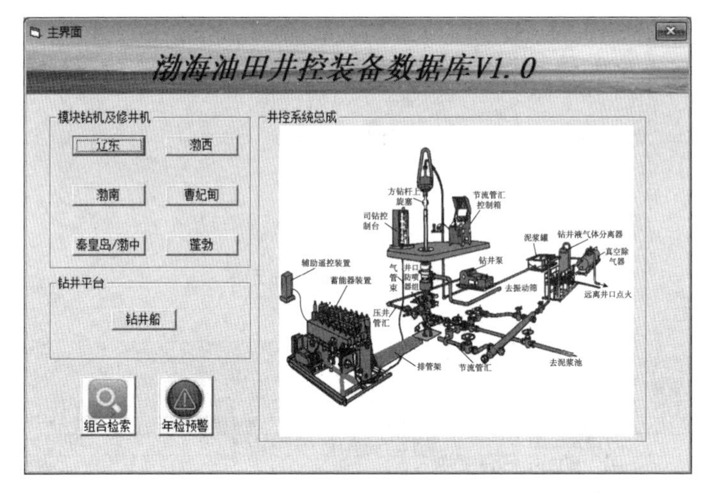

图 6－51　主页面

(3) 区域平台检索界面

区域平台检索界面如图 6－52 所示。在主界面选定区域后进行到区域检索界面，在该界面可通过选定该区域内的平台，查看平台井控系统的装备信息。

①关键信息显示区

该区域显示装备的关键信息，如选择平台后，点击“防喷器组”按钮，该区域即可显示防喷器组的型号、组合高度、生产厂家及出厂日期等参数，显示更加直观，如图 6－53 所示。

②详细信息显示区

选择生产平台和子系统后，除在关键信息显示区显示装备关键参数外，同时，在该区域使用 DataGrid 控件显示装备的详细信息，保证用户在想要分析装备其他参数时能够在此快速查看到。装备的详细信息较多，单页面显示不全，可通过滑动控件对表格进行左右调控，如图 6－54 所示。

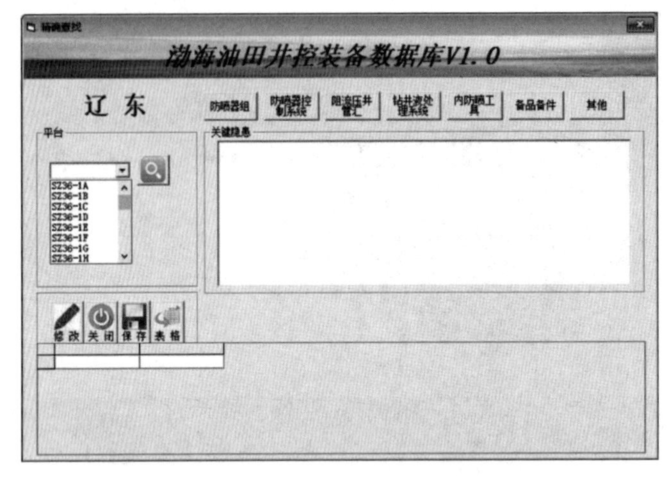

图6－52　区域平台检索界面

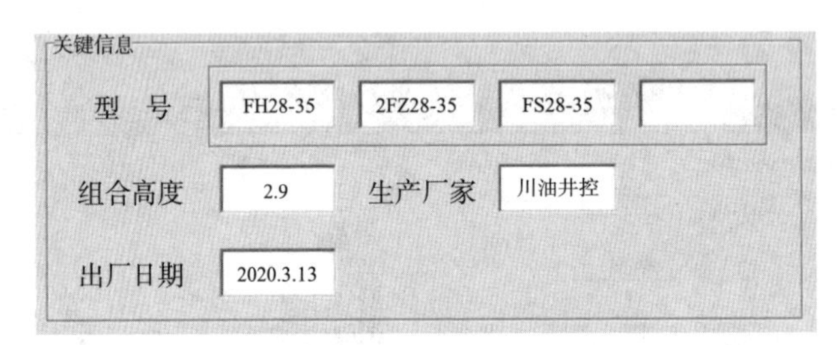

修改　关闭　保存　表格

	防喷器组	防喷器组合形式	预留防喷器安装高度	防喷器组高度	生产厂家
▶	FH28-35	万能5000psi	BOP行吊梁底到BOP中板高	2.9	川油井控
	2FZ28-35	上：剪切下：2-7/8"变5"			上海神开
	FS28-35	四通			上海神开

图6－54　详细信息显示区

在表格上方设置了“修改”“关闭”“保存”及“表格”四个按钮。在前面功能介绍中提到，该软件可进行数据修改更新，此处可通过点击“修改”按钮，在表格中直接进行修改。为避免数据被其他人修改及误改操作，在点击“修改”按钮后，会弹出输入密码界面，输入密码后，DataGrid控件的修改属性被打开，表格上出现带“＊”的空白行，即可在表格上进行修改。修改完成后点击“保存”按钮即可刷新数据完成修改操作。点击“关闭”按钮，DataGrid控件的修改属性被关闭，表格上带“＊”的空白行消失，数据表只能被查看，无法进行修改。

因表格包含的装备参数较多，单页显示不全，需要进行拖曳，操作不方便，为此设置“表格”按钮，点击“表格”按钮，数据表弹出，在此处已设置表格及界面宽度，所有表格参数可在单页面显示，无须再进行其他操作便可查看装备所有参数，如图6－55所示。

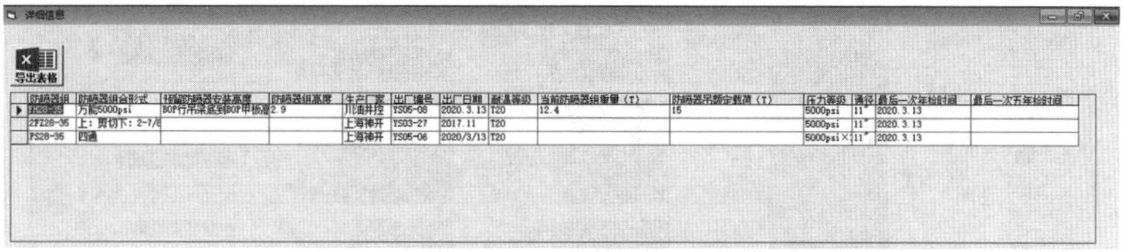

图6－55 详细数据表格扩大界面

在表格的上方设置“导出数据”按钮，点击该按钮，可将表格中的数据导出至excel表格中。用户只需将带有数据的表格保存至需要位置，即可完成数据导出。

(4)组合检索界面

组合检索界面如图6－56所示，在该界面可实现使用关键词进行两个条件的检索。在检索类别列选择需要检索的装备信息，在关键字列输入应符合的条件，点击检索即可在下方表格中显示符合相应关键字的装备及其所在平台。该界面可进行单条件查询，即只在第一行输入数据，第二行保持空白；也可在两行中都填入数据进行查询。

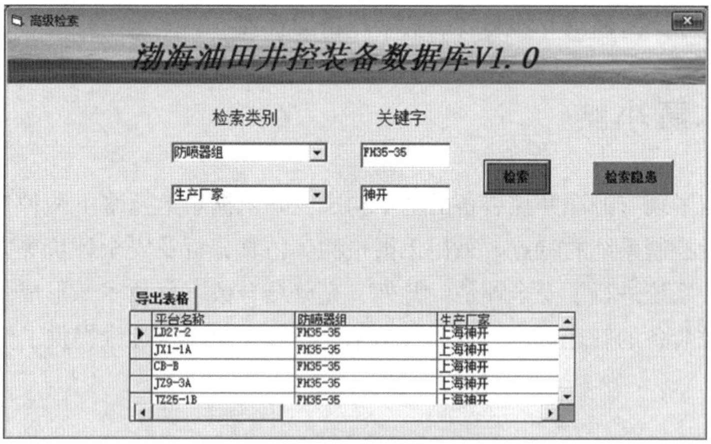

图6－56 组合检索界面

举例进行说明，如需检索防喷器组中的通径为350mm，额定工作压力为35MPa的环形防喷器，生产厂家为上海神开，即可在第一个检验类别中选择防喷器组，关键字输入“FH35－35”，在第二个检验类别中选择生产厂家，关键字中输入“神开”即可，检索结果如图6－56所示，检测出符合条件的设备及所在平台。

“导出表格”按钮可将检索结果导出至excel表格中。另外设置了“检索隐患”功能，点击该按钮，可检索出带有井控隐患的平台及其详细的井控隐患描述。

(5)年检预警界面

年检预警界面如图6－57所示。自动检索出超过年检时间的平台名称、井控设备名称及最近一次年检时间。为便于查看，把即将超过年检时间的数据标红。数据较多时，拖曳滑动条查看数据不方便，特设置“翻页”按钮。

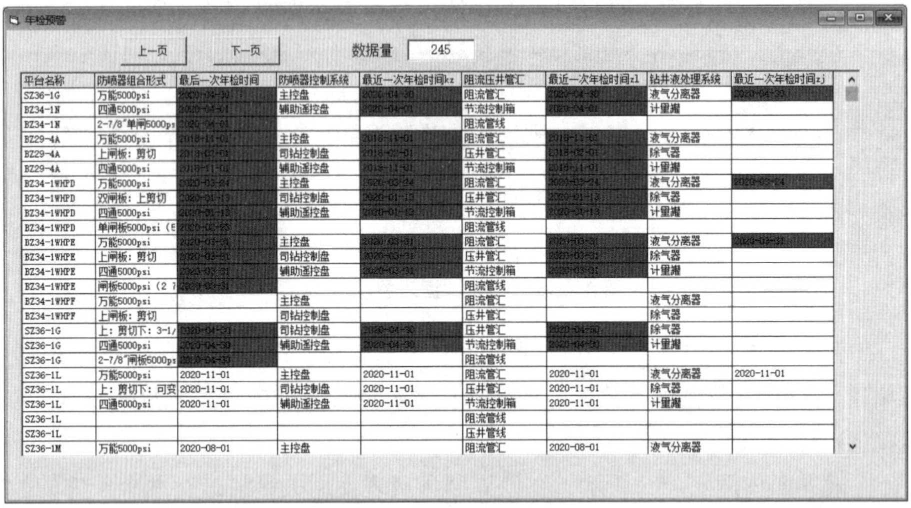

年检预警

上一页 下一页 数据量 245

平台名称	防喷器组合形式	最后一次年检时间	防喷器控制系统	最近一次年检时间kz	阻流压井管汇	最近一次年检时间zl	钻井液处理系统	最近一次年检时间zj
SZ36-1G	万能5000psi	2020-04-30	主控盘	2020-04-30	阻流管汇	2020-04-30	液气分离器	2020-04-30
BZ34-1N	四通5000psi	2020-04-01	辅助遥控盘	2020-04-01	节流控制箱	2020-04-01	计量罐	
BZ34-1N	2-7/8"单闸5000ps	2020-04-01			阻流管线			
BZ29-4A	万能5000psi	2018-11-01	主控盘	2018-11-01	阻流管汇	2018-11-01	液气分离器	
BZ29-4A	上闸板：剪切	2018-02-01	司钻控制盘	2018-02-01	压井管汇	2018-02-01	除气器	
BZ29-4A	四通5000psi	2018-11-01	辅助遥控盘	2018-11-01	节流控制箱	2018-11-01	计量罐	
BZ34-1WHPD	万能5000psi	2020-03-24	主控盘	2020-03-24	阻流管汇	2020-03-24	液气分离器	2020-03-24
BZ34-1WHPD	双闸板：上剪切	2020-01-13	司钻控制盘	2020-01-13	压井管汇	2020-01-13	除气器	
BZ34-1WHPD	四通5000psi	2020-01-13	辅助遥控盘	2020-01-13	节流控制箱	2020-01-13	计量罐	
BZ34-1WHPD	单闸板5000psi（5	2020-02-23			阻流管线			
BZ34-1WHPE	万能5000psi	2020-03-31	主控盘	2020-03-31	阻流管汇	2020-03-31	液气分离器	2020-03-31
BZ34-1WHPE	上闸板：剪切	2020-03-31	司钻控制盘	2020-03-31	压井管汇	2020-03-31	除气器	
BZ34-1WHPE	四通5000psi	2020-03-31	辅助遥控盘	2020-03-31	节流控制箱	2020-03-31	计量罐	
BZ34-1WHPE	闸板5000psi（2 7	2020-03-31			阻流管线			
BZ34-1WHPF	万能5000psi		主控盘		阻流管汇		液气分离器	
BZ34-1WHPF	上闸板：剪切		司钻控制盘		压井管汇		除气器	
SZ36-1G	上：剪切下：3-1/	2020-04-30	司钻控制盘	2020-04-30	压井管汇	2020-04-30	除气器	
SZ36-1G	四通5000psi	2020-04-30	辅助遥控盘	2020-04-30	节流控制箱	2020-04-30	计量罐	
SZ36-1G	2-7/8"闸板5000ps	2020-04-30			阻流管线			
SZ36-1L	万能5000psi	2020-11-01	主控盘	2020-11-01	阻流管汇	2020-11-01	液气分离器	2020-11-01
SZ36-1L	上：剪切下：可变	2020-11-01	司钻控制盘	2020-11-01	压井管汇	2020-11-01	除气器	
SZ36-1L	四通5000psi	2020-11-01	辅助遥控盘	2020-11-01	节流控制箱	2020-11-01	计量罐	
SZ36-1L					阻流管线			
SZ36-1L					压井管线			
SZ36-1M	万能5000psi	2020-08-01	主控盘		阻流管汇	2020-08-01	液气分离器	

图6－57　年检预警界面

该数据库软件实现了检索、查询、修改、预警、密码保护及数据导出等功能，软件操作简单，数据显示明了、清晰，便于操作，可以使井控装备管理规范化、高效化，提高了管理效率，促进了渤海油田井控装备的数字化精细管理。

6.7　本章小结

本章节介绍了现有海洋井控装备的基本构成，并依据水上及水下两种作业环境分别描述了防喷器组及控制系统的特点。采用无损检测、仿真分析及安全评价等方式对关键井控装备或整体井控系统进行了安全评估。此外，充分结合数字化技术，形成了井控装备数据库，提升了井控装备的管理效率，为油气钻采装备数字化安全运维提供了借鉴及参考。

7 井口采油树安全评估

7.1 采油树简介

采油树是指井口装置总闸门以上的主体部分，是海洋油气开采过程中的核心设备之一。其作用是控制生产，并为井口钢丝作业、生产测压作业及井口取样等提供条件。在本章节讲到的采油树为广泛意义的采油树概念，既包括油井采油树，也包括气井采气树及注水井用采油树。

7.1.1 水上井口采油树

7.1.1.1 采油树常见结构形式

水上井口采油树按照结构可分为整体式和分体式(装配式)。整体式采油树中最主要的部件即组合阀，其是将生产翼阀、清蜡阀及四通多个部件整合为一体，具有整体性好、空间尺寸小及结构紧凑的特点，特别适用于海上平台的油气井。常见采油树结构形式如图7-1所示。

(a)单油管整体式采油树

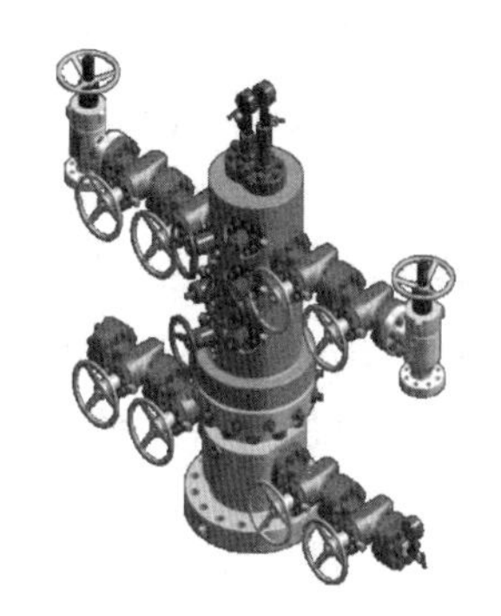
(b)双油管整体式采油树

(c)分体式采油树

图7-1 常见采油树结构形式

7.1.1.2 井口中瓶低级恢复采油树的组成

采油树主要由阀门、法兰、异径接头、钢圈、螺栓、螺母以及一些附件组成。阀门主要有节流阀(油嘴)、生产翼阀、清蜡阀、主阀及地面安全阀等。单油管整体式采油树组成主要部件，如图7-2所示。

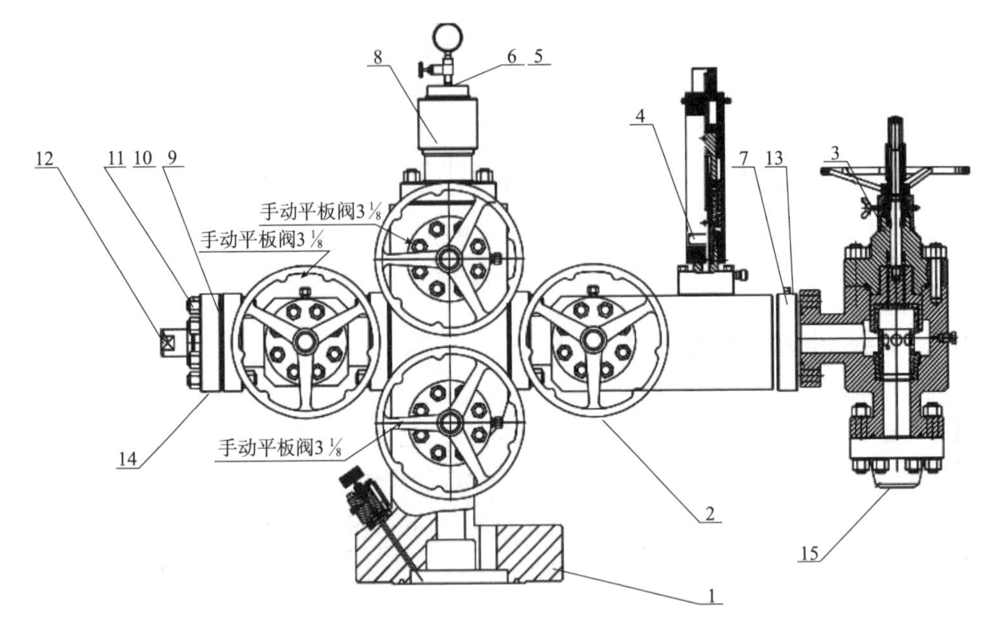

图7－2　单油管整体式采油树总装图

1—组合阀总成；2—手动平板阀；3—手动节流阀；4—液动安全阀；5—1/2″NPT；6—截止阀；7—仪表法兰；8—顶端连接；9—垫环；10—螺母；11—双螺母双头螺栓；12—丝堵；13—螺钉；14—螺纹法兰；15—焊接法兰

下面主要介绍采油树中最常见的闸板阀、节流阀及地面安全阀。

(1)闸板阀

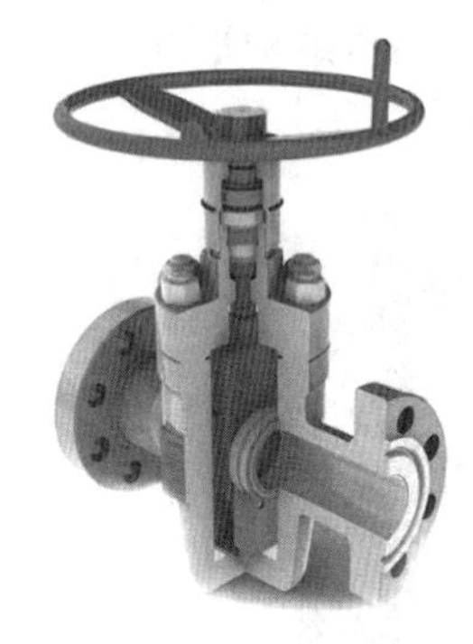

图7－3　闸板阀

闸板阀也简称闸阀、平板阀，是指闸板沿垂直于介质流动通道方向运动的一种阀门，起流体流动控制的作用。闸板阀只能截断和导通输送介质，不能用于调节流量大小。其工作原理是利用调节手轮，通过阀杆带动阀板上下运动，使阀板和阀座通孔间的相对位置发生变化，达到切断和导通介质通道的目的。阀座与阀板一般为金属密封，对于气井、高温高压井，阀座与阀体的密封应采用金属或非橡胶材料，阀杆密封应采用非橡胶材料。闸板阀结构如图7－3所示。

通常采油树上的闸板阀包括主阀、清蜡阀和翼阀。主阀是安装在采油树变径法兰和四通之间的阀门，是控制油气进入采油树的主要通道，能够阻断输送介质，并能配合以上各阀门的检修、更换与其他作业。在日常作业生产时，主阀都处于开启状态，只有在需要长期关井或其他特殊情况下才将其关闭。清蜡阀是安装于采油树顶部的一个闸阀，它的上面可连接防喷管及清蜡装置等。清腊时将其打开进行作业，清完蜡后再关闭清蜡阀。翼阀位于采油树侧翼通道上，油嘴端翼阀起到关断和开启油气生产的作用，另一侧翼阀通常处于关闭状态，主要用于压井及挤入特殊流体作业。

(2)节流阀

节流阀又称油嘴，位于翼阀与出油管线之间，是采油树上用于调节油气井流量和压力大小的主要部件，也可以用来控制气举井的注气量和注水井的注水量。节流阀结构如图7－4所示。

油嘴有固定式和可调式两种，固定式油嘴采用可更换的固定通径的阀芯。可调式油嘴由外部控制可变面积的流动通道及与之对应的刻度指示机构组成，分为针式(锥形)油嘴和笼套式油嘴。目前海上常规采油树广泛采用锥形节流阀，属于可调式节流阀，其工作原理是利用调节手轮，通过阀杆带动阀针做上下运动，进而改变阀针与阀座的节流截面大小以控制介质流量和压力大小。

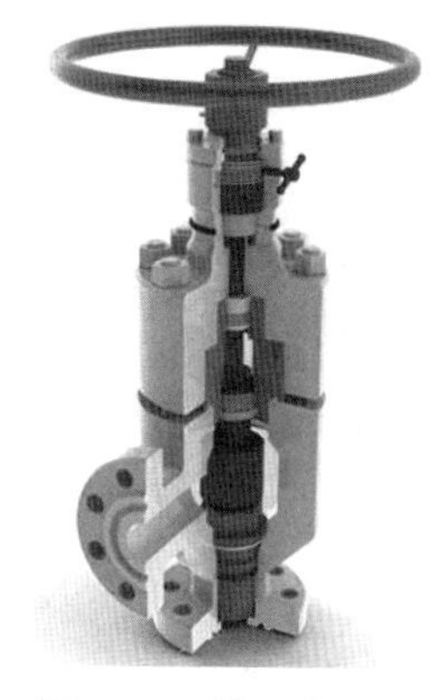

图7-4 锥形节流阀

当前，随着智能化油田建设的加快，部分海上无人平台已经试点应用电动采油树。其主要特征是采用压力变送器代替传统的压力表，用电动油嘴代替传统的手动油嘴，以实现远程控制。此外，电动节流阀普遍采用笼套式，该种采油树在低压电潜泵井应用较多。图7-5为渤海油田某无人平台应用的电动采油树节流阀示意。

(a)电动节流阀结构图

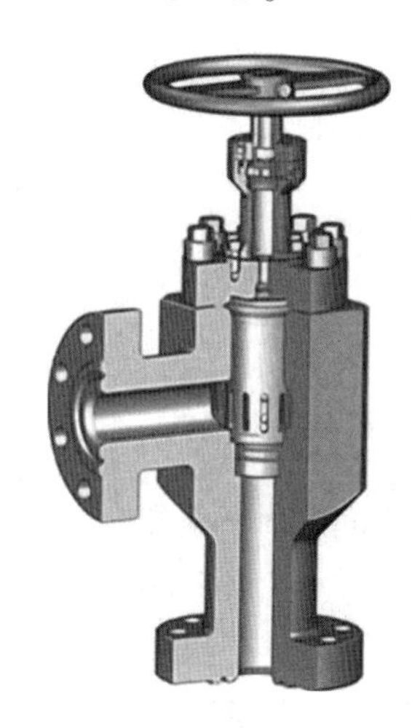

(b)笼套式结构

图7-5 电动节流阀

(3)地面安全阀

地面安全阀多数是带有活塞式执行机构的闸阀，主要分为两部分：上部为驱动器部分，下部为闸阀部分。该种阀门是为了确保油气输送安全而设计。其工作原理是利用远程动力源通过管线控制阀门促动器部分的驱动装置，从而驱动阀杆使阀板和阀座通孔间的相对位置发生变化，达到切断和导通安全阀通道的目的。通常驱动装置为活塞式，有液压和气压驱动两种类型，活塞的下面装有弹簧，上面则是液(或气)压腔室。当液压油(或惰性气体)进入腔室，将推动活塞向下压缩弹簧进而打开闸阀；当腔室放空，弹簧的回弹力将推动活塞向上运动进而关闭闸阀。地面安全阀结构如图7-6所示。地面安全阀分为主安全阀和翼安全阀。安全阀数量的设计应重点考虑地层温度、压力、流体性质。

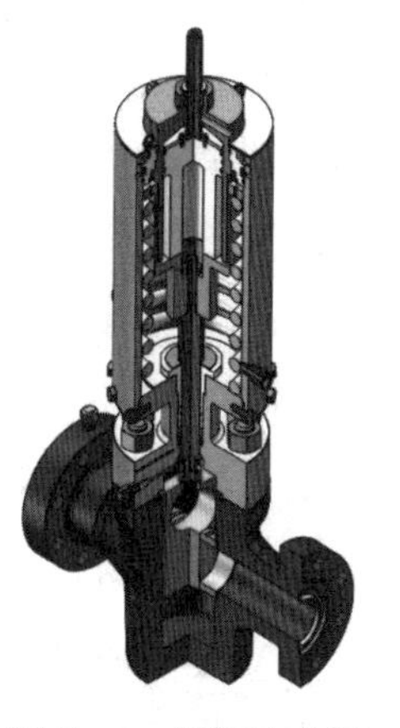

图7-6 地面安全阀

7.1.2 水下采油树

7.1.2.1 水下生产系统

我国海洋油气资源丰富，其中多数储量受环境影响，无法采用在海上平台安装采油树的常规开发模式。将采油树系统移至水下，是开发这部分储量的重要手段。1996 年国内首个成功开发的水下油气生产系统项目在流花 11－1 油田实现投产，之后我国水下油气生产系统相继应用于陆丰 22－1、番禺 35－2 等油田。我国水下油气资源的开采经历了从浅水到深水再到超深水的跨越，水下生产系统也随着开采环境的变换而发展。

水下生产系统是开发深水油气田的关键装备，是一种水下完井系统和安装在海底的生产设施。海底管汇系统及海底管线组成一套水下油气水采出系统，通过地面和水下控制系统的操作控制，将油气井采出的油水气，从海底输送到依托设备或陆上终端的系统工程。它是一个技术密集、多学科综合协调的海洋工程高技术领域，有着极其广泛的应用前景。特别对中、深水油气田和边际油气田的开发，水下生产系统更体现它的优越性。

图 7－7 水下生产系统示意

水下生产系统主要包括水下井口、水下采油树、水下控制系统、水下管汇、跨接管、脐带缆及海底管线等设备。水下生产系统示意如图 7－7 所示。

水下井口上部支撑水下采油树，为生产流体提供通道，在深水油气勘探开发作业中起着“承上启下”的作用，是深水油气开发系统的“定海神针”。水下采油树是海上油气田水下开发不可或缺的重要设备之一，它连接了来自地层深处的油气和外部的油气运输管道，是地层深处的油气通往运输管道的“咽喉”。水下控制系统控制着水下阀门的开关，采集水下生产系统运行状态数据，实时监测水下井口和生产系统的工作状况，调整生产参数，且对异常情况进行监测、报警并采取相应的控制措施，是海洋油气田水下生产系统的“大脑”。水下管汇承担着将深海油气汇集并输送至“加工中心”海上平台或陆地终端的重要作用，被誉为水下生产系统的“油气枢纽站”。

7.1.2.2 水下采油树

水下采油树是水下生产系统的关键生产设施，可以实现水下井口和管汇等设备的连接，其主要功能是对油气水进行流量控制，并和水下井口系统一起构成井下产层与环境之间的压力屏障。

水下采油树的组成主要包括采油树本体、采油树阀、采油树管线、水下控制模块、油嘴、采油树连接器、出油管连接器、控制面板、外部采油树帽、结构框架、导向基座和保护框架等。水下采油树按照结构形式可以分为两类：卧式采油树和立式采油树。图 7 – 8 为某型水下卧式采油树示意。

卧式采油树的主阀位于垂直通道的水平侧，油管挂坐挂于采油树本体内部。立式采油树的主阀位于采油树的垂直通道内部，油管挂通常坐挂于高压井口头内部。两种采油树的不同结构决定了各自的优势与局限性，且具有互补的特征，具体如表 7 – 1 所示。

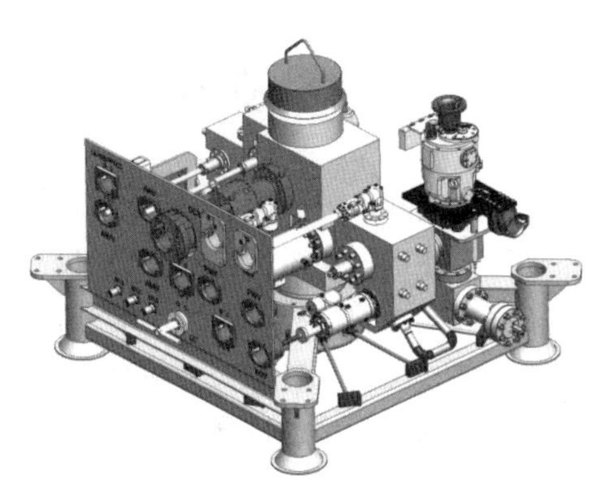

图 7 – 8 卧式采油树

表 7 – 1 卧式及立式采油树特点

种类	优势	局限性
卧式	(1)侧钻 8½″和 6″井眼或修井起出生产管柱等后续作业不用回收采油树，节约修井和再完井时间与成本；(2)油管挂安装于采油树本体内，坐挂位置和密封面已知；导向筒安装在树体内部，容易定向和坐挂密封；(3)满足井下电潜泵完井对大通径的要求；(4)不同供应商的采油树和井口头接口简单	(1)如回收发送故障的采油树，需要先回收生产管柱；(2)树顶部安装水下防喷器进行完井作业时，井口承受更大的弯矩荷载
立式	(1)2 套闸阀作为垂直通道的 2 道压力屏障，比卧式树在现场安装的内树帽/堵塞器更可靠；(2)钢丝及连续油管等干预作业用轻型修井船进行，不需要钻井防喷器组；(3)可直接回收故障的采油树，无须起出生产管柱	(1)修井起出生产管柱，必须先回收采油树；(2)需在防喷器组内部安装定位销钉或定位套筒；(3)油管挂与高压井口头的界面很关键，下生产管柱前，需下钻打铅印确认油管挂的坐挂位置，如不兼容，需额外安装油管头

2022 年 5 月 11 日我国首套国产化深水水下采油树(图 7 – 9)在莺歌海海域完成海底安装，2022 年 6 月正式投入使用。该设备是中国海油牵头实施的水下油气生产系统工程化示范项目的重要部分，标志着深水油气开发关键技术装备国产化迈出关键一步。

2022 年 7 月 15 日，我国首个自主研发的浅水水下采油树(图 7 – 10)系统在渤海海域成功投入使用。

图 7 – 9 深水水下采油树

图 7 – 10 浅水水下采油树

7.2 采油树安全检查

随着海上井口采油树使用年限的增长，且由于其长期处于恶劣的海洋环境和复杂的工况条件下，井口采油树不可避免会出现本体的锈蚀、腐蚀及内部冲蚀等缺陷。为初步评估采油树服役安全现状，首要工作即进行现场安全检查。

检查方式主要为参照安全检查表(表7－2)进行目检及功能测试，根据检查结果由专家对平台采油树现状进行分析。通过现场安全检查以期实现以下几个目的：

(1)识别采油树存在的安全隐患及故障；

(2)对所发现的故障、隐患进行统计分析；

(3)提出整改提升方案。

表7－2　采油树安全检查表

项目	内容
外观检查	各零部件铭牌是否完好
	油漆层、表面是否干净整洁，表面是否有锈蚀
	阀门开关方向是否有标识
	阀门开关状态有标识(35MPa以上井口、高含硫井口等)
	节流阀有开度标识是否完好
	换装后的井口装置与其连接的套管保持同轴，同轴度允许误差为±2°，偏心距误差不大于2mm
	手轮方向应符合设计要求
	套补距、油补距校核允许误差为±2mm
	井口螺栓受力应均匀，螺栓两端倒角底面应高于螺母平面
结构完整完好性	螺栓缺失、螺栓欠扣等问题
	阀门零部件缺失、损坏(油嘴、防尘罩、防护罩)
	法兰片是否缺失、损坏
	压力表损坏、校验周期和连接短接是否符合要求
	本体表面有气孔砂眼、凹坑及其他金属损失问题
	顶丝安装是否符合规范
	油管头注脂阀、试压塞是否完好
	端部外露密封及螺纹是否有保护
	井口装置零部件配备是否完整
	附件与井口装置的匹配性

续表

项目	内容
泄漏检查	法兰钢圈连接处是否有介质泄漏
	螺纹联结处密封部位是否有介质泄漏
	阀门、盘根盒、顶丝等填料密封部位是否有介质泄漏
	其他：微气体泄漏、内漏检测
	换井口装置后，应进行压力密封试验，试验压力符合施工设计规定，但最高值不高于套管抗内压强度和井口装置工作压力两者最小值的70%。用清水试压，经30min，压降不大于0.5MPa为合格。气井换井口装置后要进行气密实验
安全控制系统检查	安全阀、液控系统的仪表等是否在校验有效期内使用
	安全阀起闭时间是否符合要求
	安全阀防爆等级是否符合要求
	易溶塞是否符合要求
	安全阀控制柜到井口的距离是否符合要求

7.3 故障率数据分析

7.3.1 采油树故障率统计

目前对采油树服役期间出现故障时，现场做法均是在发现采油树故障时再进行维修处理，这样不但会造成关井停产进而影响生产作业，甚至可能会引发其他重大事故。因此，有必要对在役采油树进行预防性的可靠性评估，在预判出采油树出现缺陷或故障时间节点后，待修井作业拆装采油树时直接进行采油树维保，提高作业时效。

以中国海油渤海油田某作业公司为例，对各平台上报采油树故障进行统计。统计范围为1110余口井，共统计各类故障问题312个。

(1)采油树故障分部件统计

将采油树按照不同部件分别进行故障统计，统计结果如表7－3所示。

表7－3 采油树故障分类统计表

部件	故障数	占总故障数比例	主要故障形式
闸板阀	152	48.72%	开关不灵活、内漏、阀杆处渗漏
节流阀	85	27.24%	开关不灵活、阀杆处渗漏
地面安全阀	65	20.83%	开关不能到位、开关动作缓慢
密封钢垫	5	1.60%	密封渗漏
采油树整体	5	1.60%	损坏，需整体更换

从表7－3可以明显看出：海洋平台采油树故障主要发生在闸板阀上，且比例高达

48.72%，较其他部位发生故障次数明显更多。

(2)各闸板阀故障部件统计

采油树闸板阀主要包括主阀、清蜡阀、生产翼阀、套管翼阀，对四类阀件发生的故障比例进行了统计分析，如图7－11所示。

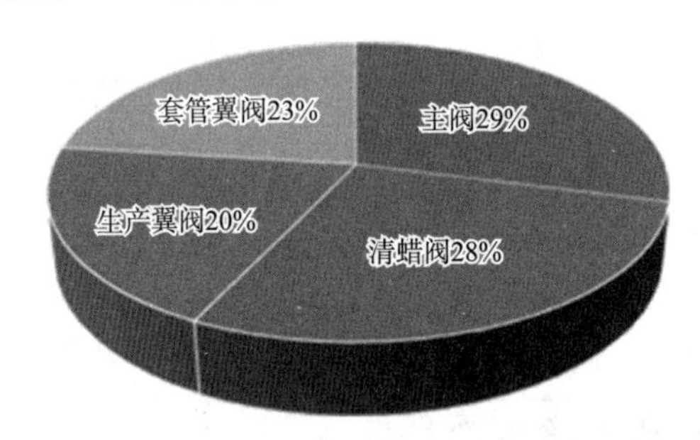

图7－11　采油树各闸板阀故障部件统计饼状图

由图7－11可见：主阀、清蜡阀故障率略高于生产翼阀和套管翼阀。

(3)采油树故障分井别统计

为分析不同井况对采油树故障的影响，分别对油井、气井、注水井和水源井采油树故障进行统计，如表7－4所示。

表7－4　采油树故障分井况统计表

井类	故障数	井数	均井故障数
油井	159	753	0.21
气井	5	18	0.28
注水井	135	302	0.45
水源井	9	32	0.28

为合理对比井况对采油树故障的影响，定义各类井况采油树故障数除以各类井况的井数为均井故障数，即平均每口井发生采油树故障数。通过统计计算对比可见：相对来讲，注水井采油树出现故障率高，一是由于注水井工作压力较高，二是由于垢下腐蚀作用使得注水井腐蚀现象更加明显。

通过对服役采油树调研研究，得出了采油树常见故障类型及特征。结合故障率统计可知：采油树故障主要发生在闸板阀上，较其他部位发生故障次数明显更多；主阀、清蜡阀故障率略高于生产翼阀和套管翼阀；平板阀故障主要为阀门开关不灵活，节流阀故障主要为节流阀活动不畅；注水井均井故障数明显高于其余各井况。

7.3.2　采油树故障原因分析

(1)闸板阀故障

闸板阀的故障形式可以分为三类，即阀门开关不灵活、阀杆处渗漏、阀门内漏，闸板阀故障原因如表7－5所示。

表 7－5 平板阀故障原因

序号	故障形式	故障原因
1	阀门开关不灵活	杂质、污物堆积影响活动 阀杆与连接块螺纹联结处腐蚀 出砂冲蚀凹坑造成阀门损坏和卡阻
2	阀杆处渗漏	阀杆密封圈失效 阀体与阀盖连接处钢圈密封失效 注脂阀密封失效
3	内漏	阀座与阀板的密封失效 腐蚀密封面 杂质卡在密封面形成间隙

(2)节流阀故障

节流阀的故障形式可以分为两大类，即节流阀活动不畅、节流阀阀盖芯轴与阀体密封不良，节流阀故障原因如表 7－6 所示。

表 7－6 节流阀故障原因

序号	故障形式	故障原因
1	阀门开关不灵活	螺纹联结出现问题 杂质、污物堆积影响活动 阀杆与连接块螺纹联结处腐蚀 出砂冲蚀凹坑造成阀门损坏和卡阻 长时间不动，导致活动不灵活
2	阀杆处渗漏	阀杆密封圈失效 阀体与阀盖连接处钢圈密封失效 注脂阀密封失效 油嘴处振动导致密封失效及阀门部件故障 填料函密封失效引起节流阀密封圈失效

(3)地面安全阀故障

地面安全阀的故障形式可以分为两大类，即开关故障、泄漏，地面安全阀故障原因如表 7－7 所示。

表 7－7 地面安全阀故障原因

序号	故障形式	故障原因
1	阀门开关故障	杂质或腐蚀产物堆积在阀腔底部时，阻碍阀板运动到位 促动器内壁锈蚀，阻碍活塞运动 弹簧疲劳，弹性减小，不能开关到位
2	泄漏	与平板阀类似 井口频繁开关井造成的密封圈承受交变应力导致的疲劳

7.3.3 提高采油树可靠性措施

目前采油树相关标准中缺少对采油树维保及评估的建议条款，在此结合了现场采油树调研资料，总结出提高海上采油树可靠性的举措如下：

(1)针对采油树简单的活动不畅、锈蚀等故障，采用及时拆解，清除杂物、注黄油与密封脂的维保策略。

(2)当现场采油树出现严重故障(泄漏、阀门不能活动等)，现场简单的维修不能解决问题时，需要直接更换并将故障部件返回陆地，维修合格后可返回平台继续使用，保证其服役时的可靠性。若维修后效果差，由陆地库房及厂家确定采油树是否应该报废。

(3)对压裂作业后的采油树进行拆检，否则残留在采油树内部的砂粒可能会对后期采油树使用造成影响。

(4)目前没有对采油树做检验检测相关工作的管理要求。现场生产中也未对在产采油树进行检验检测。采油树本体等部件壁厚较厚且各处厚度不均，检验难度较大。但为了保证采油树服役期间的可靠性，有必要对老旧采油树本体进行测厚及探伤等，判断其本体缺陷状态。

7.4 采油树无损检测

对于在役海洋井口采油树，基于目检及功能测试方式的安全评估只能发现采油树表观及功能上的缺陷及故障。而采油树本体或零部件的内部裂纹、应力集中危险区及腐蚀等缺陷，需要采取适当的无损检测手段来探明。此外，为了保证海洋井口采油树评估的科学性、可靠性，为井口采油树评估理论分析提供准确的数据支持，进行无损检测也是必要的手段。

7.4.1 红外热成像检测

根据红外热成像设备技术原理，可适用于采气树本体连接处热能泄漏点的监测。采气树红外热成像检测采用的是表面温度测量和实时热图像相结合的红外热成像仪，通过热成像，潜在的问题都可清晰地显示在屏幕上。红外热成像仪可以同时测量物体表面各点温度的高低，直观地显示物体表面的温度场，并以图像形式显示出来。由于红外热成像仪是探测目标物体的红外热辐射能量的大小，不像微光像增强仪那样处于强光环境中时会出现光晕或关闭，因此不受强光影响。某井采气树检测情况如图 7－12 及表 7－8 所示。

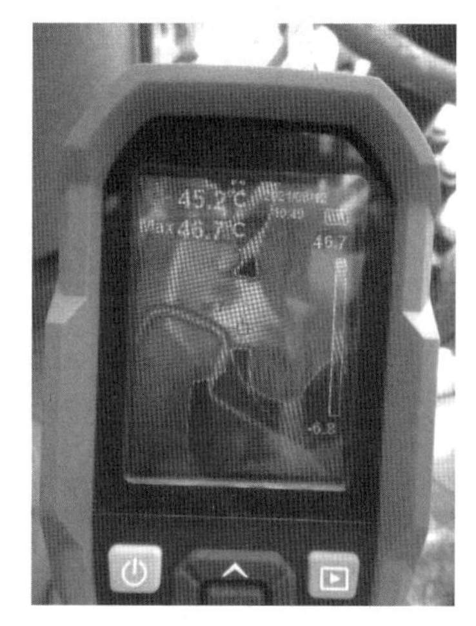

图7－12 采气树红外热成像检测

表7－8 采气树红外热成像检测结果

检测日期	2021.8.10	检测方法	红外热成像检测
仪器名称	红外热成像检测仪	仪器编号	C201266305
仪器型号	—	温度范围	－30～450℃
热成像分辨率	4800像素	工作温度	－10～45℃
热灵敏度	150mk	精度	±2℃
热成像像素	80×60	测量分辨率	0.1℃
检测标准	GB/T 22513《石油天然气工业 钻井和采油设备 井口装置和采油树》		
部件序号	检测位置		检测结果
油管头四通	油管头四通法兰连接部位		无泄漏
油管头四通	顶丝密封部位		无泄漏
阀门	法兰连接部位		无泄漏
阀门	阀杆密封部位		无泄漏
检测结果	经红外热成像检测，该井口装置无泄漏		

7.4.2 超声测厚

采油树在内部流体冲刷腐蚀及外部大气环境腐蚀双重作用下，不可避免地会造成本体壁厚减薄，增加了采油树失效的可能性。目前，通常采用超声测厚的方式来确定现有剩余壁厚，再依据采油树本体原始出厂数据进行比对校核，判断壁厚减薄量。根据采油树结构特点，通过厂家多种型号的采油树尺寸调研，结合流体动力学分析，判断出采油树本体较薄部位主要集中在闸板阀脖颈处及组合阀本体较薄位置，因此，在同等腐蚀条件下，重点检测此类部位。采油树本体关键的测厚部位如图7－13所示。

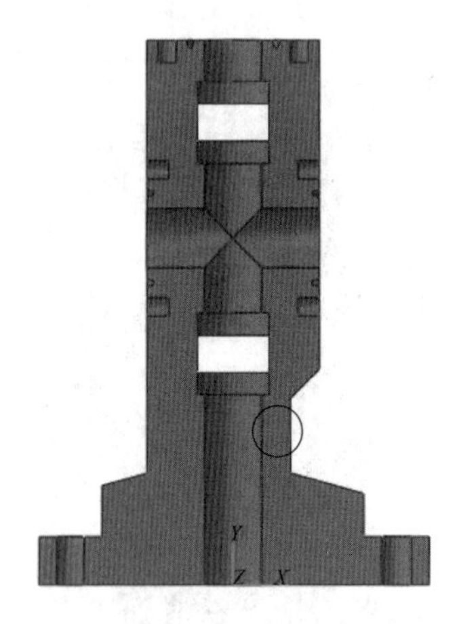

(a)组合阀本体薄弱部位

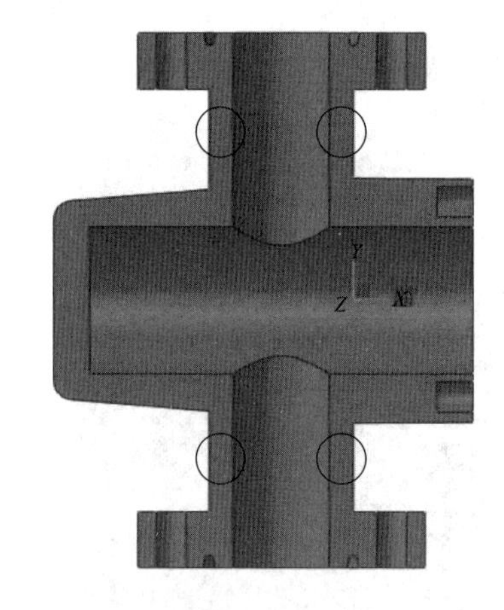

(b)闸板阀本体薄弱部位

图 7－13　采油树本体薄弱部位

现有超声测厚方式可采取两种：一是常规的超声波测厚仪测厚；二是采用相控阵超声仪器来进行测厚。测厚方式如图 7－14 所示。

(a)超声测厚仪测厚

(b)相控阵超声测厚

图 7－14　测厚方式示意

某井口采气树大四通及阀门超声测厚仪测厚数据如表 7－9 所示。

表 7－9　采气树超声测厚检测结果

检测部位	大四通、阀门						表面状况				非打磨	
仪器名称	超声波测厚仪						仪器型号				—	
仪器编号	20120080506						仪器精度				±0.01mm	
测厚点数	108						检测标准				GB/T 11344	
部件序号	大四通		2#阀		3#阀		6#阀		7#阀		8#阀	
	A/B	C/D	A/B	C	A/B	C	A/B	C	A/B	C	A/B	C
最小壁厚/mm	101.28	—	23.05	—	23.14	—	22.54	—	—	—	25.17	—
部件序号	9#阀		10 阀		11#阀		12#阀		13#阀		14#阀	
	A/B	C	A/B	C	A/B	C	A/B	C	A/B	C	A/B	C
最小壁厚/mm	—	—	—	—	24.35	—	19.19	—	18.71	—	—	—

续表

测厚点部位图：（布点规则遵循右手螺旋定则，如下图所示）

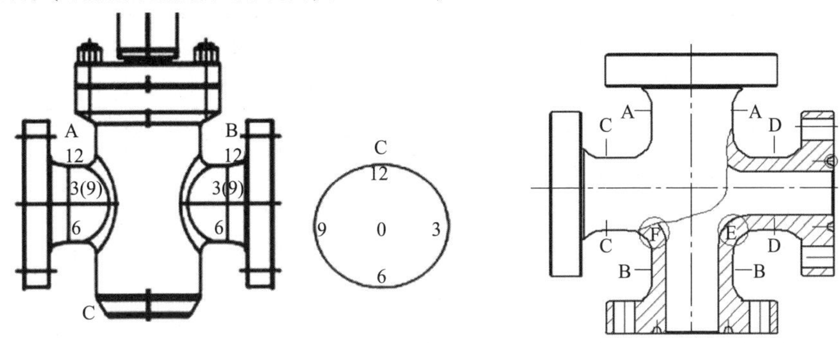

注："A、B、C……"为测点所在环截面代号；阀门测侧面两个截面和阀底，四通测四个接口截面或上下两个截面。直径≤150mm 的部件顺气流按时钟方向测 3、6、9、12 点方位，测点编号为 1、2、3、4，阀体底部中心位置编号为 5；直径 > 150mm 的部件顺气流按时钟方向测 1 ~ 12 点方位，测点编号为 1、2、3、. . . 、12。

采油树相控阵超声测厚工艺如表 7 – 10 所示。为减小篇幅，在此选取某井口采油树 1 处位置测厚数据作为展示，详见表 7 – 11 及图 7 – 15。

表 7 – 10　相控阵超声测厚工艺参数

<table>
<tr><td>部件名称</td><td colspan="3">采油树</td><td>规格材质</td><td colspan="3">30CrMo</td></tr>
<tr><td>检测时机</td><td colspan="3">修磨后/清洗后</td><td>指导书编号</td><td colspan="3">ZD – PAUT – 20190816001</td></tr>
<tr><td>声速</td><td colspan="2">5900m/s</td><td>校准方法</td><td>标准试块</td><td colspan="2">部件状态</td><td>在役</td></tr>
<tr><td>表面状态</td><td colspan="2">防腐层</td><td>试块型号</td><td>CSK – ⅡA</td><td colspan="2">耦 合 剂</td><td>润滑油</td></tr>
<tr><td>仪器型号</td><td colspan="2">—</td><td>探头型号</td><td>5L16 – 0. 6 × 10</td><td colspan="2">楔块型号</td><td>SB12 – NOL</td></tr>
<tr><td>检测标准</td><td colspan="2">GB/T 32563</td><td>验收标准</td><td>—</td><td colspan="2">扫查方式</td><td>点测</td></tr>
<tr><td>聚焦法则类型</td><td>线性扫查</td><td>聚焦方式</td><td>真实深度</td><td>波形</td><td>纵波</td><td>探头距离位置</td><td>0</td></tr>
<tr><td rowspan="2">聚焦深度</td><td rowspan="2">30mm</td><td rowspan="2">阵元数</td><td rowspan="2">16mm</td><td rowspan="2">扫查器类型</td><td rowspan="2">—</td><td>扫查速度</td><td>—</td></tr>
<tr><td>灵敏度补偿</td><td>—</td></tr>
</table>

检测部位示意及说明：

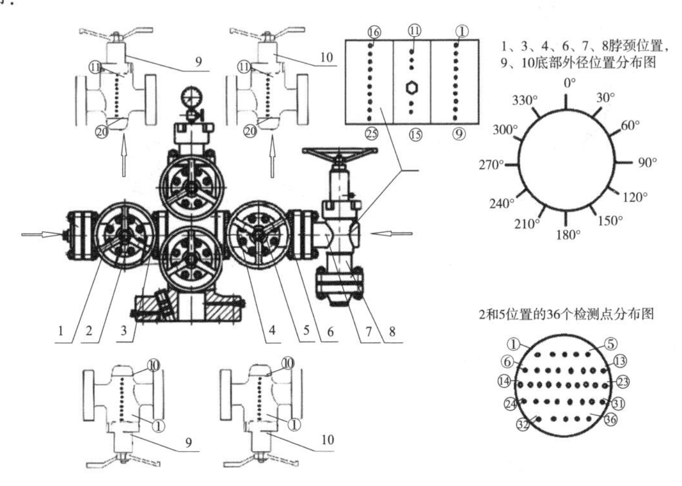

注：缺陷性质　(1)点状　(2)条状　(3)密集性缺陷　(4)裂纹　(5)未熔合　(6)未焊透

表 7－11　采油树位置 4 处相控阵检测数据

部件名称		采油树			规格材质			30CrMo
序号	检测位置编号	实测厚度/mm	缺陷序号	缺陷性质	深度/mm	漆膜厚度/μm	温度/℃	缺陷位置示意图
1	4－A6－4－0	22.6				2	32.3	
2	4－A6－4－30	23.9				7	32.3	
3	4－A6－4－60	24.4				4	32.5	
4	4－A6－4－90	23.1				3	32.6	
5	4－A6－4－120	24.2				8	32.9	
6	4－A6－4－150	24.4				180	32.5	
7	4－A6－4－180	23.8				9	32.5	
8	4－A6－4－210	23.7				3	32.9	
9	4－A6－4－240	23.7				4	32.9	
10	4－A6－4－270	23.3				5	33.0	
11	4－A6－4－300	22.8				1	32.7	
12	4－A6－4－330	22.6				3	33.0	

注：缺陷性质　(1)点状　(2)条状　(3)密集性缺陷　(4)裂纹　(5)未熔合　(6)未焊透

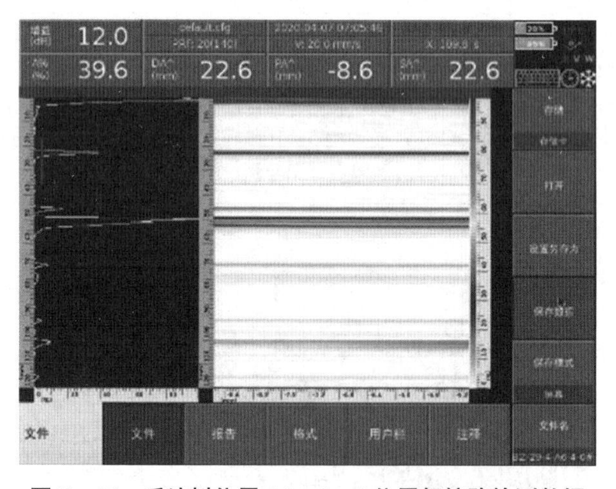

图 7－15　采油树位置 A6－4－0 位置相控阵检测数据

7.4.3　相控阵超声检测

海上井口采油树各阀体主要采用法兰连接方式(典型连接方式如图 7－16 所示)，在法兰密封面部位极易引起局部缺陷导致密封性失效而泄漏，此外，采油树内部流体通道常年受腐蚀及冲蚀作用亦会出现壁厚减薄现象。根据调研可知采油树常见失效位置如图 7－17 所示。由于法兰结构复杂，无法通过常规无损检测方法进行检测。相控阵超声检测技术的出现，有效地实现了在不拆检、不停产、带压工作的情况下对采油树法兰密封面及阀体脖颈处腐蚀的检测。

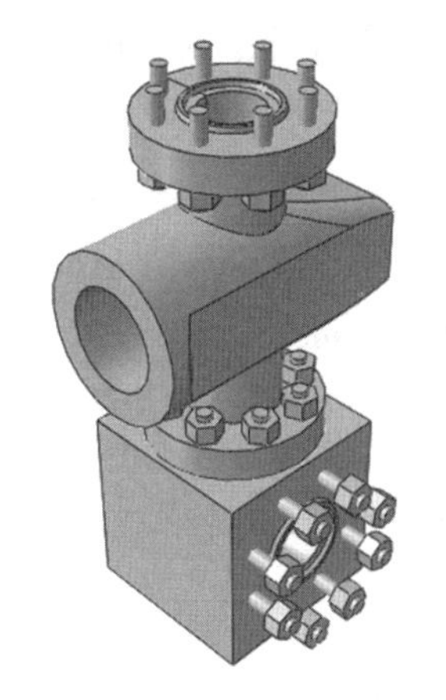

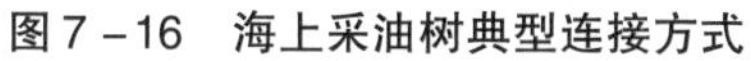

图7－16 海上采油树典型连接方式

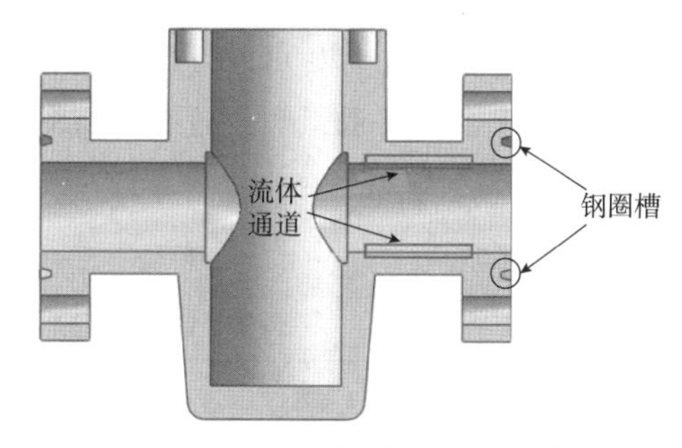

图7－17 采油树阀体常见失效位置

超声相控阵检测技术可实现动态聚焦、扇形扫查和三维成像，并且可以根据被检试件的结构特点和检测需要，选择不同的探头、设计不同的声束扫查方案，从而实现对结构复杂试件的检测。但由于采油树型号多、结构各异，为提高现场相控阵检测的精确度及工作效率，需对采油树对比试件进行模拟。使用对比试块模拟的目的是：验证扫查计划的可行性；确定扫查灵敏度满足缺陷检出；通过对比试块上的人工反射体的反射波幅与工件中反射信号波幅，来确定工件中反射体的当量。后续探头加装相对应的专用楔块，保证耦合，探头放置位置可参考同位置的CAD辅助判断图示，以便更好地识别缺陷。

结合大量的技术调研及验证性试验，将相控阵超声检测技术在现场进行了应用。

（1）闸板阀脖颈处连续C扫

目前在承压装置或承压管线的本体壁厚检测中，采用超声波测厚仪定点检测无法精准、可靠地检测出装置本体最大腐蚀点或壁厚情况，也无法全面、直观地检测出装置本体的腐蚀、锈蚀部位。故在此使用相控阵超声连续C扫方式来获得采油树本体连续截面厚度。C扫方式示意如图7－18所示。

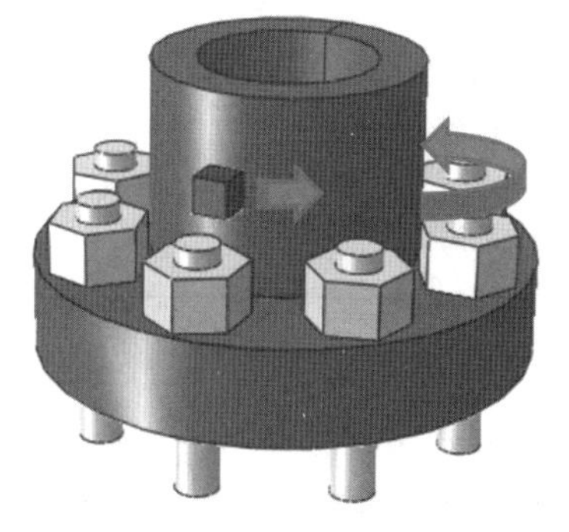

(a)探头扫查方式

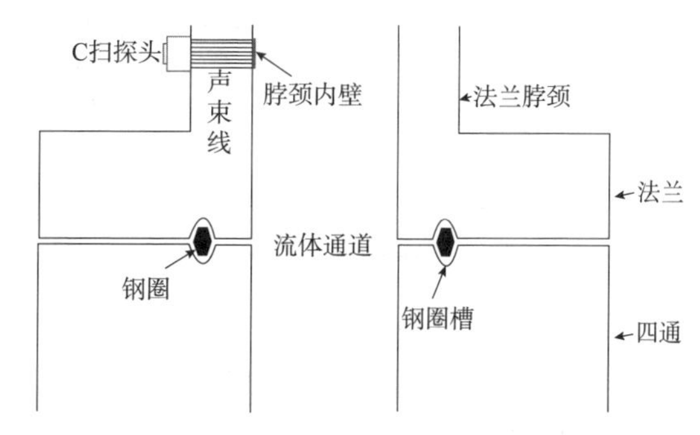

(b)声波传导方式

图7－18 采油树闸板阀脖颈处C扫示意

使用编码器连接探头，对法兰脖颈一周进行C扫描数据采集，如果内壁腐蚀，壁厚减薄，通过调节闸门位置，可以筛选出壁厚减薄的位置。受限于编码器的运行环境，需要待检工件表面足够光滑洁净，故在现场检测时需要对工件做好前期处理工作。由于工件表面涂层凹凸不平，工件本体温度较高，耦合剂凝固较快，导致耦合不良，影响检测数据分析，因此，检测只挑选了具备有效检测条件的工件进行C扫描检测。针对某采油树闸板阀脖颈处，以采油树中心线处为0点，方向为逆时针，以壁厚为小于27mm为基准进行C扫描筛选，如表7－13中图所示，颜色较亮区域即为壁厚小于27mm处。经检测，某采油树闸板阀脖颈处最大厚度为30.63mm，最小厚度为24.74mm。详细检测参数及结果数据如表7－12与表7－13所示。

表7－12　C扫测厚工艺参数

工件名称	采油树	主体材料	碳钢
检测内容	采油树法兰腐蚀检测	检测面状态/温度	锈蚀/20～70℃
厚度	55/65 mm	检测长度	—
仪器型号/编号	—	楔块型号	SA10－N55S/SA10－0L
探头型号	5L16A10	检测灵敏度	20dB
晶片间距/数量	1/12	耦合剂	浆糊
扫查增量	1mm	表面补偿	10dB

表7－13　C扫测厚结果

最大厚度	30.63mm	最小厚度	24.74mm

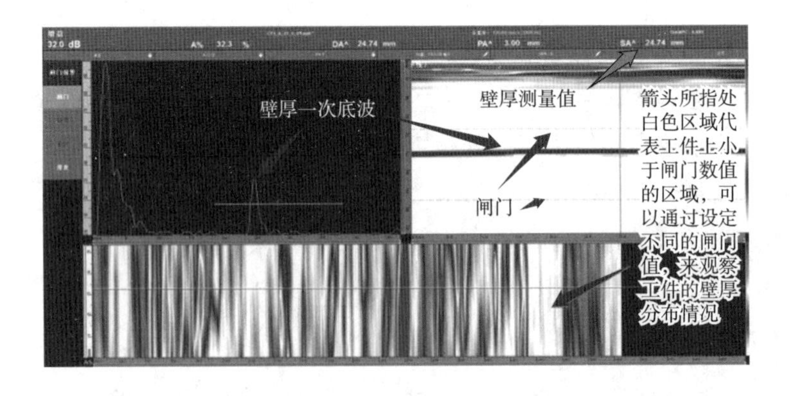

(2)法兰连接端面S扫描

采油树渗漏部位会发生在法兰连接处，渗漏原因多为钢圈槽、钢圈及连接端面腐蚀。结合室内模拟试验情况可知，采油树相控阵探伤声波覆盖示意如图7－19所示。正常状态激发晶片，声束对法兰区域进行覆盖，在S扫图上会再接收到3个结构反射信号。

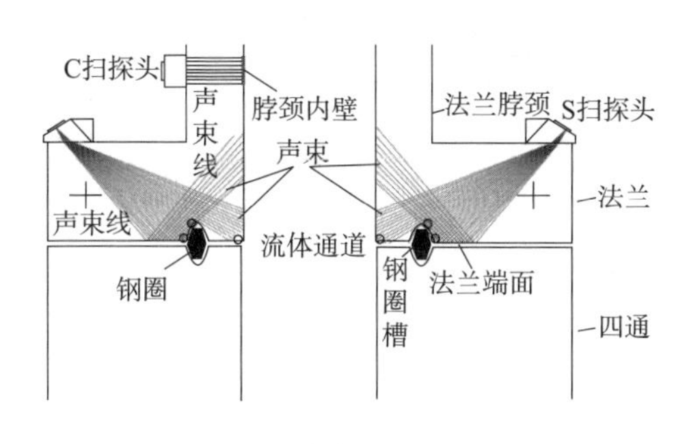

(a)声束传播图

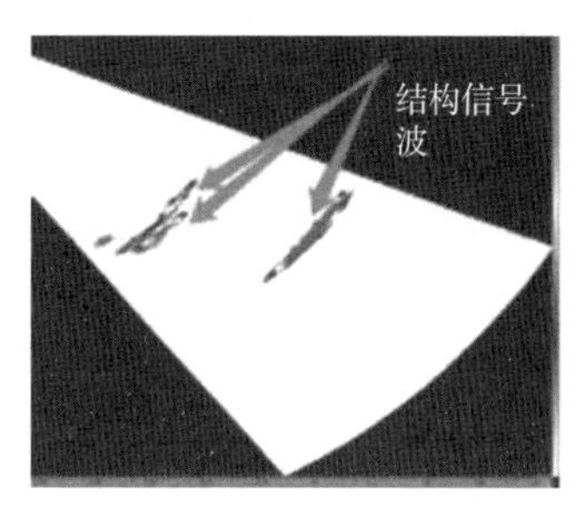

(b)结构信号波显示

图 7－19 声波覆盖示意

依据海上采油树法兰实体结构特点，在综合考虑法兰空间尺寸与相控阵探头尺寸匹配的前提下，选择两螺栓间隔处放置斜探头进行 S 扫描检测，每个法兰共计 8 个测点。在检测前，将法兰表面进行清理，使工件具备有效检测条件。现场超声相控阵探伤探头布点位置示意如图 7－20 所示。

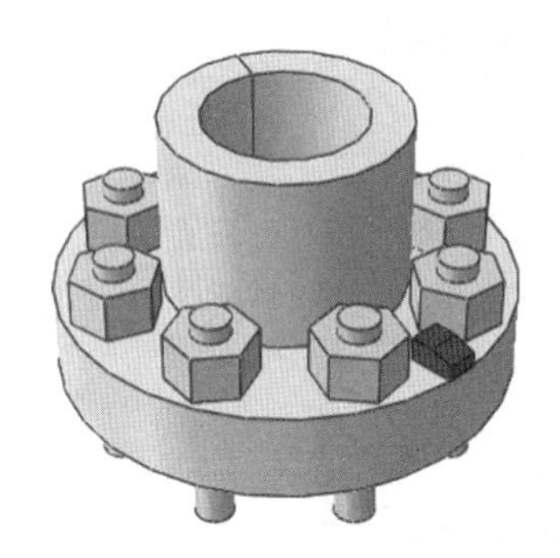

图 7－20 法兰端面 S 扫示意

对现场采油树关键部位进行相控阵探伤，限于现场采油树表面状态不佳，在探伤前进行了表面处理。相控阵探伤工艺参数及结果详见表 7－14 与表 7－15。

表 7－14 采油树本体相控阵 S 扫工艺参数

工件名称	采油树	主体材料	碳钢
检测内容	采油树法兰腐蚀检测	检测面状态/温度	锈蚀/20～70℃
厚度	55/65mm	检测长度	—
仪器型号/编号	OMNISCAN－MX232/128	楔块型号	SA10－N55S/SA10－0L
探头型号	5L16A10	检测灵敏度	20dB
晶片间距/数量	1/12	耦合剂	浆糊
扫查增量	1mm	表面补偿	10dB

表 7－15 采油树本体相控 S 扫阵检测结果

编号	检测点数	法兰端面腐蚀	钢圈槽腐蚀
A34H－1	8	—	—
A34H－2	8	—	—
A34H－3	8	端面有一处腐蚀，腐蚀深度 1.22mm	—
注：例如“A34H－1”代表编号 A34H 的采油树 1 号法兰位置			
相控阵图谱			
编号：A34H－1(图示为 2 号点)			
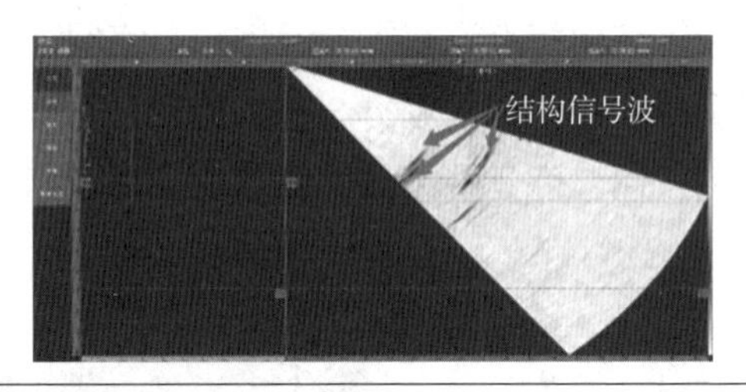			
编号：A34H－2(图示为 4 号点)			
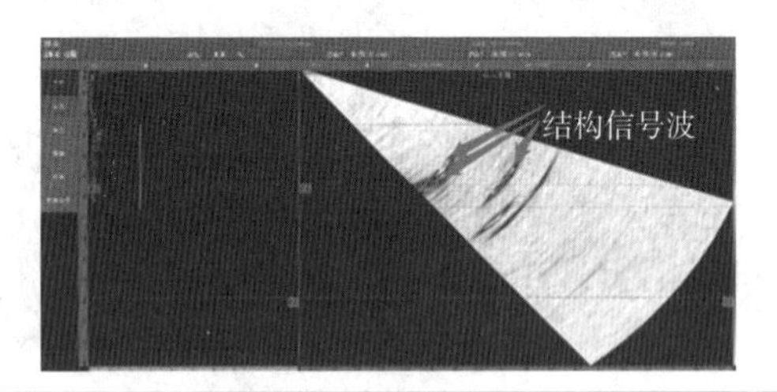			
编号：A34H－3(图示为 1 号点)			
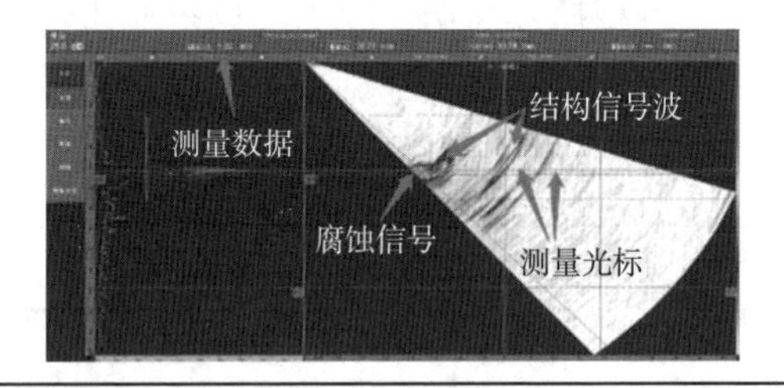			

7.4.4 金属磁记忆检测

海洋井口采气树由于受内部腐蚀、流体冲蚀等因素影响造成本体缺陷，产生应力集中区，进而易产生裂纹或疲劳损伤等缺陷。当采气树受到井口压力作用时，这些裂纹的尖端附近出现应力集中现象，使得局部应力大大超过采气树材料的允许应力值，促进裂纹扩展，直至采气树发生泄漏。为了得知产生的应力集中区域和其危险程度，引入金属磁记忆检测。金属磁记忆应力检测仪，是用金属磁记忆法来测量、记录和分析各种设备与结构件

应力应变状态的检测系统，可测定铁磁性金属的应力集中区和缺陷位置，找出设备的薄弱部位。现场磁记忆检测示意如图 7－21 所示。

图 7－21　采气树金属磁记忆检测

由于某采气树本体表观状况较差，对现场具备条件的采气树阀门脖颈及本体进行了磁记忆应力检测，检测结果如表 7－16 所示，检测图形显示如图 7－22 及图 7－23 所示。

表 7－16　采气树本体金属磁记忆检测结果

<table>
<tr><td>仪器名称</td><td colspan="2">金属磁记忆仪</td><td colspan="2">仪器型号</td><td>TMT－6MA</td></tr>
<tr><td>仪器编号</td><td colspan="2">SL－MFL－002</td><td colspan="2">极限系数</td><td>10×10^{-3} A/m^2</td></tr>
<tr><td>步长</td><td colspan="2">2mm</td><td colspan="2">测量基准</td><td>50mm</td></tr>
<tr><td>评定标准</td><td colspan="5">GB/T 26641《无损检测 磁记忆检测 总则》</td></tr>
<tr><td>部件序号</td><td>检测位置</td><td colspan="2">缺陷位置</td><td>波峰(K_{in})</td><td>备注</td></tr>
<tr><td>6#采油树
闸板阀</td><td>—</td><td colspan="2">—</td><td>—</td><td>—</td></tr>
<tr><td>检测结果</td><td colspan="5">未发现应力集中区域</td></tr>
</table>

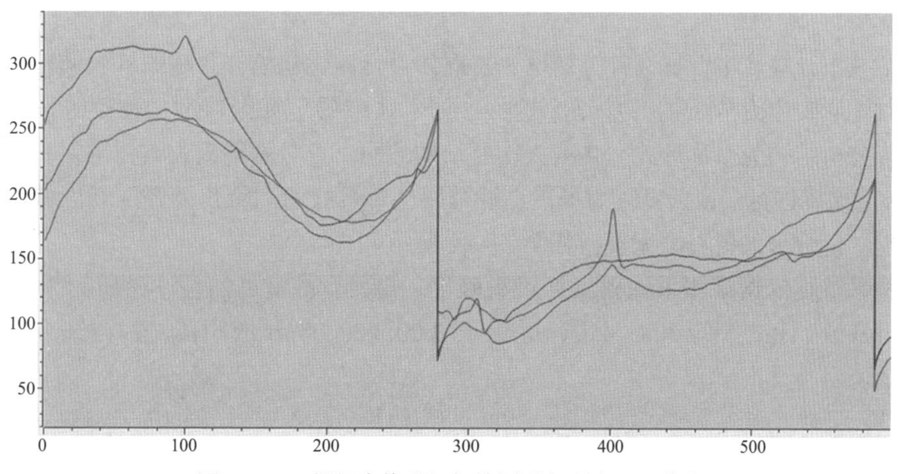

图 7－22　阀门本体磁记忆检测磁场强度 HP 分布

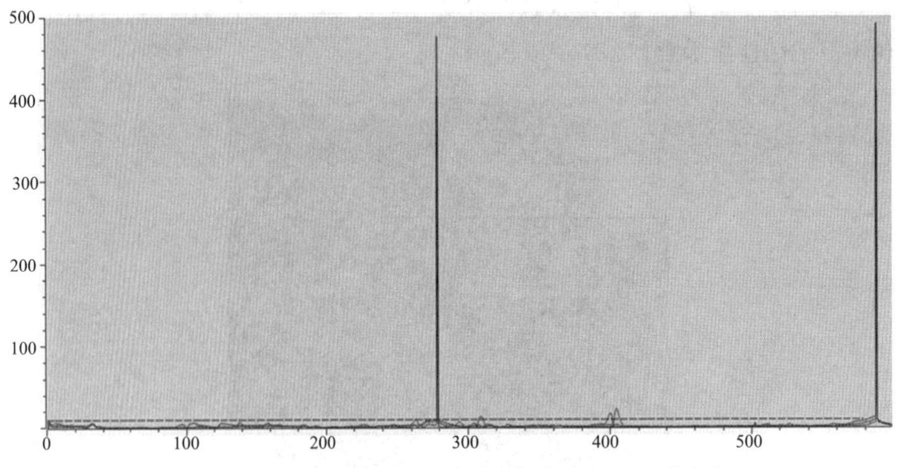

图 7-23　阀门本体磁记忆检测磁场梯度 d*H*/d*x* 分析图

7.5　采油树仿真分析

采油树本体作为海洋石油的重要井口承压设备，其承压能力是确保油气开采过程安全的最重要性能指标。阀体作为采油树最主要的承载构件，形状比较复杂，在压力荷载作用下的应力分布情况对分析结构的安全性非常重要。鉴于此，需要运用有限元软件对采油树阀体进行有限元分析，确定阀体应力分布及失效规律，进而为海上采油树的使用及维保提供参考。

7.5.1　采油树强度分析

依据采油树图纸及实体，利用有限元软件建立三维模型，依据相关标准及要求进行强度校核，评估采油树在特定工况下的安全性能。

7.5.1.1　模型建立

为了减小计算成本，提高计算效率，将阀体进行简化建模，忽略阀杆、阀板及阀座等部件，对不影响应力分析的一些细小构件，如本体中的不规则造型、棱角等作了简化处理。若待分析结构为对称形式，在略去次要结构的同时，考虑闸板阀本体的对称性，采用 1/2 或 1/4 模型进行模拟计算。为提高计算精度，对承载面和转角处等加载区域进行单元细化处理。部分采油树有限元模型如图 7-24 所示。

材料参数可依据具体采油树出厂资料确定。目前，最常见的阀体材质为 30CrMo，对应 API Spec 6A 标准中的 60K 材质，适用于 2000～20000psi 的阀体，其详细力学参数如表 7-17 所示。

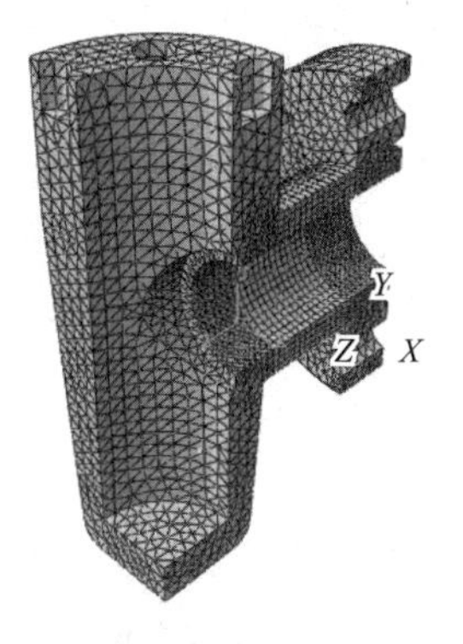

(a)闸板阀1/4模型

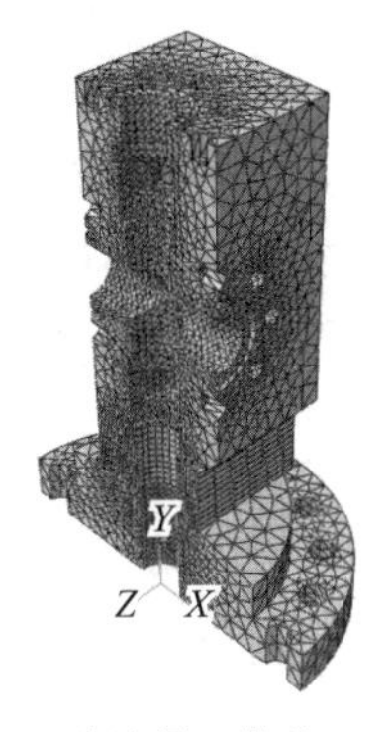

(b)组合阀1/2模型

(c)分体式采油树整体模型

图 7－24　采油树本体有限元模型

表 7－17　组合阀本体材料力学性能参数

弹性模量/MPa	泊松比	强度极限/MPa	屈服极限/MPa	断后伸长率/%	断面收缩率/%
2.06×10^5	0.3	≥586	≥414	≥18	≥35

采油树强度分析施加压力荷载时，在本体内部的承压面上分别施加两种均布压力：额定工作压力及静水压工况下的 2 倍额定工作压力。

7.5.1.2　结果分析

依据额定工作压力和静水压试验压力下的应力计算结果，对井口采油树阀体按 API Spec 6A 标准进行分析和强度验算。API Spec 6A 中对承受井压的零件提供三种强度校核的方法：ASME 方法、变形能量理论及实验应力分析，可依据具体适用情况进行选择应用。采油树强度校核基本原理与防喷器强度校核无异，在此不做详细讨论。典型采油树结构应力云图如图 7－25 所示。

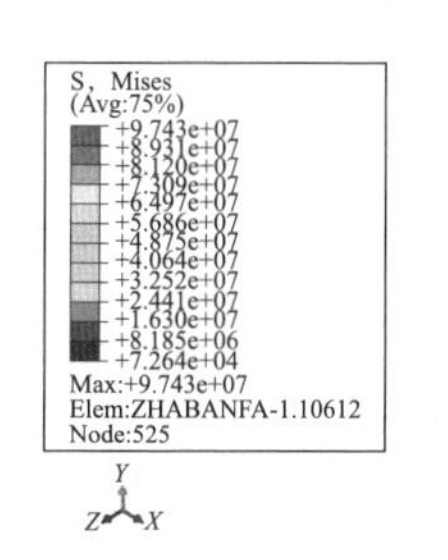

(a)闸板阀应力云图

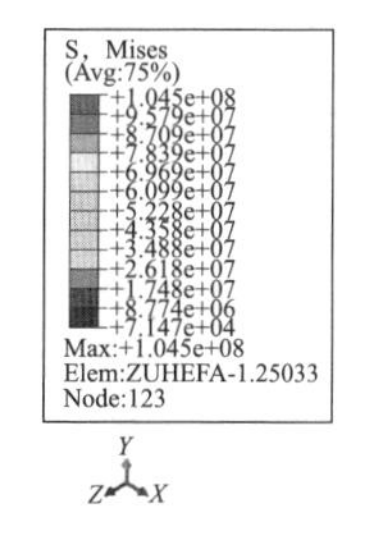

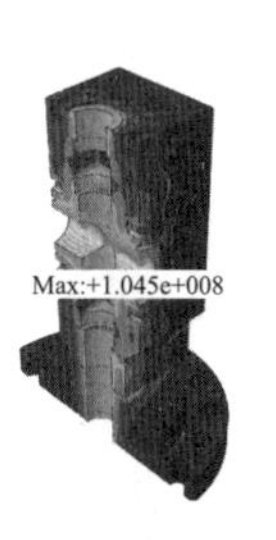

(b)组合阀应力云图

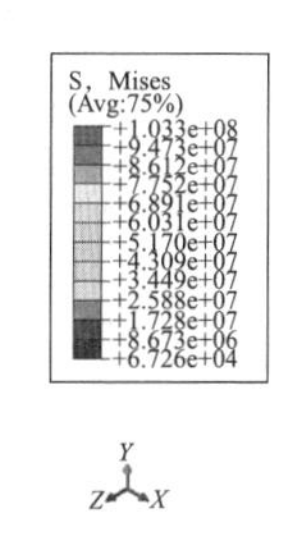

(c)分体式采油树整体应力云图

图 7－25　采油树本体有限元模型

通过多工况的分析，可发现闸板阀本体垂直通孔与水平通孔相贯处及两端短节处应力较大，这些薄弱部位闸板阀本体易发生破坏，需要在使用维保及报废时重点关注。

7.5.2　采油树本体裂纹扩展分析

在采油树的实际使用过程中，不可避免地存在着不同程度的损伤缺陷，这些缺陷或来源于材料的生产过程中，或来源于材料后期加工等过程中对材料造成的损伤，也可能来源于材料使用中的逐渐累积形成的疲劳缺陷，如腐蚀坑、锻造缺陷、焊接裂纹、表面划伤、非金属夹杂等。裂纹的出现不仅破坏了材料的连续性，还会导致裂纹尖端产生应力集中，促使裂纹的进一步扩展，当裂纹长度达到一定尺寸时，裂纹会迅速扩展直至断裂，从而不能保证采油树阀体安全服役。因此，研究裂纹扩展机理对采油树阀体寿命的影响，对指导采油树阀体判废有重要参考价值。

7.5.2.1 模型建立

高应力区为裂纹高发区，根据强度分析结论，截取采油树本体受力较大区域作为分析模型。将一个纵向椭圆形内裂纹(长度 30mm，深度 7.5mm)嵌入内通径表面上。对闸板阀本体模型划分网格，裂纹扩展路径范围内采用细化的六面体网格，在远离裂纹扩展路径的其他部分粗化网格。XFEM 模型有限元网格如图 7－26 所示。

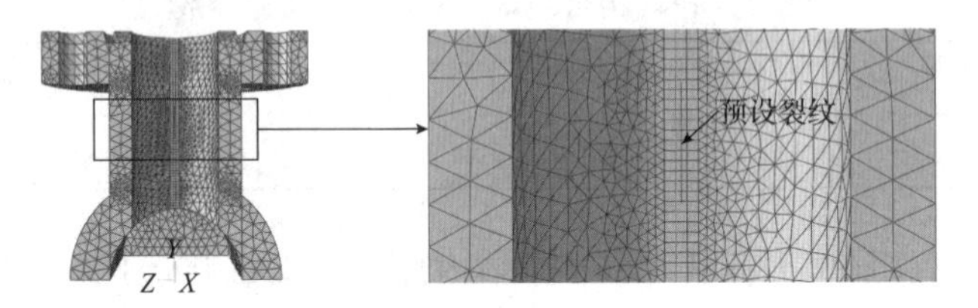

图 7－26　裂纹扩展模型有限元网格

闸板阀本体断裂力学材料参数设置如下，弹性模量 $E=2.06\times10^5$ MPa，泊松比为 0.3。采用的是基于损伤力学演化的失效准则：将最大主应力(84.4MPa)失效准则作为损伤起始的判据，损伤演化选取基于能量的、线性软化的、混合模式的指数损伤演化规律，设置断裂能 $G_{1C}=G_{2C}=G_{3C}=43300$ N/m，$\alpha=1$。

7.5.2.2 裂纹扩展分析

由图 7－27 可见：随着内压的施加，初始裂纹尖端出现明显应力集中现象。当裂纹尖端应力达到失效准则的最大主应力 84.4MPa 时，新的裂纹即产生。由图 7－28 可见：由于裂纹的起裂扩展，初始裂纹尖端变为新的裂纹面，该单元的应力集中得以释放，应力值迅速减小。

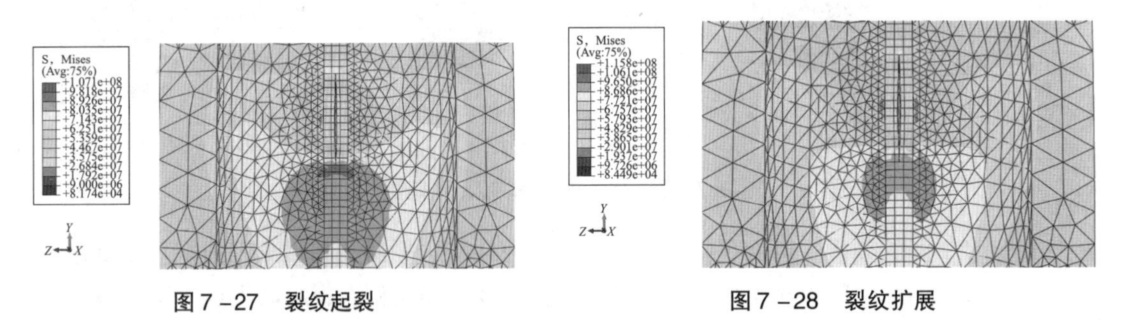

图 7－27　裂纹起裂　　　　图 7－28　裂纹扩展

加载过程中裂纹形貌变化如图 7－29 所示：由于裂纹长度方向裂尖应力集中更加明显，促进了裂纹沿长度方向的扩展，长度方向扩展速率大于深度方向扩展速率。此外，由于端部法兰的约束作用，限制了裂纹向法兰方向开裂，裂纹扩展趋势沿远离法兰端部扩展。

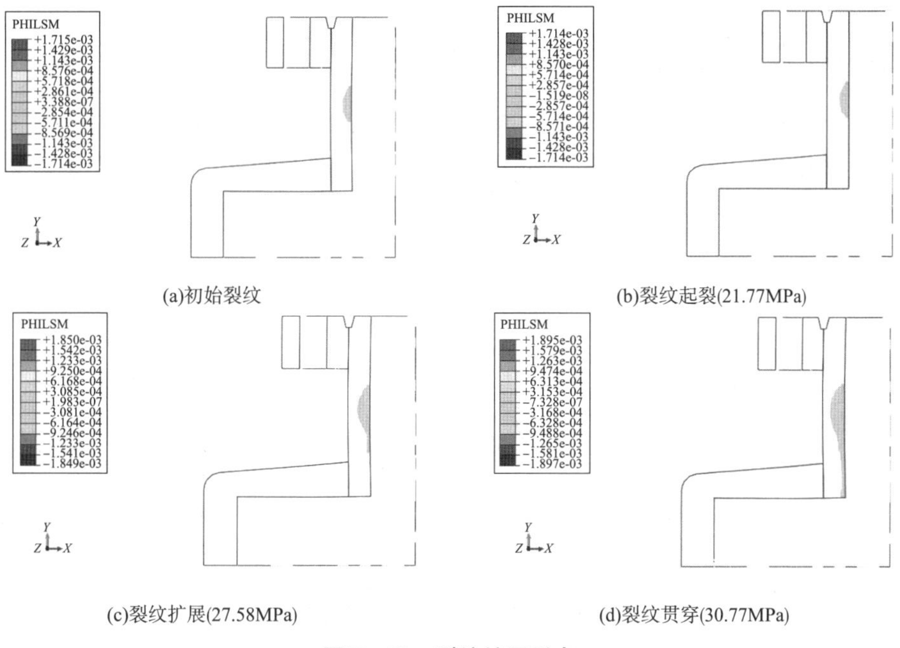

(a)初始裂纹　　(b)裂纹起裂(21.77MPa)

(c)裂纹扩展(27.58MPa)　　(d)裂纹贯穿(30.77MPa)

图 7－29　裂纹扩展形态

7.5.2.3　裂纹尺寸对承压能力影响

为了研究裂纹形貌对闸板阀本体承压能力的影响，在 XFEM 模型中嵌入多个不同尺寸的初始裂纹进行扩展有限元分析，得到裂纹的扩展分析结果如图 7－30 所示。由图可以看出，随着初始裂纹深度或长度的增加，裂纹的起裂压力有逐渐降低的趋势。说明裂纹的存在会降低承压能力，裂纹尺寸越大，承压能力越差。

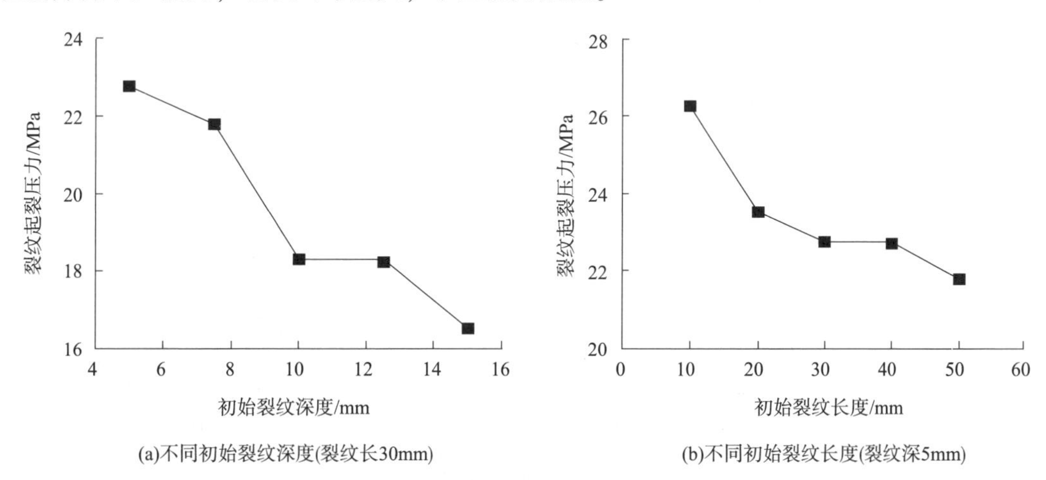

(a)不同初始裂纹深度(裂纹长30mm)　　(b)不同初始裂纹长度(裂纹深5mm)

图 7－30　初始裂纹尺寸对起裂压力的影响

7.6 事故树分析

7.6.1 采油树故障事故树分析

为详细分析采油树各结构部件故障形式，结合现场采油树故障率统计分析，通过事故树方式对采油树故障进行细化分析，如图 7－31 所示，采油树故障事故树中各符号代表的意义如表 7－18 所示。

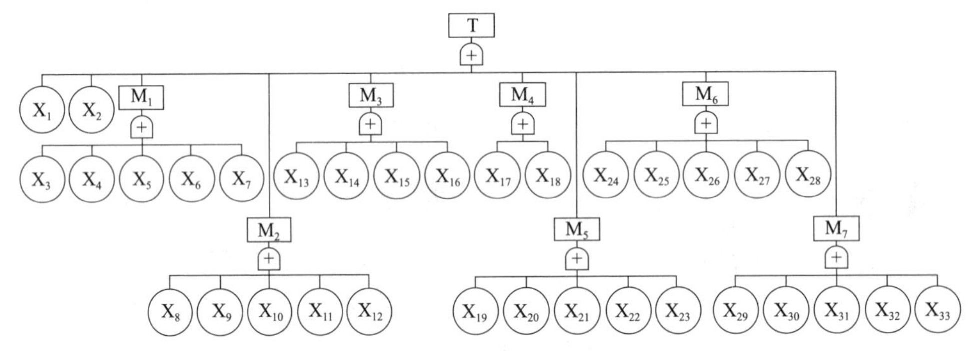

图 7－31　采油树故障事故树

表 7－18　采油树故障事故树符号意义对应表

符号	意义	符号	意义
T	采油树故障	X_{10}	注脂单流阀密封不良
M_1	主阀故障	X_{11}	安全泄放阀情况不良
M_2	地面安全阀故障	X_{12}	驱动器控制管线接口故障
M_3	油嘴故障	X_{13}	指示器刻度的读数不正常
M_4	采油树本体故障	X_{14}	阀盖芯轴与阀体密封不良
M_5	清蜡阀故障	X_{15}	阀盖盘根的密封不良
M_6	服务翼阀故障	X_{16}	油嘴活动不畅
M_7	生产翼阀故障	X_{17}	出现裂纹
X_1	采油树帽密封不良	X_{18}	壁厚减薄严重
X_2	法兰连接处钢圈及钢圈槽刺漏	X_{19}	阀门开关不灵活
X_3	阀门开关不灵活	X_{20}	阀盖与阀体密封不良
X_4	阀盖与阀体密封不良	X_{21}	阀杆盘根的密封不良
X_5	阀杆盘根的密封不良	X_{22}	注脂单流阀密封不良
X_6	注脂单流阀密封不良	X_{23}	闸板内漏
X_7	闸板内漏	X_{24}	阀门开关不灵活
X_8	驱动器油缸、气缸的密封不良	X_{25}	阀盖与阀体密封不良
X_9	阀盖与阀体的密封不良	X_{26}	阀杆盘根的密封不良

续表

符号	意义	符号	意义
X_{27}	注脂单流阀密封不良	X_{31}	阀杆盘根的密封不良
X_{28}	闸板内漏	X_{32}	注脂单流阀密封不良
X_{29}	闸板开关不灵活	X_{33}	闸板内漏
X_{30}	阀盖与阀体密封不良		

结合事故树分析，可针对各类基本事件进行大数据统计分析，获取采油树各类故障发生概率及平均初次失效时间等重要信息，为采油树安全预判提供参考依据。

7.6.2 采油树油气泄漏失控事故树分析

综合采油树各部件故障统计数据和故障原因可以发现：海上采油树发生故障最多的部件为闸板阀，较其他部件发生故障次数明显更多；闸板阀最易发生的故障类型首先为开关故障，通常表现为开关不灵活，危害不大，其次为泄漏，泄漏分为外漏和内漏。虽然内漏也会造成一定危害，但较之外漏，其危害较轻。外漏不仅将造成能源的浪费，而且还会直接污染环境，甚至引起中毒、爆炸、火灾等危害严重的事故，造成巨大损失。通过事故树分析的方法，结合油气泄漏途径，分析采油树各部件故障导致油气泄漏的逻辑关系如图 7－32 所示，事故树中各符号代表的意义如表 7－19 所示。

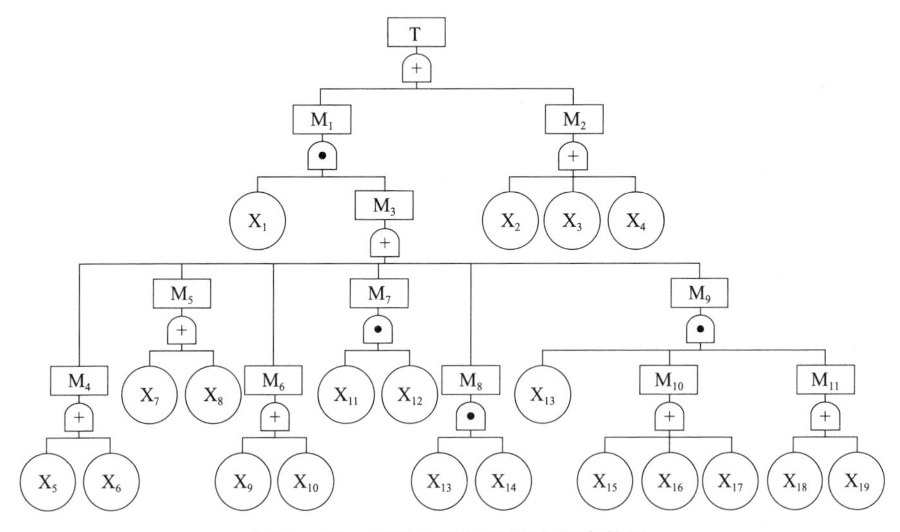

图 7－32 采油树油气泄漏失控事故树

表 7－19 采油树泄漏事故树符号意义对应表

符号	意义	符号	意义
T	采油树油气泄漏失控	M_4	服务翼阀外漏
M_1	上部泄漏	M_5	清蜡阀外漏
M_2	主阀外漏	M_6	生产翼阀外漏
M_3	采油树上部泄漏	M_7	采油树帽处外漏

续表

符号	意义	符号	意义
M_8	地面安全阀处泄漏	X_9	生产翼阀阀盖与阀体密封不良
M_9	油嘴处泄漏	X_{10}	生产翼阀盘根的密封不良
M_{10}	安全阀内漏	X_{11}	清蜡阀内漏
M_{11}	油嘴外漏	X_{12}	采油树帽密封不良
X_1	主阀内漏	X_{13}	生产翼阀内漏
X_2	主阀阀盖与阀体密封不良	X_{14}	安全阀外漏
X_3	主阀阀杆的密封不良	X_{15}	驱动器油缸、气缸的密封不良
X_4	注脂单流阀密封不良	X_{16}	驱动器控制管线接口故障
X_5	服务翼阀阀盖与阀体密封不良	X_{17}	闸板密封不良
X_6	服务翼阀阀杆盘根的密封不良	X_{18}	阀盖芯轴与阀体密封不良
X_7	清蜡阀阀盖与阀体密封不良	X_{19}	阀杆盘根的密封不良
X_8	清蜡阀阀杆盘根的密封不良		

针对图 7－32 中采油树油气泄漏失控的事故树分析，根据调查的情况和资料，确定所有原因事件的发生概率，通过事故树逻辑计算，分析采油树油气泄漏失控这一顶上事件发生的概率。在针对具体采油树进行安全评估的过程中，通过相应的检查、试验及技术检测手段，分析各类基本事件状态，从而对该采油树安全现状进行评估。

7.7 层次分析

为了分析出影响采油树安全性能的关键因素，以便给采油树的预防性维保提供参考，在此采用层次分析法进行研究。

7.7.1 层次结构

影响采油树安全性能的因素较多，其中：采油树的服役年限及所处大气环境等因素造成采油树的老化锈蚀直接引起其功能故障；采油树的腐蚀及冲蚀现象会造成其密封处泄漏；而采油树工作压力及本体壁厚会直接影响采油树本体结构强度。但在实际运用相关影响参数进行安全评估时，由于部分参数无法量化或数据难以获取，故需要筛选可供层次分析的关键参数进行考虑。结合调研、检验检测及仿真分析等结论，综合考虑选取服役年限、内表面腐蚀、法兰连接处腐蚀、外表面腐蚀四个最直观的关键影响因素来进行采油树安全等级分级。海上采油树安全等级评价指标体系如图 7－33 所示。

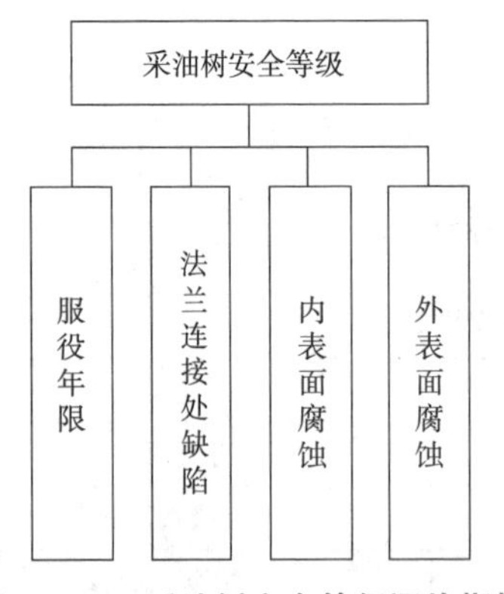

图 7－33 采油树安全等级评价指标

7.7.2 权重计算

采用“1－9标度法”进行权重赋值。对于涉及的4个影响参数，采取两两比较的方法，让相关领域专家进行打分评判。为提高判断矩阵标度质量，综合考虑选择评分专家，包含采油树厂家人员，第三方检测评估机构人员，采油树使用单位人员等共计14位。在请多个专家进行评价时，采取独立的方式，相互之间不能干扰，14位专家依据各自的理解按照“1－9标度法”对影响采油树安全性能的四个参数进行打分，一致性检验通过后进行权重计算。其中某位专家打分情况如表7－20所示。

表7－20 采油树安全等级判断矩阵

指标	服役年限	法兰连接处缺陷	内表面腐蚀	外表面腐蚀	权重	一致性检验
服役年限	1	1/7	1/5	3	0.0905	$\lambda_{max}=4.1657$ $CR=0.0614<0.1$ 通过
法兰连接处缺陷	7	1	2	9	0.5603	
内表面腐蚀	5	1/2	1	4	0.2974	
外表面腐蚀	1/3	1/9	1/4	1	0.0519	

每位专家打分计算出权重后，需要将群决策数据进行集结，集结方式采用计算结果集结，即将判断矩阵排序权重加权算术平均，最终权重如表7－21所示。

表7－21 采油树安全性能影响指标权重

参数	重要度排序	权重平均值
法兰连接处缺陷	1	0.5757
内表面腐蚀	2	0.2642
服役年限	3	0.0985
外表面腐蚀	4	0.0616

通过层次分析法，确定了采油树安全性影响因素的权重：法兰连接处缺陷＞内表面腐蚀＞服役年限＞外表面腐蚀。

7.8 模糊综合评价

采油树安全性能的影响因素往往不能定量化，模糊数学能为模糊问题的定量化提供数学语言和定量方法，帮助实现风险分析。本章节采用基于AHP的模糊综合评价方法进行采油树安全风险评级。

7.8.1 建立评语集

本次将评价对象采油树分为好、中、差三个级别，建立评语集$V=$（好，中，差），并对其赋值为：$V=(3,2,1)$。

7.8.2 评价隶属矩阵确定原则

(1)法兰连接处腐蚀

通过现场对采油树法兰连接处相控阵探伤可知，探伤结果包括钢圈槽腐蚀、端面腐蚀及未见异常三种显示。由于钢圈槽腐蚀是最严重的缺陷，故将含有此类缺陷的采油树认为“差”；端面腐蚀次之，认为含有此类缺陷的采油树为“中”；认为法兰连接处未见异常的采油树为“好”。

(2)内表面腐蚀

结合调研收集到的平台生产系统腐蚀检测数据，参照标准 Q/HS 14015—2018《海上油气井油管和套管防腐设计指南》腐蚀等级分类表，将采油树腐蚀程度分为三级：严重腐蚀认为采油树为“差”：$0.125 \leqslant CR$(均匀腐蚀速率)$\geqslant 0.125$mm/a；中度腐蚀认为采油树为“中”：$0.025 \leqslant CR < 0.125$mm/a；轻度腐蚀认为采油树为“好”：$CR < 0.025$mm/a。

(3)服役年限

目前，行业上没有相关标准对采油树的服役年限进行划分，而由于采油树本身属于井口承压设备，可参照同样作为井口承压设备的防喷器标准来对其服役年限进行级别划分。中石油井控装备判废管理规定：防喷器出厂时间满 16 年时必须报废；出厂时间总年限达到 13 年应报废，检验合格后可延长 3 年；不超过 10 年可自检查，超过 10 年委托第三方。因此，可认为采油树服役年限 $a > 16$ 年为“差”；服役年限 $10 \leqslant a < 16$ 年为“中”；服役年限 $a < 10$ 年为“好”。

(4)外表面腐蚀

根据目检结果对采油树外表面腐蚀进行分级。结合采油树表观状况，将采油树外表面腐蚀分为三个等级：严重腐蚀为“差”；轻微腐蚀为“中”以及表面良好为“好”。某现场采油树表观状况如图 7－34 所示。

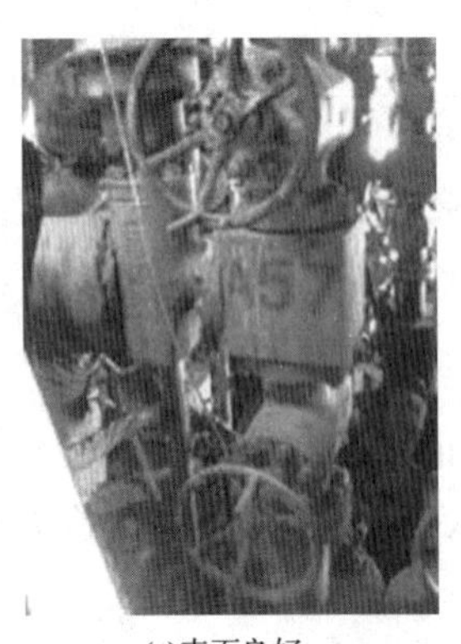

(a)表面良好

(b)轻微腐蚀

(c)严重腐蚀

图 7－34 采油树外表面状态照片

7.8.3 模糊综合评价

依据分级准则，结合调研、实测及统计分析数据，将采油树具体参数进行分级。在此以某平台G35井为例，通过矩阵计算出量化评估值为1.7870，依据最大隶属度原则可知该口井采油树安全等级为“中”，评估程序如表7－22所示。

表7－22 采油树安全等级模糊综合评价

指标	权重	安全等级			量化评估值
		好	中	差	
服役年限	0.0985	1	0	0	1.7870
法兰连接处腐蚀	0.5757	0	0	1	
内腔腐蚀	0.2642	1	0	0	
外表面腐蚀	0.0616	0	1	0	

依据上述方法对G和H两平台共计28口采油树进行安全等级计算，分级结果如表7－23所示。对于风险等级偏高的采油树需要重点管理，平台现场应加密巡检频率，定期进行检测评估，做好防控。

表7－23 采油树安全等级表

井号	评估值	安全等级	井号	评估值	安全等级
G14	2.2642	中	G26	2.9384	好
G16	2.3258	中	G31	2.9015	好
G17	1.6269	中	G33	2.1657	中
G23	2.0616	中	G46	2.8399	好
G29	2.2642	中	G47	1.7501	中
G34	2.2642	中	G48	2.8769	好
G35	1.7870	中	G49	2.3627	中
G36	1.7254	中	G51	2.8399	好
G42	2.3258	中	G57	2.9014	好
G43	2.9015	好	G59	2.9014	好
G04	2.2642	中	H01	2.2026	中
G05	2.8768	好	H15	2.8399	好
G12	1.7501	中	H17	2.7783	好
G20	2.6798	好	H20	2.9384	好

7.9 本章小结

在本章节中，针对在役采油树服役期间可能出现的缺陷及隐患，采用了现场安全检查、故障率分析等常规手段进行了可靠性评估。应用了红外热成像、超声测厚、相控阵超声及金属磁记忆等无损检测方式进行了本体缺陷探伤，结合采油树仿真分析，运用相应的安全评估方法及理论，评估了在役采油树的运行状态和完好性，进而保证海洋井口采油树的本质安全和可靠运行。此外，建议在采油树管理制度方面建立定期监测评估制度，实时掌握采油树状态，为采油树安全预警及报废评估提供准确的数据支撑。

参考文献

[1]邵泽波，刘兴德．无损检测[M]. 北京：化学工业出版社，2011.

[2]夏纪真．无损检测导论[M]. 2版．广州：中山大学出版社，2016.

[3]国家市场监督管理总局．无损检测 磁记忆检测 总体要求：GB/T 26641—2021[S]. 北京：中国标准出版社，2021.

[4]国家市场监督管理总局．无损检测 超声测厚：GB/T 11344—2021 [S]. 北京：中国质检出版社，2021.

[5]国家能源局．承压设备无损检测 第15部分：相控阵超声检测：NB/T 47013. 15—2021[S]. 北京：北京科学技术出版社，2021.

[6]国家能源局．承压设备无损检测：NB/T 47013. 1～13—2015[S]. 北京：新华出版社，2015.

[7]孙训方，方孝淑，关来泰．材料力学[M]. 6版．北京：高等教育出版社，2019.

[8]庄茁，由小川，廖剑晖，等．基于ABAQUS的有限元分析和应用[M]. 北京：清华大学出版社，2009.

[9]中华人民共和国国家质量监督检验检疫总局．机械产品结构有限元力学分析通用规则：GB/T 33582—2017 [S]. 北京：中国标准出版社，2017.

[10]曹庆贵．安全评价[M]. 北京：机械工业出版社，2017.

[11]全国咨询工程师(投资)职业资格考试参考教材编写委员会．现代咨询方法与实务[M]. 北京：中国统计出版社，2020.

[12]段礼祥．油气装备安全技术[M]. 北京：石油工业出版社，2017.

[13]马庆春，段庆全，张来斌．油气生产安全评价[M]. 北京：石油工业出版社，2018.

[14]聂炳林．海洋石油专业设备检测技术与完整性管理[M]. 北京：中国石化出版社，2013.

[15]李鹤林，等．海洋石油装备与材料[M]. 北京：化学工业出版社，2016.

[16]张冠军．石油钻采装备金属材料手册[M]. 北京：石油工业出版社，2016.

[17]石油装备质量检验编写组．中国石油天然气集团公司质量检验丛书：石油装备质量检验[M]. 北京：石油工业出版社，2017.

[18]廖谟圣．海洋石油钻采工程技术与设备[M]. 北京：中国石化出版社，2010.

[19]杨进．海洋钻完井装备/中国石油大学北京学术专著系列[M]. 北京：科学出版社，2020.

[20]海洋石油工程设计指南编委会．海洋石油工程设计指南 第2册 海洋石油工程机械与设备设计[M]. 北京：石油工业出版社，2007.

[21]董星亮，曹式敬，唐海雄，等．海洋钻井手册[M]. 北京：石油工业出版社，2011.

[22]方太安，熊育坤．石油钻机维护保养手册[M]. 北京：石油工业出版社，2017.

[23]侯广平，党民侠．钻井和修井井架、底座、天车设计[M]. 北京：石油工业出版社，2021.

[24]苏一凡．海洋石油修井机设计[M]. 北京：石油工业出版社，2016.

[25]侯依甫．钻井和修井井架、底座设计指南[M]. 北京：石油工业出版社，2005.

[26]American Petroleum Institute. Specification for Drilling and Well Servicing Structures. API Spec 4F—2020 [S]. Washington，API Publications，2020.

[27] American Petroleum Institute. Operation，Inspection，Maintenance，and Repair of Drilling and Well Servicing Structures. API RP 4G—2020[S]. Washington，API Publications，2020.

[28]中华人民共和国国家质量监督检验检疫总局．海上石油固定平台模块钻机　第 1 部分：设计：GB/T 29549. 1—2013[S]．北京：中国标准出版社，2013.

[29]国家能源局．石油钻机和修井机井架承载能力检测评定方法及分级规范：SY/T 6326—2019[S]．北京：石油工业出版社，2019.

[30]国家能源局．海洋修井机：SY/T 6803—2016[S]．北京：石油工业出版社，2017.

[31]国家能源局．海洋钻井装置作业前检验规范：SY/T 10025—2016[S]．北京：石油工业出版社，2017.

[32]中国海洋石油集团有限公司．海上石油平台修井机规范：Q/HS 2007—2019 [S]．北京：石油工业出版社，2020.

[33]American Petroleum Institute. Specification for Wire Rope：API Spec 9A—2020[S]. Washington，API Publications，2020.

[34]American Petroleum Institute. Application，Care，and Use of Wire Rope for Oil Field Service：API RP 9B—2020[S]. Washington，API Publications，2020.

[35]中华人民共和国国家质量监督检验检疫总局．铁磁性钢丝绳电磁检测方法：GB/T 21837—2008[S]．北京：中国标准出版社，2008.

[36]朱天玉．石油钻井井控技术与设备[M]．北京：中国石化出版社，2016.

[37]American Petroleum Institute. Specification for Drilling – through Equipment：API Spec 16A—2017[S]. Washington，API Publications，2017.

[38]国家能源局．钻井井控装置组合配套、安装调试与使用规范：SY/T 5964—2019 [S]．北京：石油工业出版社，2019.

[39]国家能源局．防喷器检验、修理和再制造：SY/T 6160—2019 [S]．北京：石油工业出版社，2019.

[40]国家能源局．海洋钻井装置井控系统配置及安装要求：SY/T 6962—2018 [S]．北京：石油工业出版社，2019.

[41]中国海洋石油总公司．海洋钻井井控规范：Q/HS 2028—2016 [S]．北京：石油工业出版社，2017.

[42]中国海洋石油集团有限公司．海上井控设备检验规范：Q/HS 14035—2018[S]．北京：石油工业出版社，2019.

[43]王平双，郭士生，范白涛，等．海洋完井手册[M]．北京：石油工业出版社，2019.

[44]何登龙，贾广生．技能专家教诀窍丛书：采油井口组合装置维护与故障处理[M]．北京：石油工业出版社，2014.

[45]连经社，王树山．采油工艺[M]．北京：中国石化出版社，2011.

[46]American Petroleum Institute. Specification for Wellhead and Tree Equipment：API Spec 6A—2018[S]. Washington，API Publications，2018.

[47]国家能源局．石油天然气钻采设备 热采井口装置：SY/T 5328—2019[S]．北京：石油工业出版社，2019.